Prozessstabilität und Prozesseffizienz beim Laserstrahlfügen von hoch reflektiven Kupferwerkstoffen

Process Stability and Process Efficiency in Laser Beam Joining of Highly Reflective Copper Materials

Von der Fakultät für Maschinenwesen
der Rheinisch-Westfälischen Technischen Hochschule Aachen
zur Erlangung des akademischen Grades einer
D o k t o r i n d e r I n g e n i e u r w i s s e n s c h a f t e n
genehmigte Dissertation

vorgelegt von

Johanna Gisela Margarete Helm

Berichter:

apl. Prof. Dr.-Ing. Arnold Gillner
Univ.-Prof. Dr.-Ing. Uwe Reisgen

Tag der mündlichen Prüfung: 18. August 2022

ERGEBNISSE AUS DER LASERTECHNIK

Johanna Helm

Prozessstabilität und Prozesseffizienz beim Laserstrahlfügen von hoch reflektiven Kupferwerkstoffen

Bibliografische Information der Deutschen Nationalbibliothek
Die Deutsche Nationalbibliothek verzeichnet diese Publikation in der Deutschen Nationalbibliografie; detaillierte bibliografische Daten sind im Internet über https://portal.dnb.de abrufbar.

Johanna Helm:

Prozessstabilität und Prozesseffizienz beim Laserstrahlfügen von hoch reflektiven Kupferwerkstoffen

1. Auflage, 2022

Gedruckt auf holz- und säurefreiem Papier, 100% chlorfrei gebleicht.

Apprimus Verlag, Aachen, 2022
Wissenschaftsverlag des Instituts für Industriekommunikation und Fachmedien an der RWTH Aachen
Steinbachstr. 25, 52074 Aachen
Internet: www.apprimus-verlag.de, E-Mail: info@apprimus-verlag.de

Druck: CPI Druckdienstleistungen GmbH, Ferdinand-Jühlke-Straße 7 I 99095 Erfurt

ISBN 978-3-98555-112-5

D 82 (Diss. RWTH Aachen University, 2022)

Zum Geleit

Die gesellschaftspolitische Aufgabe von Hochschulen und Universitäten liegt in der Pflege und Entwicklung von Wissenschaft und Kunst durch Forschung, Lehre und Studium. Dies wird beispielsweise sichtbar im erfolgreichen Abschluss einer Dissertation.

Hier wird eine Dissertation vorgelegt, die die Prozessstabilität und die Prozesseffizienz beim Schweißen von Kupferwerkstoffen untersucht. Experimentell konnte gezeigt werden, dass die Erhöhung der Absorption und des Einkoppelgrades zu einem höheren Anteil absorbierbarer Energie beiträgt. Dies wiederum führt im Ergebnis zu einer signifikanten Erhöhung der Prozesseffizienz und ermöglicht somit Energie im Produktionsprozess einzusparen und gleichzeitig den Prozessverlauf zu stabilisieren. Ergebnisse, die im Zuge der globalen Entwicklung aktueller denn je sind.

Diese experimentellen Untersuchungen mit den daraus gewonnenen Erkenntnissen konnten nur im fachlich kollegialen Austausch mit dem Doktorvater gelingen.

Bürokratische Hindernisse am Ende des Promotionsverfahrens waren nicht vorhersehbar.

Dass Johanna Helm davon unbeeindruckt blieb, ist ihrem geradlinigen Charakter zu verdanken und das erfüllt mich als ihr Patenonkel umso mehr mit großem Stolz.

Prof. Dr. med. Rainer Pankau
Kiel, August 2022

Der Wahlredner

Wenn er das Rednerpult betritt
mit kühner Stirn und weitem Schritt,
zieht er zunächst gekonnt kokett
das Manuskript aus dem Jackett
und fängt gleich an, draus vorzulesen,
was ist, was wird und was gewesen.

Doch langsam wird der Redner kleiner,
denn er entdeckt – und nicht erst heute:
vor ihm sitzen zwar viele Leute,
doch hinter ihm – steht keiner…

Heinz Erhardt

Kurzfassung

Die Umstellung der Energiewandlung weg von fossilen Brennstoffen hin zu Solar- und Windenergie sowie die Transformation des Personen- und Güterverkehrs hin zu elektrischen Antriebsformen erfordert eine Vielzahl von Fügeverbindungen. Auf Grund seiner elektrischen und thermischen Eigenschaften ist Kupfer das zentrale Element für diesen Wandel. Für die Herstellung der elektrischen Verbindungen wird eine prozesssichere, automatisierbare und effiziente Fügetechnologie benötigt. Das Laserstrahlschweißen erfüllt dahingehend alle Anforderungen und hat sich in den letzten Jahren gerade in der Batteriemodulfertigung etabliert. Industriell genutzte Laserstrahlquellen, die für das Fügen von Metallen eingesetzt werden, emittieren Strahlung im Wellenlängenbereich von einem Mikrometer. Der Reflexionsgrad von Kupfer liegt für diese Strahlquellen bei über 90 %, so dass nur ein kleiner Teil der eingestrahlten Energie im Werkstück absorbiert wird und die Stabilität des Fügeprozesses beeinträchtigt. Hinzu kommt, dass die hohe Wärmeleitfähigkeit die Bildung einer stabilen Dampfkapillare erschwert, so dass die Prozesseffizienz sinkt.

Die Prozessstabilität und die Prozesseffizienz beim Schweißen von Kupferwerkstoffen sind abhängig von der Wechselwirkung zwischen Licht und Materie. Dabei spielt die Absorption bzw. der Einkoppelgrad eine wesentliche Rolle, da sie direkt den Anteil der eingestrahlten Energie, die für den Schweißprozess genutzt wird, bestimmen. Die Absorption ist abhängig von der Laserwellenlänge, der Temperatur, der Wärmeleitfähigkeit und dem Zustand beziehungsweise der Beschaffenheit der technischen Oberfläche. Der Einkoppelgrad, der wiederum das Verhältnis aus eingestrahlter zu absorbierter Energie während des Prozesses und damit auch beim Auftreten von Mehrfachreflexionen beschreibt, ist zusätzlich abhängig von der Prozessführung. Die Erhöhung der Absorption und des Einkoppelgrades führen somit zu einem höheren Anteil absorbierter Energie, die im Werkstück für die Bildung von Schmelze zur Verfügung steht und so die Effizienz steigert. Im Rahmen dieser Arbeit wird die Oberfläche von Kupfer durch das Laserstrukturieren und durch einen thermischen Ofenprozess modifiziert. Während des anschließenden Laserstrahlschweißprozesses wird der Einkoppelgrad durch eine zeitlich hochaufgelöste Messung aufgezeichnet. Über die Bestimmung des Schmelzevolumens kann die Prozesseffizienz des Fügeprozesses auf modifizierten Oberflächen mit einem Referenzprozess verglichen werden. Der hier vorgestellte Ansatz ermöglicht eine signifikante Erhöhung der Prozesseffizienz und zeigt somit die Möglichkeit auf, Energie im Produktionsprozess einzusparen und gleichzeitig den Prozessverlauf zu stabilisieren.

Abstract

The shift in energy conversion away from fossil fuels towards solar and wind energy, as well as the transformation of passenger and freight transport towards electric forms of transportation, requires a large number of joining compounds. Due to its electrical and thermal properties, copper is the key element for this change. A reliable, automatable, and efficient joining technology is needed to realize the electrical connections. Laser beam welding meets all requirements in this respect and has become established in recent years, especially in battery module production. Industrial laser beam sources used for joining metals emit radiation in the wavelength range of one micrometer. The reflectance of copper for these beam sources is over 90 %, so that only a small part of the irradiated energy is absorbed in the component and affects the stability of the joining process. In addition, the high thermal conductivity makes it difficult to form a stable vapor capillary, so that process efficiency is reduced.

Process stability and process efficiency in the welding of copper materials depend on the interaction between light and material. Absorption and the degree of coupling play a key role here, as they directly determine the proportion of the irradiated energy that is used for the welding process. The absorption depends on the laser wavelength, the temperature, the thermal conductivity and the condition or nature of the technical surface. The degree of coupling, which in turn describes the ratio of absorbed to irradiated energy during the process and thus also when multiple reflections occur, is additionally dependent on the process control. Increasing the absorption and the degree of coupling thus leads to a higher proportion of absorbed energy being available in the workpiece for the formation of melt, thus increasing the efficiency. In this work, the surface of copper is modified by laser structuring and by a thermal furnace process. During the subsequent laser beam welding process, the degree of coupling is recorded by a high temporal resolution measurement. By determining the melt volume, the process efficiency of the joining process on modified surfaces can be compared with a reference process. The approach presented here enables a significant increase in process efficiency and thus demonstrates the possibility of saving energy in the production process while simultaneously stabilizing the process flow.

Danksagung

Die vorliegende Dissertation entstand neben meiner Tätigkeit als Wissenschaftliche Mitarbeiterin am Fraunhofer ILT. Ein Projekt dieser Größenordnung erfordert eine enge Zusammenarbeit vieler Beteiligter, darum möchte ich mich an dieser Stelle bei Menschen bedanken, die mich auf diesem Weg begleitet und unterstützt haben.

Zunächst gilt mein besonderer Dank Prof. Dr. Arnold Gillner. Die Masterarbeit bei Dr. Simon Britten und die anschließende Anstellung als Wissenschaftliche Mitarbeiterin in seiner Abteilung „Abtragen und Fügen", ebenso wie die Möglichkeit zur Promotion, habe ich ihm zu verdanken. Nach der Emeritierung von Prof. Dr. Reinhart Poprawe hat Prof. Gillner neben der fachlichen auch die formale Betreuung meiner Dissertation übernommen, wofür ich ihm sehr dankbar bin. Ebenso bedanke ich mich herzlich bei Prof. Dr. Uwe Reisgen für die Übernahme des Korreferats und bei Prof. Dr. Robert Schmitt für die Übernahme des Prüfungsvorsitzes.

Besonders bedanken möchte ich mich auch bei Dr. Alexander Olowinsky, der die Gruppe „Mikrofügen" leitet, in der ich insgesamt acht Jahre als Absolventin und Wissenschaftliche Mitarbeiterin tätig war. Ich habe in dieser Zeit sehr viel gelernt, ich durfte Dinge ausprobieren, Erfolge feiern, aber auch mal Scheitern. Diese Zeit hat mich sehr geprägt und mich wachsen lassen. Für diese Möglichkeit, das Vertrauen und den beständigen fachlichen Rat danke ich dir, Alexander.

Einen großen Anteil an der finalen Umsetzung dieser Arbeit haben meine Kolleginnen und Kollegen vom Fraunhofer ILT und der assoziierten Lehrstühle. Die abteilungs- und fachübergreifende Zusammenarbeit, die Hilfsbereitschaft, die Unterstützung und die Freundschaft, die ich hier erfahren durfte, sind überwältigend. Ich hoffe sehr, dass diese außergewöhnliche Unternehmenskultur Bestand hat. Insbesondere möchte ich meinen derzeitigen und ehemaligen Kolleginnen und Kollegen aus der Gruppe „Mikrofügen" danken. Ihr habt mir in der kritischen Zeit den Rücken freigehalten, steht jederzeit füreinander ein und seid auch dafür verantwortlich, dass ich jeden Tag gern ins Büro komme.

Besonders hervorheben möchte ich meine beiden langjährigen Bürokollegen und Freunde: Dr. André Häusler und Sören Hollatz. Ich glaube, ohne euch wäre ich diesen Weg nicht bis zum Ende gegangen. Gemeinsam hatten wir richtig viele gute Ideen (persönliche Perspektive ;-)), haben fachübergreifende Untersuchungen durchgeführt, unsere Erfolge gefeiert, gesellschaftspolitische Diskussionen geführt und haben uns gegenseitig bei beruflichen und manchmal auch privaten Krisen zur Seite gestanden. Intensive Nachbesprechungen haben da auch schon mal die Anwesenheit einer Kneipentheke erfordert. Ich danke euch beiden für eine großartige Zeit und für eure Freundschaft.

Diese Arbeit wäre auch inhaltlich nicht möglich gewesen ohne die Unterstützung meiner ehemaligen studentischen Hilfskräfte und Absolventen: Elie Haddad, Philipp Bremer und Christoph Spurk. Beim Durchblättern dieser Seiten wird euch sicherlich das eine oder andere bekannt vorkommen. Ich danke euch für euren unermüdlichen Einsatz, euren Tatendrang, eure Kreativität und auch für eure Freundschaft. Ich bin sehr stolz auf euch und schätze mich sehr glücklich, dass ihr alle inzwischen meine Kollegen seid.

Abschließend gilt mein herzlichster Dank meiner Familie, die mich auf meinem Weg bedingungslos unterstützt hat. Meinen Eltern Ingrid und Christoph Helm danke ich für die Wegbereitung und die Ermöglichung meines Studiums. Ihr steht immer hinter mir und ich kann immer auf euch bauen. Ihr seid meine Stütze und mein moralischer Kompass. Meinem Bruder Jacob mit seiner Frau Christina danke ich für die vielen aufmunternden Worte und die Fotos und Videos von ihrem Sohn Moritz. Das hat mir in der einen oder anderen Sinnkrise neuen Mut gemacht und immer ein Lächeln ins Gesicht gezaubert. Meiner Schwester Jule danke ich für ihre Energie, ihr offenes Ohr und ihren unermüdlichen Einsatz für mich und für diejenigen, die ihr am Herzen liegen. Euch allen habe ich zu verdanken, wer ich bin.

Inhalt

Abkürzungen und Formelzeichen

Kürzel	**Bezeichnung**
Al	Aluminium
Ar	Argon
CO_2	Kohlenstoffdioxid
Cu	Kupfer
Cu_2O	Kupfer(I)oxid
CuO	Kupfer(II)oxid
cw	continuous wave / Dauerstrich
EDX	Energiedispersive Röntgenspektroskopie
fs	Femtosekunden
IEA	International Energy Agency
IR	Infrarot
Nd:YAG	Neodym-dotierter Yttrium-Aluminium-Granat
Ni	Nickel
NIR	Nahinfrarot
ns	Nanosekunden
PF	Pulsform
ps	Pikosekunden
SLM	Spatial Light Modulator
Sn	Zinn
UKP	Ultrakurzpuls
UV	Ultraviolett

Symbol	Einheit	Beschreibung
A	-	Absoptionsgrad
a	m	Spurabstand / Spurversatz
$\tilde{A}$	-	Integrationsbereich der Fläche
A_F	µm²	Messfläche
AM	-	Mittelwert aus der Absorption parallel und senkrecht polarisierter Strahlung
A_N	mm²	Nahtquerschnitt
A_P	-	Absorption parallel polarisierter Strahlung
A_S	-	Absoption senkrecht polarisierter Strahlung
A_S	mm	Amplitude der örtlichen Leistungsmodulation
B	W/(m² · sr)	Brillanz des gaußförmigen Strahls
b_i	W	Achsenabschnitt der linearen Anpassung zwischen der Laserleistung und der Spannung der Photodiode i
C_i	W/V	Proportionalitätskonstante zwischen der Laserleistung und der Spannung in der Photodiode i
c_P	J/(kg · K)	Spezifische Wärmekapazität
d_F	µm	Fokusdurchmesser
d_f	µm	Kapillaröffnungsdurchmesser
d_{Oxid}	µm	Schichtdicke des Kupferoxids
d_S	µm	Einschweißtiefe in Kupfer
e	-	Eulersche Zahl
E_{abs}	J	Absorbierte Laserenergie
E_L	J	Eingestrahlte Laserenergie
E_{Puls}	J	Pulsenergie
E_{Str}	%	Gestreute Energie
f	Hz	Oszillationsfrequenz der örtlichen Leistungsmodulation
F_0	J/mm²	Fluenz
f_B	mm	Brennweite
f_{Puls}	1/s	Pulsrepetitionsrate
h_m	J/kg	Schmelzenthalpie

I	W/cm²	Intensität
I_0	W/cm²	Maximale Intensität im Zentrum der Strahltaille
I_S	W/cm²	Schwellintensität
k	-	Betrag des Imaginärteils des komplexen Brechungsindex
l_{cw} / l_{ns}	mm	Linienlänge der Schweißnaht
l_{ref}	µm	Bezugslänge
M^2	-	Beugungsmaßzahl
m_i	kg	Masse der Komponente i
n	-	Betrag des Realteils des komplexen Brechungsindex
O_{mass}	wt%	Sauerstoffanteil
P_A	W	Absobierte Leistung
P^d_R	W	Diffus reflektierte Leistung
P_{konv}	W	Verlustleistung durch Konvektion
P_L	W	Laserleistung
P_m	W	Mittlere Leistung
P_P	W	Prozessleistung
P_{Puls}	W	Pulsspitzenleistung
P_R	W	Reflektierte Leistung
P_S	W	Schwellleistung
P_{th}	W	Verlustleistung durch Wärmestrahlung
PÜ	%	Pulsüberlapp
P_V	W	Verlustleistung durch Konduktion
R	-	Reflexionsgrad
S_a	µm	Mittlere arithmetische Höhe
SE	-	Schmelzeffizienz
SPP	µm · rad	Strahlparameterprodukt
S_q	µm	Mittlere quadratische Höhe
SÜ	%	Spurüberlapp
t	s	Zeit
T	-	Transmissionsgrad

T_0	K	Temperatur im Zentrum der Strahltaille
T_O	K	Oxidationstemperatur
t_P	s	Prozessdauer
T_R	K	Raumtemperatur
T_S	K	Schmelztemperatur
Ü	-	Überlappgrad der örtlichen Leistungsmodulation bei einer kreisförmigen Oszillationsbewegung
$U_{PD,i}$	V	Spannung an der Photodiode i
v	mm/s	Vorschubgeschwindigkeit
w_0	cm	Strahlradius im Brennfleck
z_{kap}	µm	Kapillartiefe
z_{max}	µm	Maximale Einschweißtiefe
z_{min}	µm	Minimale Einschweißtiefe
z_R	µm	Rayleighlänge
δ	cm	Thermische Diffusionslänge
Δd_S	%	Einschweißtiefenänderung
Δz_s	-	Einschweißtiefenschwankung
η_A	-	Einkoppelgrad
η^d_A	-	Diffuser Einkoppelgrad
η_{Pr}	-	Prozesswirkungsgrad
η_{th}	-	Thermischer Wirkungsgrad
λ	m	Laserwellenlänge
λ_{th}	W/(m · K)	Wärmeleitfähigkeit
ρ	kg/m³	Dichte
τ	s	Pulsdauer
Φ / ϕ	rad	Einfallswinkel des Lichts gemessen zur Flächennormalen

1 Einleitung und Zielsetzung

Die Emission von Treibhausgasen ist der treibende Faktor für den Klimawandel. Die Ursachen liegen in menschlichen Aktivitäten wie beispielsweise der Verbrennung fossiler Brennstoffe, der Industrie, der Tierhaltung oder der Abfallbehandlung. Um die Ursachen zu bekämpfen und die Auswirkungen auf Mensch und Umwelt gering zu halten, hat sich die Europäische Union ehrgeizige Ziele gesetzt. Das ursprüngliche Ziel, die Emission von Treibhausgasen bis zum Jahr 2030 um 40 % gegenüber 1990 zu reduzieren, wurde Ende 2020 noch einmal verschärft, so dass nun mindestens 60 % Emissionen eingespart werden sollen. Außerdem laufen die direkten und indirekten Subventionen für fossile Brennstoffe bis 2025 aus und jedes EU-Mitglied sollte bis 2050 Klimaneutralität erreichen. [EUR20] Ein wesentlicher Faktor zum Erreichen dieser Ziele ist die Energiewende, also die primäre Stromerzeugung durch die Wandlung von Solar- und Windenergie sowie die Transformation des Personen- und Güterverkehrs hin zu elektrischen Antriebsformen. In einer Studie von McKinsey aus dem Jahr 2019 werden die damals noch weniger ambitionierten Ziele der Europäischen Union aufgegriffen und auf die notwendigen Änderungen auf den Automobilsektor, der ein wesentlicher Motor deutscher und europäischer Wirtschaft ist, projiziert. Hier wird nicht nur die Transformation der Antriebsform im Automobilsektor berücksichtigt, sondern auch die Änderung der Energiewandlung für die Produktion, den Betrieb und das Recycling der Fahrzeugkomponenten (insbesondere der Batterie) und der Notwendigkeit der Etablierung alternativer Mobilitätskonzepte wie beispielsweise Carsharing. Diese Studie hat ergeben, dass zur Erreichung der ursprünglichen europäischen Zielsetzung bis 2030 die Flotte elektrisch betriebener Fahrzeuge auf 33 Mio. Stück angewachsen sein muss. 2018 fuhren lediglich 1 Mio. elektrische Fahrzeuge durch Europa. [CDD19] Durch die Revision der Zielsetzung dürfte dieser Wert noch einmal deutlich höher liegen.

Die International Energy Agency (IEA) hat die Rolle kritischer Mineralien bei der Umstellung auf saubere Energie untersucht. Ein zentrales Ergebnis dieser Studie ist die Tatsache, dass für den Bau von „grünen" Anlagen mehr Mineralien notwendig sind als für die herkömmliche Technologie. [IEA21] Bild 1 zeigt eine Übersicht ausgesuchter Anwendungen aus Transport und Energie und stellt den Verbrauch der Mineralien gegenüber. Die Art der notwendigen Mineralien hängt entscheidend von der Anwendung ab. So werden Lithium, Mangan, Kobalt, Nickel und Graphit hauptsächlich in neueren Speichertechnologien verwendet und finden sich darum primär in einem Elektrofahrzeug wieder. Seltene Erden wiederum werden für Elektronikkomponenten aber auch für die Produktion von Permanentmagneten verwendet, die für Elektromotoren oder Windturbinen genutzt werden. Auffällig ist, dass Kupfer ein zentrales Element für jede Art der elektrischen Anwendung ist. Beim Vergleich des Kupferanteils in einem konventionellen Fahrzeug mit dem in einem Elektrofahrzeug wird deutlich, dass für Elektrofahrzeuge mehr als doppelt so viel Kupfer nötig ist. Dies hängt zum einen mit dem Batteriepack zusammen, da sowohl in den Zellen selbst als auch für die Verschaltungstechnik, Kupfer benötigt wird. Zum anderen wird für die Produktion des Elektromotors mehr Kupfer als für einen Verbrennungsmotor benötigt. Hinzu kommt, dass die Fahrzeuge zunehmend mit „intelligenter" Elektronik in Form von Fahrassistenzsystemen, Bordelektronik und Sicherheitselementen ausgestattet sind, die ebenfalls Kupferkomponenten enthalten. Trotz einer zunehmenden Miniaturisierung bleibt die Nachfrage nach Kupfer hoch. Auf Grund seines guten Preis-Leistungs-Verhältnisses, der hohen elektrischen Leitfähigkeit und der sehr guten Korrosionsbeständigkeit sind die Bestrebungen, diesen Werkstoff zu ersetzen, auf einem konstant niedrigen Niveau. [KAL21]

Bild 1: Verwendete Mineralien für ausgesuchte Anwendungen in Transport und Energie nach [IEA21] Stahl und Aluminium werden nicht berücksichtigt.

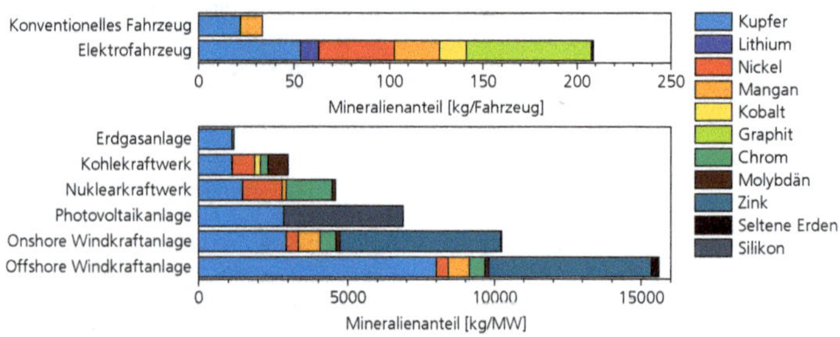

Für die Herstellung der elektrischen Verbindungen zwischen den Kupferkomponenten für oben genannte Anwendungen wird eine prozesssichere, automatisierbare und effiziente Fügetechnologie benötigt. Das Laserstrahlschweißen erfüllt dahingehend alle Anforderungen und hat sich in den letzten Jahren gerade in der Batteriemodulfertigung etabliert. [SCH15] Die Eigenschaften, die diesen Werkstoff allerdings für elektrische Verbindungen so attraktiv machen, sind für die Verarbeitbarkeit mit Laserstrahlung hinderlich. Die hohe Wärmeleitfähigkeit, die über das Wiedemann-Franz-Gesetz mit der elektrischen Leitfähigkeit verbunden ist, sorgt für einen zügigen Abtransport der Energie aus der Wechselwirkungszone und erschwert so die Bildung einer schmelzflüssigen Phase. Hinzu kommt, dass der Reflexionsgrad von Kupfer für die meisten Wellenlängen sehr hoch ist (> 90 %) und somit nur ein kleiner Teil der eingestrahlten Energie im Werkstück absorbiert wird, wodurch die Bildung einer stabilen Dampfkapillare erschwert wird und die Prozesseffizienz sinkt. Die Tiefschweißschwelle ist abhängig von der Intensität und lässt sich so zum einen durch eine Erhöhung der eingesetzten Leistung und zum anderen durch eine Verkleinerung des Fokusdurchmessers erreichen.

Strahlquellen hoher Brillanz und ausgezeichneter Strahlqualität ermöglichen Fokusdurchmesser von < 20 µm bei maximalen Ausgangsleistungen von mehreren Kilowatt. Dank dieser Eigenschaften lassen sich auch hoch reflektive Werkstoffe prozesssicher bearbeiten. Dennoch stellt die hohe Reflektivität eine Schwierigkeit dar. Durch Rückreflexe während des Prozesses und insbesondere zum Prozessstart können Elemente im Strahlengang oder sogar die Strahlquelle selbst geschädigt werden. Dies soll eine integrierte Sensorik gepaart mit Shuttern verhindern. Allerdings erfordert das Auslösen dieses Schutzmechanismus in einer Fertigungslinie die anschließende manuelle Freischaltung der Anlage. So entstehen Standzeiten, die sich vermeiden ließen.

Sowohl die Wärmeleitfähigkeit als auch der Reflexionsgrad sind temperaturabhängige Werkstoffeigenschaften. Beim Übergang in den Tiefschweißprozess wird die einfallende Strahlung im Innern der Dampfkapillare mehrfach reflektiert und absorbiert, so dass sich der Prozess selbst verstärkt. Durch Varianten in der Prozessführung wie beispielsweise eine örtliche Leistungsmodulation lässt sich die Prozessstabilität und Prozesseffizienz weiter steigern. [HÄU21] Dennoch liegt der erreichbare Einkoppelgrad noch bei ≤ 70 %. Eine weitere Erhöhung des Einkoppelgrades würde die Effizienz weiter steigern, so dass die eingestrahlte Laserleistung reduziert oder die Vorschubgeschwindigkeit gesteigert werden kann (Bild 2).

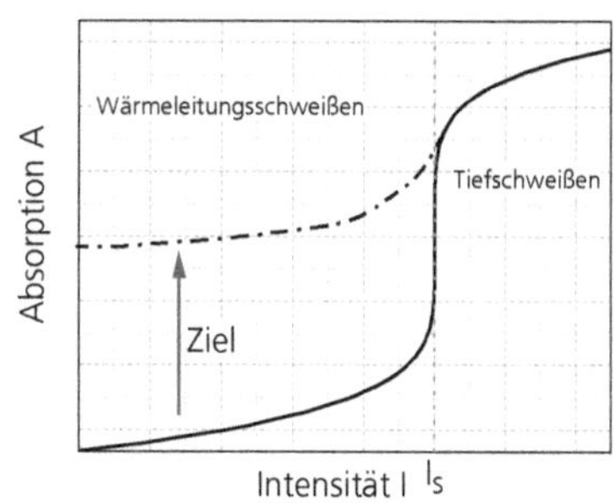

Bild 2: Ziel dieser Arbeit ist die Erhöhung der Absorption und damit des Einkoppelgrades am Werkstück, um so ein schnelleres Erreichen der Tiefschweißschwelle I_S erreichen zu können.

Neben einer Variation der Prozessführung ist auch die Modifikation der Oberflächeneigenschaften eine Möglichkeit zur Effizienzsteigerung, da hier die direkte Wechselwirkung zwischen dem Laserstrahl und dem Werkstück stattfindet. Im Rahmen dieser Arbeit wird der Einfluss der Oberflächeneigenschaften auf die Prozessstabilität und die Prozesseffizienz beim Laserstrahlschweißen von Kupfer mit Singlemode Faserlasern untersucht. Die Systematik ist in Bild 3 dargestellt ebenso wie ein Verweis auf die jeweiligen Kapitel.

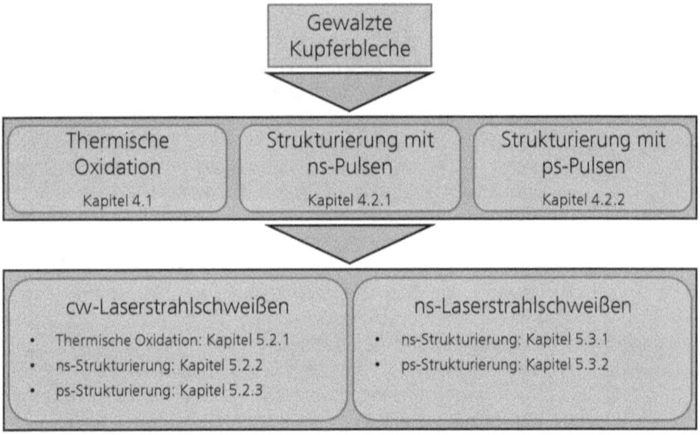

Bild 3: Darstellung der experimentellen Systematik dieser Arbeit. Die Oberflächen gewalzter Kupferbleche werden durch thermische Oxidation und Laserstrukturierungsprozesse bearbeitet. Auf diesen modifizierten Oberflächen werden Blindnähte mit einem Dauerstrich-Faserlaser (cw) und einem nanosekunden-gepulsten Faserlaser (ns) gesetzt und analysiert.

Zur Untersuchung des Oberflächeneinflusses werden zweierlei Strategien verfolgt und die Ergebnisse mit jeweils unbearbeiteten Kupferproben verglichen: In einem ersten Schritt wird das Kupfer gezielt thermisch oxidiert und der Einfluss, der sich bildenden Oxidschichten untersucht. In einem zweiten Schritt werden Kupferproben mit Kurzpuls- oder Ultrakurzpulslaser strukturiert. Durch diese Methode lassen sich Oberflächen mit unterschiedlicher Topografie herstellen. Nach allgemeinem wissenschaftlichem Konsens wird durch die Bildung von Schmelze und einer Dampfkapillare beim Übergang zum Tiefschweißen die ursprüngliche Beschaffenheit der Oberfläche destruiert und die Wechselwirkung geschieht zwischen der Schmelzbadoberfläche und der einfallenden Laserstrahlung. [POP11, S. 39f.], [BDV03] Dieser Umstand ist auch für die Robustheit des Prozesses gegenüber Oberflächenverunreinigungen verantwortlich. Im Rahmen der wissenschaftlichen Fragestellung dieser Arbeit wird die Frage beantwortet, ob eine der oben beschriebenen Modifikationen der Oberfläche von Kupferhalbzeugen den Einkoppelgrad während eines Laserstrahlschweißprozesses erhöhen und damit die Prozesseffizienz steigern kann.

2 Laserstrahlschweißen und -abtragen von hoch reflektiven Materialien

Die erste technische Realisierung eines Lasers erfolgte 1960 durch Maimann. Hierbei verwendete er ausschließlich bereits verfügbare Materialien und erzeugte so mit Hilfe eines Rubins den ersten intensiven Lichtstrahl, der in dieser Form in der Natur nicht vorkommt. [HG09, S. 1] In den vergangenen 60 Jahren hat diese Technologie eine enorme Entwicklung vollzogen und wird für eine Vielzahl von Anwendungen genutzt. Dabei ist der Laser nicht das Endprodukt, sondern ein leistungsstarkes Werkzeug für die Informations- oder Energieübertragung. Durch die Ergänzung mit Strahlformungs- und Strahlablenkungssystemen und die Integration in eine anwendungsbezogene Anlagentechnik lässt sich nahezu jedes Material bearbeiten. Dabei hängt die Wirkung des Laserstrahls von den Mechanismen der Absorption, den Werkstoffeigenschaften, geometrischen Abmaßen sowie den Eigenschaften der Laserstrahlung ab. In Bild 4 sind die Prozessregime beim Fügen und Abtragen in Abhängigkeit von der Laserintensität dargestellt.

Bild 4: Wechselwirkungen zwischen Laserstrahl und Werkstück in Abhängigkeit der Intensität. Die Intensität gibt Richtwerte für die Bearbeitung mit CO_2 Lasern für Stahl an. Nach [HG09, S. 2f.] und [DAU95, S. 17]

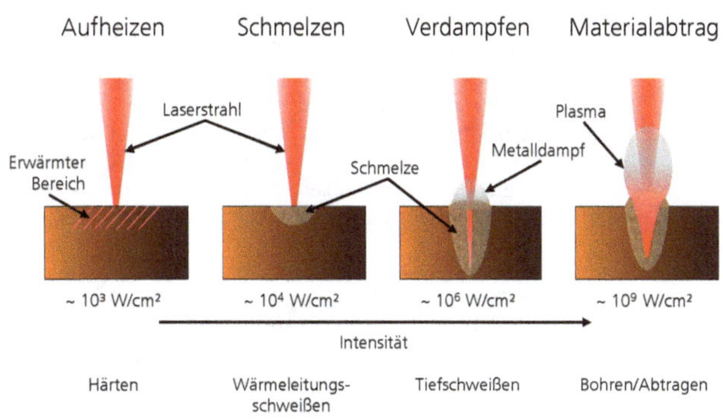

Dabei stellen die angegebenen Werte für die Schwellintensität Richtwerte dar, die für die Bearbeitung von Stahl mit einem CO_2 Laser gelten. Im Einzelfall sind diese Werte abhängig vom zu bearbeitenden Werkstoff. Für Aluminium werden beispielsweise zum Erreichen der Verdampfungstemperatur bereits Intensitäten von 10^7 W/cm² benötigt. [HEß12, S. 23] Je nachdem, welche Temperatur in Abhängigkeit der Intensität sich im Werkstück einstellt, lassen sich unterschiedliche Laserstrahlprozesse realisieren. Beim Laserstrahlhärten wird der

Werkstoff lokal bis zu einer Temperatur unterhalb der Schmelztemperatur aufgeheizt. So können lokale Gefügeumwandlungen realisiert werden. Wird der Werkstoff über die Schmelztemperatur hinaus erwärmt, bildet sich ein linsenförmiges Schmelzbad aus. In diesem Regime werden beispielsweise Wärmeleitungsschweißprozesse oder Laserstrahlpolieren durchgeführt. Eine weitere Steigerung der Intensität führt schließlich zur Ausbildung einer Dampfkapillare. Diese ist für den bedeutendsten Fügeprozess mit Laserstrahlung notwendig: das Laserstrahltiefschweißen. Wird die Intensität am Werkstück weiter erhöht, so kann gezielt Material entfernt werden. Dies ist insbesondere für Abtragprozesse wie das Laserstrukturieren oder Laserstrahlbohren essenziell. [HG09, S. 3]

In den folgenden Kapiteln werden die Grundlagen des Laserstrahlschweißens und des Laserstrahlabtragens erklärt. Besonderes Augenmerk wird hier auf die Mechanismen der Absorption von Laserstrahlung im Werkstück gelegt, da der Anteil der absorbierten Strahlung wesentlich für die Effizienz des Laserstrahlprozesses ist.

2.1 Grundlagen des Laserstrahlschweißens mit Strahlquellen hoher Brillanz

Als Strahlquellen hoher Brillanz werden diejenigen Strahlquellen bezeichnet, welche sich durch eine exzellente Fokussierbarkeit auszeichnen. Je besser sich ein Laserstrahl fokussieren lässt, desto kleiner ist der resultierende Durchmesser in der Strahltaille. Darüber hinaus ist für die meisten Laserbearbeitungsprozesse ein großer fokaler Bereich beziehungsweise eine große Rayleighlänge z_R von Interesse, um einen robusten Prozess bezüglich Ungenauigkeiten in der Werkstückpositionierung auszugleichen. Dabei ist die Rayleighlänge der Abstand zur Strahltaille, bei der sich die Strahlquerschnittsfläche verdoppelt und die maximale Intensität halbiert hat. Um eine große Rayleighlänge zu erreichen, sollte der Divergenzwinkel möglichst gering sein.

Die Intensität eines Laserstrahls ist definiert als die Energie, die pro Zeiteinheit und Querschnittsfläche im Strahl fließt. Diese Größe oder der Strahlparameterquotient, welcher die Leistung pro Fokusdurchmesser P_L/d_F angibt, werden häufig als Vergleichsgröße für Laserbearbeitungsprozesse herangezogen. Die Intensitätsverteilung auf der Werkstückoberfläche hat einen entscheidenden Einfluss auf die Dynamik und Ausprägung des Laserbearbeitungsprozesses. Bei einer gaußförmigen Intensitätsverteilung, wie sie bei allen in dieser Arbeit verwendeten Lasern gegeben ist, wird die Begrenzung des Strahldurchmessers durch den Abfall der Intensität auf $1/e^2$ des Maximalwertes I_0 definiert. Somit werden 86,5 % der emittierten Laserleistung im Strahlradius eingeschlossen. [POP05, S. 54], [HG09, S. 38] Die maximal erreichbare Intensität in der Strahltaille des Gaußstrahls ist abhängig von der emittierten Laserleistung und dem Fokusradius und ergibt sich zu

2.1

$$I_0 = \frac{2 \cdot P_L}{\pi \cdot w_0^2}$$

[HG09, S. 38]

P_L: Laserleistung [W]; w_0: Strahlradius im Brennfleck [cm]; I_0: Intensität im Zentrum der Strahltaille [W/cm²]

Beim Laserstrahlschweißen wird zwischen zwei Prozessregimen unterschieden: dem Wärmeleitungsschweißen und dem Tiefschweißen (vgl. Bild 4). Wird der Laserstrahl auf der Werkstoffoberfläche fokussiert, wird ein Teil der eingestrahlten Leistung absorbiert und das Material erhitzt sich. Beim Erreichen der Schmelztemperatur bildet sich eine Schmelzlinse aus, deren Form und geometrische Ausdehnung abhängig von der Temperatur und der spezifischen Wärmeleitfähigkeit des Materials sind. Der Übergangsbereich vom Wärmeleitungsschweißen zum Tiefschweißen ist durch das Erreichen der Verdampfungstemperatur gekennzeichnet. Der entstehende abströmende Metalldampf übt einen Druck auf die Schmelzlinse aus, welche eine Mulde bildet. Mit zunehmender Intensität wird dieser Effekt verstärkt, bis das Verhältnis aus Kapillartiefe und Kapillardurchmesser für das Auftreten von Mehrfachreflexionen ausreicht. Die Energieeinkopplung steigt sprunghaft an und es bildet sich eine stabile Dampfkapillare aus, deren Durchmesser an der Schmelzbadoberfläche in etwa der Strahltaille entspricht [MPO04], [MÜL02, S. 20], [DIL00, S. 2]. Das Ergebnis sind schlanke, tiefe Nähte, deren Aspektverhältnis, welches das Verhältnis aus Schweißnahttiefe zu Schweißnahtbreite angibt, bei etwa 10:1 liegt. Bei größeren Vorschubgeschwindigkeiten ist davon auszugehen, dass sich die Bildung der Dampfkapillare zunehmend in Richtung der Strahlmitte verschiebt, da die Intensität in den Randbereichen bei einer Gaußverteilung nicht mehr ausreicht, um die Dampfkapillare zu formieren. Gleiches gilt für niedrige Laserleistungen. [KAP94] Die Prozessregime sowie der qualitative Verlauf der Energieeinkopplung über dem Strahlparameterquotienten werden in Bild 5 verdeutlicht. Dabei ist der Anstieg der Schweißtiefe abhängig vom Einkoppelgrad sowie vom Fokusdurchmesser. [HG09, S. 214–223] Beim Übergang vom Wärmeleitungs- zum Tiefschweißen wird auf der Oberfläche des Werkstücks Verdampfungstemperatur erreicht. Dieser Punkt wird Tiefschweißschwelle genannt. Zur Abschätzung der benötigten Schwellleistung wird die Lösung der Wärmeleitungsgleichung herangezogen.

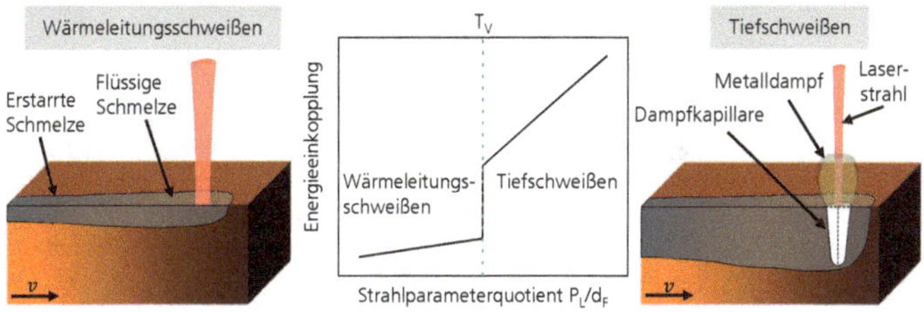

Bild 5: Prozessregime beim Laserstrahlschweißen und qualitativer Verlauf der Schweißtiefe über dem Strahlparameterquotienten nach [HG09, S. 214] und [DIL00, S. 1]

Unter der Annahme einer gaußförmigen Intensitätsverteilung und eines halbunendlichen Körpers kann die Temperaturentwicklung im Zentrum der Strahltaille wie folgt beschrieben werden:

2.2

[HG09, S. 142]

$$T_0(t) = \frac{A \cdot I_0 \cdot w_0}{\sqrt{2\pi} \cdot \lambda_{th}} \cdot \arctan\left(\frac{\sqrt{2} \cdot \delta}{w_0}\right)$$

$T_0(t)$: Temperatur im Zentrum der Strahltaille zum Zeitpunkt t [K]; A: Absorptionsgrad [-]; I_0: Intensität im Zentrum der Strahltaille [W/cm²]; w_0: Strahlradius im Brennfleck [cm]; λ_{th}: Wärmeleitfähigkeit [W/(m·K)]; δ: Thermische Diffusionslänge [cm]

δ ist die thermische Diffusionslänge, welche den Weg einer Isothermen in das Material innerhalb einer Zeit t beschreibt. Sie ist definiert als

2.3

[ENG15, S. 19]

$$\delta = 2 \cdot \sqrt{\frac{\lambda_{th}}{c_p \cdot \rho} \cdot t}$$

δ: Thermische Diffusionslänge [m]; λ_{th}: Wärmeleitfähigkeit [W/(m·K)]; c_P: Spezifische Wärmekapazität [J/(kg·K)]; ρ: Dichte [kg/m³]; t: Zeit [s]

Für sehr kleine Fokusradien, wie sie mit den in dieser Arbeit verwendeten Singlemode Faserlasern erreicht werden, nimmt die Arcustangens-Funktion den Wert π/2 an. Damit vereinfacht sich Formel 2.2 zu

2.4

$$T_0 = \sqrt{\frac{\pi}{8}} \cdot \frac{A \cdot I_0 \cdot w_0}{\lambda_{th}}$$

T_0: Temperatur im Zentrum der Strahltaille für kleine Fokusradien [K]; A: Absorptionsgrad [-]; I_0: Intensität im Zentrum der Strahltaille [W/cm²]; w_0: Strahlradius im Brennfleck [cm]; λ_{th}: Wärmeleitfähigkeit [W/(m·K)]

Durch Einsetzen des Zusammenhangs von Laserleistung und maximaler Intensität im Zentrum der Strahltaille (Formel 2.1) und der Beziehung $d_F = 2 \cdot w_0$ ergibt sich:

2.5

[HG09, S. 143]

$$T_0 = \sqrt{\frac{2}{\pi}} \cdot \frac{A \cdot P_L}{\lambda_{th} \cdot d_F}$$

T_0: Temperatur im Zentrum der Strahltaille für kleine Fokusradien [K]; A: Absorptionsgrad [-]; P_L: Laserleistung [W]; λ_{th}: Wärmeleitfähigkeit [W/(m·K)]; d_F: Durchmesser der Strahltaille [m]

Um eine hohe Temperatur im Bearbeitungspunkt zu erreichen, kann eine höhere Laserleistung genutzt werden. Eine andere Möglichkeit besteht darin, den Durchmesser der Strahltaille zu verringern. Singlemode Faserlaser ermöglichen durch ihre hervorragende Strahlqualität das Erreichen sehr kleiner Fokusdurchmesser und sind somit für einen energetisch und wirtschaftlich effizienten Prozess sehr gut geeignet. [HG09, S. 67–71] Um aus Formel 2.5 die Schwellleistung zum Erreichen des Tiefschweißprozesses zu errechnen, wird angenommen, dass die zu erreichende Temperatur die Verdampfungstemperatur T_V ist. Für Cu-ETP ($T_{V,Cu} = 2833$ K, $\lambda_{th,Cu} = 394$ W/(m·K), $A_{1070nm,Cu} \approx 0,15$) und Aluminium ($T_{V,Al} = 2740$ K, $\lambda_{th,Al} = 237$ W/(m·K), $A_{1070nm,Al} \approx 0,14$) ergeben sich bei einem Fokusdurchmesser von 25 µm die in Tabelle 2.1 aufgelisteten Werte. Die Werte für die maximale Intensität I_0 im Zentrum der Strahltaille liegen deutlich über dem Richtwert für Stahl und CO_2-Strahlquellen (vgl. Bild 4).

Tabelle 2.1: Berechnung der maximalen Intensität in der Strahltaille für Cu-ETP und Aluminium.

Eigenschaft Cu	**Cu-ETP**	**Aluminium**
Schwellleistung P_S	233 W	145 W
Schwell-Strahlparameterquotient P_S/d_F	93,2 kW/cm	58,0 kW/cm
Max. Intensität in der Strahltaille I_0	9,5 10^7 W/cm²	5,9 10^7 W/cm²

Beim Laserstrahltiefschweißen erfolgt die Absorption der Laserstrahlung im Wesentlichen über die Mantelfläche der sich ausbildenden Kapillare nach den Fresnelschen Formeln. Mit zunehmender Vorschubgeschwindigkeit v neigt sich die Kapillare, so dass die Strahlung hauptsächlich auf die Frontseite der Dampfkapillare trifft und hier primär absorbiert wird [FSC05], [KAP94], [JIN08], [FAB10]. Der größere Anteil wird in die Kapillare reflektiert, deren zunehmende Tiefe auf die Mehrfachreflexionen innerhalb der Dampfkapillare zurück zu führen ist. Eine direkte Bestrahlung erfolgt nur im oberen Teil. Der Neigungswinkel der Dampfkapillare steigt linear mit zunehmender Geschwindigkeit. [WEB10, S. 32] Durch diesen Effekt verändert sich auch der Auftreffwinkel der Laserstrahlung auf der Front der Dampfkapillare, so dass ein größerer Anteil der eingestrahlten Energie absorbiert wird, wodurch die Temperatur steigt. [FSC06] Für eine glatte Dampfkapillar-Front gelten die Fresnel-Formeln und die Absorption steigt mit dem Einfallswinkel bis zum Erreichen des Brewster-Winkels. Neuere Untersuchungen mit Hochgeschwindigkeitsaufnahmen ergeben, dass sich wellenartige Strukturen ausbilden, die sich von oben nach unten in die Kapillare bewegen. [MK14] Durch diese Strukturen ändert sich der Auftreffwinkel der Strahlung auf die Dampfkapillarfront kontinuierlich. [EPK10], [KAP12a], [KM15], [KAP12b]

Die geometrische Ausprägung der Schweißnaht ist im Wesentlichen abhängig von der Kapillarform und –neigung. Neben der Vorschubgeschwindigkeit haben auch die Laserleistung und der Fokusdurchmesser Einfluss auf den Neigungswinkel der Kapillare. Eine Vergrößerung des Fokusdurchmessers führt zu einer stärkeren Neigung der Kapillarfront und damit zu einer Verringerung der Einschweißtiefe. Ein kleiner Fokusdurchmesser bewirkt dagegen ein Aufrichten der Kapillare und eine Zunahme der Mehrfachreflexionen. Damit „bohrt" sich die Kapillare tiefer in das Material und die Einschweißtiefe steigt. Eine gute Fokussierbarkeit ist damit essenziell für einen effizienten Tiefschweißprozess. [WEB10, S. 32–44] Somit ist ebenfalls ersichtlich, dass die

Vorgänge in der Kapillare unmittelbaren Einfluss auf die Strömungen im Schmelzbad haben und damit auf die Energie- und Impulsverteilung. Für die Beschreibung der Dynamiken im Schmelzbad wird die Modellvorstellung von [BEC96] zugrunde gelegt. Dieses Modell basiert auf einer zylindrischen Kapillare, die linear durch ein Werkstück bewegt wird, und berücksichtigt drei unterschiedliche Schmelzeströmungen. Bei der *Kapillarumströmung* wird das Material im Bereich der Kapillarfront aufgeschmolzen, durch die Bewegung der Kapillare verdrängt und um sie herumgeleitet. Dabei wird die Grenzfläche gasförmig-flüssig als reibungsfrei betrachtet, während die Grenzfläche flüssig-fest als reibungsbehaftet angenommen wird. Die resultierende lokale Umströmungsgeschwindigkeit ist abhängig von der Schmelzbadbreite, der Vorschubgeschwindigkeit und dem Kapillardurchmesser. Der aus der Kapillare *entweichende Metalldampf* bewirkt eine Impulsübertragung durch Reibung auf die Schmelze im Grenzbereich gasförmig-flüssig. Dadurch wird die Schmelze in Richtung der Oberfläche beschleunigt und an den Begrenzungen des Schmelzbades umgelenkt. Eine rezirkulierende Strömung entsteht. Induziert durch Temperaturunterschiede an der Schmelzbadoberfläche und der temperaturabhängigen Oberflächenspannung entstehen Tangentialkräfte an der Schmelzbadoberfläche. Die meisten Metalle besitzen einen negativen Temperaturkoeffizienten bezogen auf die Oberflächenspannung, welcher bewirkt, dass die Schmelze von den heißen Bereichen um die Kapillaröffnung zu den kühleren Bereichen an der Phasengrenze flüssig-fest fließt. Je größer dieser Gradient ist, desto höher sind die resultierenden Strömungsgeschwindigkeiten. Die resultierende Strömung wird *Marangoni-Strömung* genannt. Die Strömungsgeschwindigkeit und die kinetische Energie des Schmelzbades steigen mit der Vorschubgeschwindigkeit an. [BEC96, S. 62–82], [HEß12, S. 32–34]

Die Verwendung von Strahlquellen mit hoher Brillanz bringt viele Vorteile für das Laserstrahlschweißen mit sich. Während die Beugungsmaßzahl M^2 beschreibt, wie gut sich ein Laserstrahl mit bekanntem Divergenzwinkel fokussieren lässt, veranschaulicht die Brillanz wie viel Lichtleistung dabei im Fokus gebündelt werden kann. Dabei ist die Brillanz definiert als maximal emittierte Leistung P_L pro bestrahlte Fläche im Fokus und Raumwinkel. Für den gaußförmigen Strahl gilt dann

2.6 [ENG15, S. 5]

$$B = \frac{P_{L,max}}{\lambda^2 \cdot (M^2)^2}$$

B: Brillanz des gaußförmigen Strahls [W/(m² · sr)]; $P_{L,max}$: Maximale Laserausgangsleistung [W]; λ: Laserwellenlänge [m]; M^2: Beugungsmaßzahl [-]

Bei gegebener Leistung und Wellenlänge wird die höchste Brillanz bei einem kleinen M^2 erreicht und ist damit maximal für $M^2 = 1$. Im Gegensatz zur Intensität lässt sich die Brillanz nicht durch optische Komponenten verändern und ist somit gut geeignet, um Strahlquellen unterschiedlicher Bauart miteinander zu vergleichen. [KET10, S. 13f.], [ENG15, S. 6f.] Die in dieser Arbeit hauptsächlich verwendeten Singlemode Faserlaser haben einen $M^2 < 1{,}1$ und zählen somit zu den Strahlquellen hoher Brillanz. Bei konstantem Divergenzwinkel und Fokusdurchmesser ermöglichen Strahlquellen hoher Brillanz größere Arbeitsabstände. Diese Eigenschaft verringert Verschmutzungen der optischen Elemente im Prozess und vergrößert das Arbeitsfeld bei scannerbasierter Bearbeitung. [HEß12, S. 29f.]

2.2 Effizienzbestimmende Einflussfaktoren beim Laserstrahlschweißen hochreflektierender Werkstoffe

Das Laserstrahlschweißen von Metallen ist ein thermisch basierter Prozess. Dies verdeutlicht, dass nicht die auf das Werkstück eingestrahlte Energie entscheidend für den Prozessverlauf ist, sondern der vom Werkstück absorbierte Anteil. Somit bestimmt die absorbierte Laserstrahlung die Prozesseffizienz und -stabilität des Schweißprozesses. [BEC96, S. 29] Trifft Laserstrahlung auf eine Oberfläche so kann sie reflektiert (R), absorbiert (A) oder transmittiert (T) werden. Alle diese Effekte treten zu einem gewissen Prozentsatz auf. [POP11, S. 16]

2.7 $$R + A + T = 1$$

[POP11, S. 16]

R: Reflexionsgrad [-]; A: Absorptionsgrad [-]; T: Transmissionsgrad [-]

Bei der Betrachtung von Laserstrahltiefschweißprozessen kann der Transmissionsgrad in der Regel vernachlässigt werden, da die Dicke des Metalls viel größer als die optische Eindringtiefe (< 10 nm für Kupfer) ist. In diesem Fall gilt dann

2.8 $$R + A = 1 \quad mit\, T = 0$$

R: Reflexionsgrad [-]; A: Absorptionsgrad [-]; T: Transmissionsgrad [-]

Der Absorptions- und Reflexionsgrad sind keine Konstanten, sondern abhängig von den Prozessparametern, den Materialeigenschaften und der Temperatur des zu bearbeitenden Werkstoffs. Kupfer zeigt beispielsweise eine starke Abhängigkeit des Absorptionsgrades über der Wellenlänge und der Temperatur. Bei der Betrachtung der Energiebilanz während eines Laserstrahlschweißprozesses wird deutlich, dass nicht die gesamte eingestrahlte Laserleistung P_L für den Prozessablauf zur Verfügung steht. (Bild 6) Entscheidend für die Effizienz eines Laserstrahlschweißprozesses ist der Anteil der eingestrahlten und absorbierten Laserleistung, der tatsächlich für die Bildung eines Schmelzbades und damit dem eigentlichen Fügeprozess zur Verfügung steht. Aus Bild 6 ergibt sich die Energiebilanz eines Laserstrahlschweißprozesses für Metalle zu:

2.9

Nach [HG09, S. 117]

$$P_L = P_R + P_P + P_V + P_{th} + P_{konv}$$

$$mit\ P_P + P_V + P_{th} + P_{konv} = P_A$$

P_L: Laserleistung [W]; P_R: Reflektierte Leistung [W]; P_P: Prozessleistung [W]; P_V: Verlustleistung durch Konduktion [W]; P_{th}: Verlustleistung durch Wärmestrahlung [W]; P_{konv}: Verlustleistung durch Konvektion [W]; P_A: Absorbierte Leistung [W]

Dabei beschreibt P_L die gesamte auf das Werkstück auftreffende Laserleistung. Ein Teil dieser Leistung wird vom Werkstück reflektiert. Abhängig von der Beschaffenheit der Oberfläche wird diese Strahlung koaxial und/oder diffus zurückgeworfen. Dabei kann insbesondere die koaxial reflektierte Leistung die strahlführenden und strahlformenden Elemente in der Anlage schädigen [HG09, S. 85]. Durch eine Erhöhung des absorbierten Anteils wird dieses Risiko reduziert.

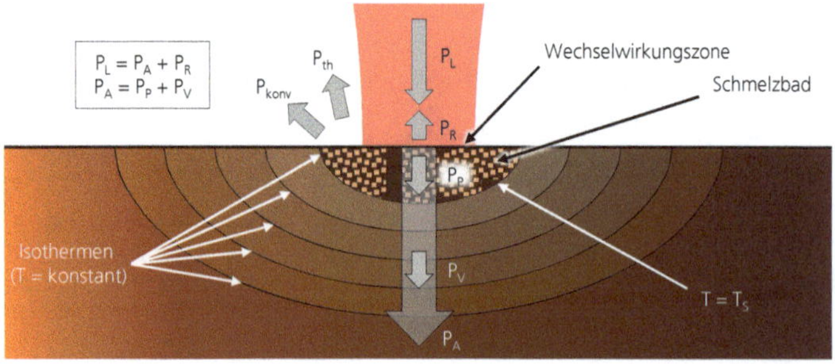

Bild 6: Aufteilung der eingestrahlten Laserleistung P_L beim Laserstrahlschweißen. Nur ein Teil der absorbierten Leistung P_A wird tatsächlich in die Generierung eines Schmelzbades umgesetzt. Nach [HG09, S. 118].

Die **Prozessleistung P_P** beschreibt den Anteil der **absorbierten Leistung P_A,** der in die Bildung eines Schmelzbades umgesetzt wird. Dieser Anteil ist entscheidend für die Effizienz eines Schweißprozesses. Über diese Problematik hat sich bereits Okada 1977 Gedanken gemacht und eine Formel für die Abschätzung der Effizienz eines Elektrodenstrahlschweißprozesses entwickelt [OKA77]:

2.10

[KMA11]

$$SE = \frac{c_p \cdot \rho \cdot A_N \cdot v \cdot (T_S - T_R)}{P_L}$$

SE: Schmelzeffizienz [-]; c_p: Spezifische Wärmekapazität [J/(kg·K)]; ρ: Dichte [g/mm³]; A_N: Nahtquerschnitt [mm²]; v: Vorschubgeschwindigkeit [mm/s]; T_S: Schmelztemperatur [K]; T_R: Temperatur vor Prozessbeginn/Raumtemperatur [K]; P_L: Laserleistung [W]

2011 hat Kawahito diese Formel auf das Laserstrahlfügen mit Faserlasern übertragen. Die Abschätzung gilt für stationäre Schweißprozesse. [KMA11] Dabei korreliert die Schmelzeffizienz nicht direkt mit der eingekoppelten Leistung, wie auch aus Formel 2.9 und Bild 6 ersichtlich wird, sondern sie ist vor allem von den Materialeigenschaften und der Geometrie des Werkstoffs abhängig. Diese Abhängigkeit wird durch den **Verlust durch Konduktion P_V** beschrieben. Dieser Term ist abhängig von der Temperaturdifferenz zwischen festem Werkstück und Schmelzbad. Er beschreibt den Anteil der Energie, der im Werkstück in Wärme umgewandelt wird, aber in die Werkstückperipherie abfließt, ohne zur Bildung des Schmelzbades beizutragen. Er beschreibt auch den Wärmeübergang in umliegende Werkstücke oder eine Spannvorrichtung. So wird deutlich, dass nicht nur die Materialeigenschaften, sondern auch die Geometrie und Beschaffenheit des Werkstücks sowie umliegende und mit dem zu bearbeitenden Werkstück in Kontakt stehende Elemente einen entscheidenden Einfluss auf den Schweißprozess haben. Die **Verlustleistung durch Konvektion P_{konv}** beschreibt die aus der Wechselwirkungszone abgeführte Energie durch einen Gasstrom. Bei der Verwendung eines Schutzgases können merkliche Verluste auftreten, die durch eine höhere Laserleistung P_L kompensiert werden können. Im Allgemeinen ist dieser Betrag allerdings sehr klein im Vergleich zur eingestrahlten Leistung und damit vernachlässigbar. Ebenso vernachlässigt werden können in der Regel die **Verluste durch thermische Strahlung P_{th}**, die proportional zu T^4 sind, allerdings dennoch sehr klein im Verhältnis zur Laserleistung P_L. [HG09, S. 117] Basierend auf diesen Überlegungen zur Energieerhaltung beim Laserstrahlschweißen und mit Formel 2.8 folgt:

2.11

$$P_L = R \cdot P_L + A \cdot P_L = P_R + P_A$$

P_L: Laserleistung [W]; R: Reflexionsgrad [-]; A: Absorptionsgrad [-]; P_R: Reflektierte Leistung [W]; P_A: Absorbierte Leistung [W]

Der Absorptionsgrad bezieht sich immer auf die einmalige Interaktion der Laserstrahlung mit der Materie. In Kapitel 2.1 wird auf die Mehrfachreflexionen in der Dampfkapillare eingegangen. Der insgesamt absorbierte Anteil der eingestrahlten Energie während eines Laserstrahlschweißprozesses wird als Einkoppelgrad η_A bezeichnet:

2.12

$$\eta_A = \frac{P_A}{P_L}$$

η_A: Einkoppelgrad [-]; P_A: Absorbierte Laserleistung; P_L: Laserleistung [W];

Nur bei einmaligem Auftreffen der Laserstrahlung auf das Werkstück gilt $\eta_A = A$. Damit ist der Einkoppelgrad ein Maß für die Wirksamkeit des Umsatzes der Laserleistung in Wärme. [HG09, S. 116]

Zusammen mit der Maxwell-Beziehung und den Fresnelschen Gleichungen lassen sich mit Hilfe der Drude-Theorie die Temperatur-, Wellenlängen-, Polarisations- und Winkelabhängigkeit der Absorption bestimmen. [DAU95, S. 63–65], [DS93], [POP05, S. 30–33], [POP11, S. 32–35] Rechnerisch ermittelte Werte der Absorptionseigenschaften basieren immer auf dem idealen Zustand eines Werkstoffes. Ideale Werkstoffe und ideale Oberflächen sind in der Praxis allerdings kaum zu erreichen. Aus diesem Grund weichen die gemessenen Eigenschaften der Werkstoffe teilweise stark von den idealen Berechnungen ab. [PKU90, S. 1f.] Unter realen, prozessrelevanten Bedingungen gibt es allerdings eine Vielzahl von Einflussfaktoren, die sich auf die Absorptionseigenschaften und damit den Prozessablauf auswirken. Diese werden in den folgenden Kapiteln näher erläutert und diskutiert. Eine Übersicht hierzu ist in Bild 7 aufgezeigt.

Bild 7: Einflussfaktoren auf die Absorption von Laserstrahlung nach [BER08, S. 22], [POP05, S. 14], [ENG15, S. 8], [SCH94, S. 13]

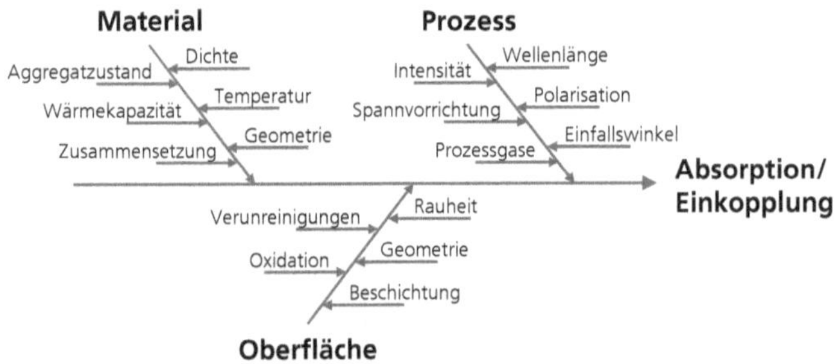

Laut [BDV03] oder auch [POP05, S. 35–39] lässt sich die Absorption eines Werkstoffs durch eine Vorbehandlung verbessern. Dieser Effekt ändert sich jedoch, sobald das Material in einen schmelzflüssigen Zustand übergeht. Dass diese Annahme nicht in jedem Fall richtig ist und dass die Einkoppeleigenschaften von Kupfer über den gesamten Verlauf eines Lasertiefschweißprozesses signifikant gesteigert werden können, wird im Rahmen dieser Arbeit gezeigt.

2.2.1 Prozessspezifische Einflussfaktoren

Die prozessspezifischen Einflussfaktoren auf die Absorption von Laserstrahlung hängen wesentlich mit den Parametern der Strahlquelle zusammen: Wellenlänge, Intensität, Einfallswinkel und Polarisation. Auch Prozessgase können die Absorption durch eine Abschirmung oder Kühlung indirekt beeinflussen. Die Absorption der einfallenden Strahlung in einem entstehenden Plasma ist beim Laserstrahlschweißen mit CO_2-Lasern von Bedeutung, verliert aber zu kürzeren Wellenlängen hin an Einfluss. Bei der hier verwendeten Bearbeitungswellenlänge von 1070 nm ist sie vernachlässigbar. [DAU95, S. 135] Einen ähnlichen Effekt wie die Verwendung von Prozessgasen kann eine Einspannvorrichtung haben. Durch den Kontakt des zu fügenden Werkstücks mit dem Material der Spannvorrichtung kann diese als Wärmesenke fungieren, so dass die absorbierte Strahlungsenergie aus der Wechselwirkungszone zügig abfließt und so die Temperatur langsamer steigt oder die Tiefschweißschwelle nicht erreicht wird. Im Folgenden werden die Auswirkungen der Strahlquelleneigenschaften auf die Absorption näher erläutert.

Wellenlänge

Die Wellenlänge einer Laserstrahlquelle ist ihr zentrales charakterisierendes Element. Im folgenden Diagramm (Bild 8) sind die Abhängigkeit des Reflexionsgrades über der Wellenlänge für Stahl (DC04), Aluminium (Al99,5), Kupfer (Cu-ETP), Kupferlegierung (CuFe2P) sowie Bronze (CuSn6) aufgetragen. Die Reflexion wird bei Raumtemperatur mit Hilfe eines UV/VIS Spektrometers gemessen und kann über Formel 2.8 in die Absorption umgerechnet werden.

Bild 8: Wellenlängenabhängiger Reflexionsgrad bei Raumtemperatur T_R (293 K) von Stahl (DC04), Aluminium (Al99,5), Kupfer (Cu-ETP), Kupferlegierung (CuFe2P) und Bronze (CuSn6)

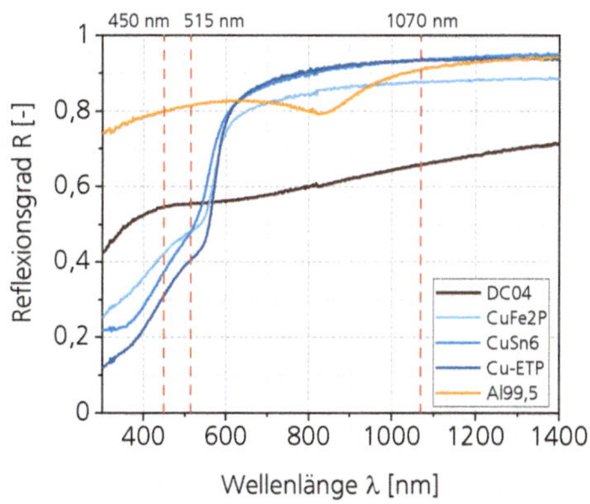

Aluminium zeigt dabei einen konstant hohen Reflexionsgrad, der mit zunehmender Wellenlänge steigt. Bei etwa 850 nm zeigt die Kurve ein lokales Reflexionsminimum. Für die Wellenlänge von Singlemode Faserlasern (1070 nm) liegt die Reflexion bei circa 90 %. Der Reflexionsgrad von Stahl (DC04) steigt stetig über der Wellenlänge und erreicht bei 1070 nm einen Wert von 65 %. Alle Kupferwerkstoffe zeigen qualitativ einen ähnlichen Verlauf des Reflexionsgrades über der Wellenlänge. Im sichtbaren Spektrum bis $\lambda = 500$ nm liegt der Reflexionsgrad unterhalb von 50 %. Dann steigen die Kurvenverläufe an und erreichen bei $\lambda = 1070$ nm 93 % (CuSn6 und Cu-ETP) beziehungsweise 88 % (CuFe2P). Hinsichtlich der Materialbearbeitung von Metallen bedeutet dies, dass kürzere Wellenlängen bezüglich der Reflexionswerte besser geeignet sind als langwellig emittierende Strahlquellen. Dem entgegenzusetzen ist zum einen die Temperaturabhängigkeit der Absorption. Der oben dargestellte Verlauf gilt ausschließlich für den infinitesimal kurzen Moment des initialen Auftreffens der Strahlung auf das Metall. Sobald sich das Material erwärmt oder sich sogar im

Tiefschweißprozess eine Dampfkapillare ausbildet (vgl. Kapitel 2.1), verändert sich die Absorption beziehungsweise Einkopplung in das Material. Zum anderen muss die erreichbare Intensität und damit die Fokussierbarkeit einer Strahlquelle in die Betrachtung mit einbezogen werden. [SEI06, S. 22f.] So kann ein „blauer" Diodenlaser ($\lambda = 450$ nm) mit einem M^2 von 420 physikalisch nicht so kleine Fokusdurchmesser erreichen wie ein Singlemode Faserlaser mit einem M^2 von 1,1. Bei einem vergleichbaren optischen Aufbau und einer maximalen Ausgangsleistung von jeweils $P_L = 1000$ W erreicht der blaue Diodenlaser einen minimalen Fokusdurchmesser von $d_F = 300$ µm [LAS20], der Singlemode Faserlaser $d_F = 25$ µm. Mit Formel 2.1 lässt sich so die maximale Intensität I_0 im Zentrum der Strahltaille errechnen (vgl. Anhang 11.1). Diese liegt bei dem blauen Diodenlaser bei $I_{0,blau} = 3 \cdot 10^6$ W/cm², bei der NIR Strahlquelle bei $I_{0,NIR} = 4 \cdot 10^8$ W/cm². Werden die maximal erreichbaren Intensitäten mit der Absorption für Cu-ETP bei Raumtemperatur multipliziert, so ergeben sich die initial absorbierten Intensitäten beider Strahlquellen für diesen Werkstoff zu $I_{0,abs,blau} = 1{,}8 \cdot 10^6$ W/cm² und $I_{0,abs,NIR} = 2{,}4 \cdot 10^7$ W/cm². Somit liegt die maximal absorbierte Intensität für die NIR Strahlquelle eine Größenordnung über der des blauen Diodenlasers. Allerdings ist auch hier zu beachten, dass die resultierenden Schweißnähte nur schwer zu vergleichen sind. Durch den sehr großen Fokusdurchmesser des Diodenlasers im Vergleich zum Faserlaser entstehen breite Wärmeleitungsschweißnähte mit einer glatten Nahtoberraupe, während der Faserlaser im Tiefschweißprozess schlanke und tiefe Nähte produziert.

Polarisation und Einfallswinkel

Elektromagnetische Strahlung, zu der auch Licht im Allgemeinen und Laserlicht im Speziellen gehören, lässt sich als Transversalwelle beschreiben, deren Wellenvektor $\vec{k}$ in Ausbreitungsrichtung zeigt und deren Magnetfeldvektor $\vec{B}$ und elektrischer Feldstärkevektor $\vec{E}$ dazu orthogonal schwingen. Die beiden Vektoren stehen senkrecht aufeinander. Die Polarisationsrichtung bezieht sich dabei auf den elektrischen Feldstärkevektor. Mit wachsendem Einfallswinkel ϕ der Laserstrahlung, gemessen zur Flächennormalen, zeigt sich zunehmend der Einfluss der Polarisationsrichtung. Parallel polarisierte Strahlung wird mit steigendem Einfallswinkel bis zum Maximum beim Brewster-Winkel stärker absorbiert und fällt dann bis 90° auf ein Minimum. Die Absorption senkrecht polarisierter Strahlung fällt dagegen kontinuierlich bis 90° ab. Diese Abhängigkeit der Absorption vom Einfallswinkel wird durch die Fresnel-Formeln beschrieben. Laut Dausinger gilt für Metalle und Laserwellenlängen von $\lambda \geq 0{,}5$ µm: $n^2 + k^2 >> 1$. Dabei bezeichnet n den Betrag des Realteils und k den Betrag des Imaginärteils des komplexen Brechungsindexes $N = n + i \cdot k$ [DAU95, S. 51]. [HG09, S. 12f.] Mit diesen Annahmen lassen sich die Absorptionsanteile für parallel polarisiertes Licht A_P und senkrecht polarisiertes Licht A_S wie folgt berechnen:

2.13 [PKU90, S. 16]

$$A_P = \frac{4 \cdot n \cdot cos\varphi}{(n^2 + k^2) \cdot \cos^2\varphi + 2 \cdot n \cdot \cos\varphi + 1}$$

A_P: Absorption parallel polarisierter Strahlung [-]; n: Betrag des Realteils des komplexen Brechungsindex [-]; k: Betrag des Imaginärteils des komplexen Brechungsindex [-]; φ: Einfallswinkel des Lichts gemessen zur Flächennormalen [rad]

2.14 [PKU90, S. 16]

$$A_S = \frac{4 \cdot n \cdot \cos\varphi}{n^2 + k^2 + 2 \cdot n \cdot \cos\varphi + \cos^2\varphi}$$

A_S: Absorption senkrecht polarisierter Strahlung [-]; n: Betrag des Realteils des komplexen Brechungsindex [-]; k: Betrag des Imaginärteils des komplexen Brechungsindex [-]; φ: Einfallswinkel des Lichts gemessen zur Flächennormalen [rad]

Die in dieser Arbeit verwendeten Singlemode Faserlaser emittieren in der Regel unpolarisiertes Licht. Dabei schwingt der Vektor der elektrischen Feldstärke stochastisch um den Wellenvektor. In diesem Fall kann die Absorption als Mittelwert der beiden Anteile berechnet werden:

2.15

$$A_M = \frac{A_p + A_S}{2}$$

A_M: Mittelwert aus der Absorption parallel und senkrecht polarisierter Strahlung [-]; A_P: Absorption parallel polarisierter Strahlung [-]; A_S: Absorption senkrecht polarisierter Strahlung [-]

Für Laserstrahlung mit einer Wellenlänge von 1070 nm ist nur eine schwache Ausprägung des Brewster-Winkels zu erkennen und der Einfluss des Einfallswinkels auf die Absorption ist gering.

Intensität und Fokusdurchmesser

Intensität, Laserleistung und Fokusdurchmesser haben keinen direkten Einfluss auf die Absorption von Laserstrahlung. Vielmehr nehmen sie durch eine induzierte Temperaturerhöhung des Materials und die damit verbundenen Mechanismen Einfluss auf den Prozessverlauf. Die in Kapitel 2.1 erwähnte Schwellintensität zum Erreichen der Tiefschweißschwelle ist essenziell für den Laserstrahltiefschweißprozess. In der Folge kommt es zur Ausbildung einer Dampfkapillare und Mehrfachreflexionen, die zu einer deutlichen Erhöhung des Einkoppelgrades im Prozess führen. Diese Tiefschweißschwelle ist materialspezifisch und abhängig von der Intensität, welche wiederum mit der emittierten Laserleistung und dem erreichbaren Fokusdurchmesser zusammenhängt.

2.2.2 Materialspezifische Einflussfaktoren

Die materialspezifischen Einflussfaktoren auf die Absorption von Laserstrahlung hängen alle eng mit der Temperatur des Werkstücks zusammen und werden im

Folgenden detailliert erläutert. Die Geometrie des Werkstücks wiederum hat einen direkten Einfluss auf die Temperaturänderung durch Laserstrahlung. Bei der Bearbeitung sehr großer Werkstücke mit einer großen thermischen Masse kann die entstehende Wärme sehr schnell aus der Wechselwirkungszone abfließen, so dass die Tiefschweißschwelle später oder gar nicht erreicht werden kann. Ist das Werkstück dagegen sehr klein oder ist die Schweißnaht asymmetrisch platziert, so kann es zur Ausbildung eines Wärmestaus kommen (Bild 9). Dies führt zu einer lokalen Überhitzung, zur Schädigung umliegender Bauteile oder Komponenten oder auch zum Abschmelzen von Kanten oder Ecken, da sich das Schmelzbad asymmetrisch vergrößern kann.

Bild 9:
Oben: Entstehung des Wärmestaus während des Laserstrahlschweißens.

Unten: Vergleich von Schweißnähten auf Kupfer ohne (obere Naht) und mit Wärmestau (untere Naht).

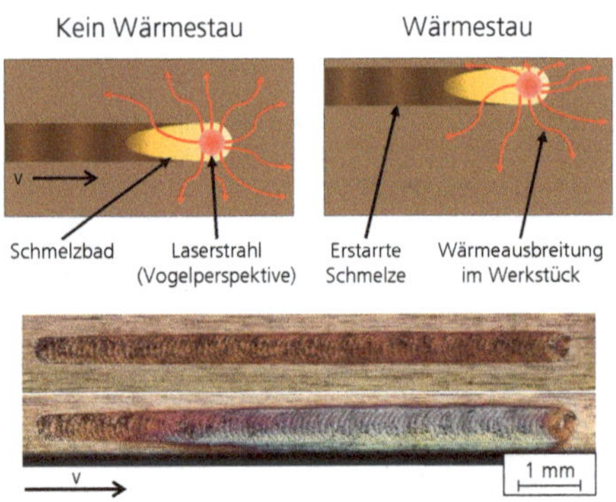

Auch die intrinsische Zusammensetzung eines Werkstoffs beziehungsweise die Legierungsbestandteile können sich auf die Absorption auswirken. In Bild 8 ist der Reflexionsgrad bei Raumtemperatur von Reinkupfer (Cu-ETP) und zweier Legierungen (CuFe2P und CuSn6/Bronze) aufgetragen. Auf Grund der Eisenbestandteile in CuFe2P liegt die Reflexionskurve im Bereich größerer Wellenlängen ($\lambda > 700$ nm) unterhalb derer von Cu-ETP und CuSn6. Die geringere Wärmeleitfähigkeit der Bronze gegenüber Cu-ETP führt dazu, dass sich diese mit geringerer Laserleistung schweißen lässt.

Temperatur und Aggregatzustand

Für das Absorptionsverhalten unterschiedlicher Stoffe bei Raumtemperatur liegt umfangreiches Datenmaterial vor. Dies liegt zum einen daran, dass die Untersuchung der Werkstoffeigenschaften schon lange vor Erfindung des Lasers von großem Interesse für die Wissenschaft war, zum anderen an der guten Umsetzbarkeit der die Analyse bei Raumtemperatur, beziehungsweise im festen Zustand (gilt für Metalle). Bild 8 zeigt die Absorption bei Raumtemperatur über der Wellenlänge. Hier sind deutliche Unterschiede zwischen den Metallgruppen sichtbar. Die Absorption von Edelmetallen (hier Cu-ETP) fällt im sichtbaren Wellenlängenspektrum stark ab und stabilisiert sich zu größeren Wellenlängen auf niedrigem Niveau. Aluminium hat ein Absorptionsmaximum bei etwa 840 nm und bleibt sonst relativ konstant auf einem niedrigen Niveau. Die Absorption von Stahl DC04, welcher einen hohen Anteil Eisen enthält, das zu den Übergangsmetallen zählt, fällt stetig ab. Dieser Verlauf setzt sich im infraroten Spektrum fort. [DAU95, S. 59f.] Die Temperatur bei Laserbearbeitungsprozessen liegt in der Regel deutlich über der Raumtemperatur. Beim Laserstrahltiefschweißen werden Temperaturen erreicht, die im Bereich der Verdampfungstemperatur liegen. Für die Berechnung der Absorption zwischen Schmelz- und Verdampfungstemperatur wurden Modelle aufgestellt, die jedoch ausgesprochen komplex sind und damit für die Praxis weitestgehend ungeeignet. Auch die exakte Messung in der schmelzflüssigen und dampfförmigen Phase stellt die Wissenschaft vor einige apparative Herausforderungen, so dass hier für Kupfer nur wenige belastbare Messwerte vorhanden sind. Der wohl meistzitierte Zusammenhang wird von Blom 2003 für den Übergang von der festen zur flüssigen Phase ermittelt (Bild 10). Im festen Zustand beträgt der Absorptionsgrad von Kupfer für λ = 1064 nm etwa 7 %. Im Phasenübergang verdoppelt sich der Absorptionsgrad. Blom weist allerdings auch darauf hin, dass diese Messungen fehlerbehaftet sein können. [HEß12, S. 22], [BDV03] [SEI06, S. 26–29]

Bild 10: Absorptionsgrad von Kupfer in Abhängigkeit der Temperatur für λ = 1064 nm. Am Übergang fest-flüssig steigt der Absorptionsgrad sprunghaft an. Nach [BDV03], [HEß12, S. 22]

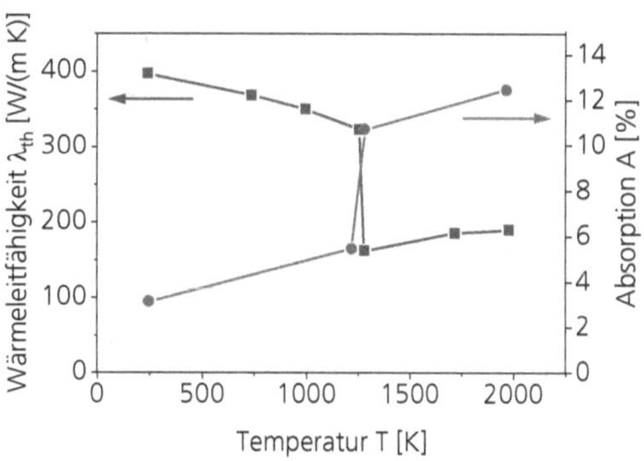

Wärmeleitfähigkeit

Die Wärmeleitfähigkeit und damit einhergehend elektrische Leitfähigkeit von Kupfer, welche nach Silber die zweithöchste unter den metallischen Werkstoffen ist, ist eine herausragende Eigenschaft dieses Werkstoffs, welche Kupfer insbesondere für elektrische Anwendungen vielfältig anwendbar macht. Für ein reproduzierbares Laserstrahlschweißen ist sie allerdings eher hinderlich. Die Absorption ist nicht direkt abhängig von der Wärmeleitfähigkeit eines Werkstoffs, allerdings hat sie einen entscheidenden Einfluss auf den Prozessverlauf beim Laserschweißen von Kupfer. Die Wärmeleitfähigkeit ist abhängig von der Temperatur (vgl. Bild 10) und verhält sich im Falle von Kupfer entgegengesetzt zur Absorption (bei λ = 1064 nm). Sie fällt stetig bis zum Schmelzpunkt und sinkt dann abrupt ab. Bei weiterer Temperaturerhöhung steigt sie wieder leicht an. Diese ambivalenten Materialeigenschaften von Kupfer führen dazu, dass dieser Werkstoff beim Laserstrahlschweißen schwierig zu kontrollieren ist. Zu Prozessbeginn ist die Wärmeleitfähigkeit hoch bei zunächst geringer Absorption. Dadurch fließt die Wärme, die durch Strahlungsabsorption im Werkstück entsteht, sehr schnell aus der Wechselwirkungszone ab, so dass hohe Intensitäten notwendig sind, um ein Schmelzbad zu erzeugen. Sobald das Kupfer schmelzflüssig geworden ist, sinkt die Wärmeleitfähigkeit bei gleichzeitiger Steigerung der Absorption. Das bedeutet, dass auf der einen Seite ein größerer Anteil der Strahlung absorbiert wird und gleichzeitig die absorbierte Energie weniger schnell aus der Wechselwirkungszone abfließt. Der Prozess ist nun selbstverstärkend und führt dazu, dass die Temperatur sehr schnell ansteigt und Verdampfungstemperatur erreicht wird. Ein stabiler und reproduzierbarer Wärmeleitungsschweißprozess mit einem Faserlaser ist auf Grund dieses Zusammenhangs kaum möglich. [BHB15], [SCH10, S. 512], [HEI18, S. 32–34]

2.2.3 Einfluss der technischen Oberfläche

Der Einfluss der technischen Oberfläche eines Werkstoffs auf das Absorptionsverhalten und damit auf den Prozessverlauf ist immens, da die unmittelbare Wechselwirkung zwischen Licht und Materie hier auftritt. [SM10, S. 91f.] Gleichzeitig ist der Unterschied zu reinen, idealen Oberflächen erheblich. Technische Oberflächen weisen in der Regel Rückstände und Spuren vorangegangener Bearbeitungsprozesse auf, wie beispielsweise Unebenheiten und Riefen oder auch Rückstände und Verunreinigungen. Des Weiteren kann das Material durch Wärmebehandlung oder Lagerung oxidiert sein oder es können sich Beschichtungen und Schmiermittel darauf befinden. [DAU95, S. 66f.] Eine Übersicht möglicher Effekte zeigt Bild 11. Je weiter die technische Oberfläche von physikalisch idealen Bedingungen abweicht, desto weniger Daten finden sich in der Literatur. [BER08, S. 2] In der Regel ist die Absorption auf technischen Oberflächen höher als auf idealen, polierten Oberflächen. [BPK07]

Bild 11:
Oberflächeneinflüsse
auf das Absorptions-
verhalten von Laser-
strahlung

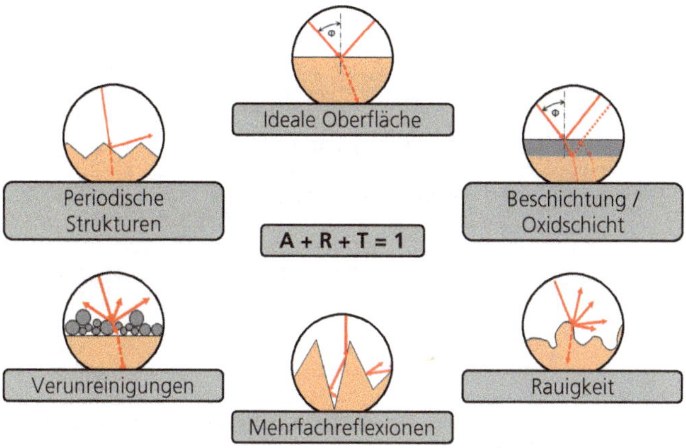

Im Folgenden werden diese Effekte näher erläutert und ihr möglicher Einfluss auf die Einkoppeleigenschaften erklärt.

Verunreinigungen

Verunreinigungen auf der Materialoberfläche können vielfältige Ursachen haben. So können Rückstände aus der Fertigung (Metallspäne, Schmierstoffe, Staubpartikel) oder dem Handling und Transport (Verpackungsmaterial, (Körper-) Fette oder Kontamination durch andere Werkstoffe) der Oberfläche anhaften. Aber auch während der Verarbeitung lagern sich Rückstände an. Beispielsweise Schweißspritzer oder Schmauchablagerungen von vorangegangenen Prozessschritten. Je nach Beschaffenheit und Material der Verunreinigung weisen die Schmutzpartikel gegebenenfalls eine höhere Absorption als das zu verarbeitende Material auf. So treten lokale Absorptionsspitzen auf, die die Reproduzierbarkeit des Prozesses negativ beeinflussen. Lagern sich derartige Verunreinigungen auf den optischen Elementen ab (beispielweise in den Optiken oder auf dem Schutzglas) kann dies zum einen zu einer verminderten Strahlqualität und Intensität am Werkstück führen und zum anderen die thermische Zerstörung der optischen Elemente zur Folge haben. Die regelmäßige Überprüfung des optischen Strahlengangs sowie die Reinigung des Werkstoffs von Produktionsrückständen tragen zu einem effizienten und reproduzierbaren Laserstrahlschweißprozess bei.

Beschichtungen

Beschichtungen sind willentlich aufgetragene Deckschichten auf dem Werkstück mit unterschiedlichen Zielsetzungen. So können sie zum Schutz dienen, die

Widerstandsfähigkeit erhöhen, die mechanischen, elektrischen oder chemischen Eigenschaften beeinflussen oder das optische Erscheinungsbild des Produkts verändern. Insbesondere in der Elektronikfertigung werden Kupferwerkstoffe mit Oberflächenbeschichtungen von Zinn (Sn) oder Nickel (Ni) eingesetzt. Diese haben zum einen den Vorteil, dass sich die Halbzeuge auf Grund geringer Oxidationsneigung länger lagern lassen und zum anderen eine erhöhte Absorption aufweisen. [RAM05] hat den Einfluss dieser Beschichtungen auf einen gepulsten Laserschweißprozess mit einem Nd:YAG Laser untersucht. Die Dauer bis zur Ausbildung einer Dampfkapillare lässt sich durch den Einsatz einer Sn- oder Ni-Beschichtung deutlich verkürzen, wodurch der Prozess stabilisiert und die eingesetzte Laserleistung reduziert werden kann. Dabei ist die Schichtdicke nicht relevant. [RAM05, S. 46–52]

Theoretische Überlegungen zum Einfluss einer Beschichtung auf das Absorptionsverhalten des Werkstücks basieren auf zweierlei Effekten. Zum einen besteht die Deckschicht in der Regel aus einem anderen Material, welches gegenüber dem Grundmaterial eine erhöhte Absorption für die Bearbeitungswellenlänge aufweist. Die absorbierte Leistung wird dann über Wärmeleitung an den Grundwerkstoff abgegeben. Zum anderen wird die einfallende Strahlung an Grenzschichten reflektiert, wodurch es innerhalb der Beschichtung zu Mehrfachreflexionen kommen kann und so der Anteil der absorbierten Leistung erhöht wird. Der zweite Effekt kann nur für poröse Beschichtungen oder Beschichtungen, deren Dicke geringer als die optische Eindringtiefe der Laserstrahlung ist, gültig sein (Bild 12).

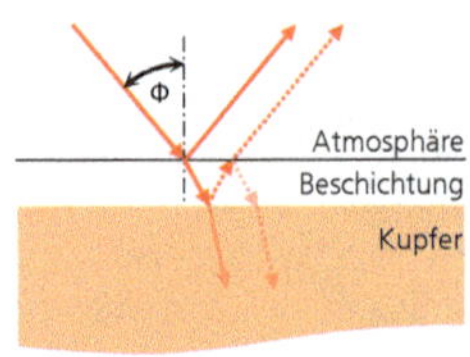

Bild 12: Prinzipskizze der Auswirkung einer Beschichtung auf die Absorption von Laserstrahlung

Den Einfluss der Beschichtung auf das Absorptionsverhalten von E-Cu beim Laserstrahlschweißen mit einem gepulsten Nd:YAG Laser hat [SCH94] untersucht. Verwendet werden gängige Beschichtungswerkstoffe wie Nickel, Zinn und Zink. Untersucht wird das sichere Durchschmelzen des beschichteten und unbeschichteten Kupfers bei konstanten Laserparametern unter Variation der Fokuslage. Alle Beschichtungswerkstoffe ermöglichen ein deutlich größeres Prozessfenster und damit ein Schweißen mit geringerer Intensität im Vergleich zu unbeschichtetem Kupfer, was auf eine verbesserte Absorption schließen lässt. Durch die Verwendung von Nickel kann zudem eine verbesserte Nahtqualität mit weniger Spritzern im Vergleich zu blankem Kupfer erzielt werden. Die so erreichte Effizienzsteigerung beträgt etwa 40 %. Bei einer Beschichtung mit Zink führt die niedrige Verdampfungstemperatur dagegen zu vermehrter Spritzerbildung und Materialverlust. [SCH94, S. 71–76]

Wang hat die Absorption und Temperatur von Stahl (1.1191) und Aluminium (AA 1100) mit unterschiedlichen Beschichtungen und Oberflächenbehandlungen (schwarze Farbe, Graphitbeschichtung, poliert, aufgeraut, Behandlung mit Natriumhydroxid, Manganphosphatschicht) bei der Bearbeitung mit einem CO_2-Laser untersucht. Die Temperatur bei den beschichteten und bearbeiteten Werkstücken steigt deutlich schneller an als bei den polierten Materialien. So erreicht der mit Natriumhydroxid behandelte Stahl bereits nach 0,5 Sekunden Bestrahlungsdauer eine Temperatur von 400 °C bei einer Tiefe von 1 mm. Der polierte Stahl erreicht erst nach der doppelten Zeit diese Temperatur. Bei Aluminium ist der Unterschied noch deutlicher. Hier wird die Temperatur von 400 °C bei der behandelten Probe ebenfalls nach 0,5 Sekunden erreicht. [WWC00] Diese Experimente verdeutlichen, dass die Oberflächenbeschaffenheit einen entscheidenden Einfluss auf das Absorptionsverhalten eines Werkstoffes haben kann.

Oxidation

In sauerstoffhaltiger Atmosphäre bilden fast alle Metalle eine Oxidschicht aus. Dieser Effekt ist häufig gewünscht, da das Oxid das Grundmaterial vor Korrosion schützt. Allerdings zeigt das Metalloxid in der Regel andere thermophysikalische Eigenschaften als das reine Metall, weshalb ein abweichendes Absorptionsverhalten und ein veränderter Prozessablauf zu erwarten sind. [HEI18, S. 35]

Kupfer bildet zwei stabile Oxide aus: Cu_2O oder Kupfer(I)oxid und CuO oder Kupfer(II)oxid. Beide Oxide sind p-Halbleiter und werden beispielsweise für die Herstellung chemischer Sensoren oder Kondensatoren genutzt. [CSL19] Allerdings finden sie ebenso Anwendung in Solarzellen, in Elektronikkomponenten, Photokatalysatoren oder Lithium-Ionen-Batterien. [FGZ07a], [FGZ07b], [AAK17], [APA14] Beim Erwärmen des Kupfers unter Atmosphärendruck an Luft bildet sich zunächst Kupfer(I)oxid, welches rötlich-braun erscheint. Mit zunehmender Temperatur und Haltedauer reagiert das Kupfer(I)oxid mit dem in der Atmosphäre sich befindenden Sauerstoff zu Kupfer(II)oxid, welches ein spröder, schwarzer Feststoff ist. [HVL08] Dabei bildet sich CuO auf der Außenseite, während die darunter liegende, bereits bestehenden Cu_2O-Schicht weiterwächst. [ZMI04]

2.16

$$2\,Cu_2O + O_2 \longrightarrow 4\,CuO$$

[HVL08]

Cu_2O hat einen um 140 K höheren Schmelzpunkt als Kupfer, so dass sich auch auf der flüssigen Schmelze eine feste Oxidschicht bilden kann. [GLA98, S. 13f.],

[GRA10, S. 5–10] Die Wirkung einer Oxidschicht auf das Absorptionsverhalten eines Werkstoffs lässt sich ähnlich veranschaulichen wie bei einer Beschichtung. Bild 13 verdeutlicht den Aufbau aus metallenem Grundmaterial und einer oder auch mehrerer dielektrischen Deckschichten (z. B. Oxide).

Bild 13:
Modell der Absorption von Laserstrahlung in der Oxidschicht eines Metalls nach [GLA98, S. 16]

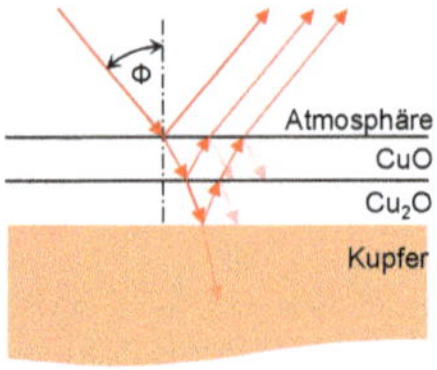

Die unter einem Winkel ϕ einfallende Strahlung wird an der Oxidschicht teilweise reflektiert und teilweise gebrochen und absorbiert. An der Grenze zum Metall oder einer weiteren Oxidschicht wird die Strahlung erneut reflektiert oder gebrochen und absorbiert. Die reflektierten Teilstrahlen können die Schicht mehrfach durchlaufen, interferieren und tragen so zu einer Beeinflussung des Einkoppelgrads durch Oxidschichten bei. In Bild 14 ist der berechnete Reflexionsgrad für eine Kupfer(I)oxidschicht in Abhängigkeit von der Schichtdicke bei einer Wellenlänge von 1064 nm aufgetragen. Die Oszillationsperiode ist abhängig von der doppelten optischen Weglänge in der Schicht normiert auf die Wellenlänge (hier: 1064 nm). Da die Absorption in der Oxidschicht hier Berücksichtigung findet, nimmt die Reflexion mit der Schichtdicke ab und strebt auf den Wert des reinen Oxids zu. Bei 900 nm Schichtdicke ist die Reflexion minimal. Allerdings würde eine Oxidschichtdicke von 500 nm zu einer höheren Energieeinkopplung führen als eine 600 nm dicke Oxidschicht. Somit ist der Effekt, den eine Oxidschicht auf das Einkoppelverhalten hat, nicht allein von der Dicke und Zusammensetzung abhängig, sondern auch von der verwendeten Bearbeitungswellenlänge. Zu beachten ist auch, dass der thermische Einfluss der Laserstrahlung zur Oxidbildung während des Prozesses beiträgt, somit befindet sich das zu bearbeitende System unter einem permanenten chemisch-thermischen Wandel.

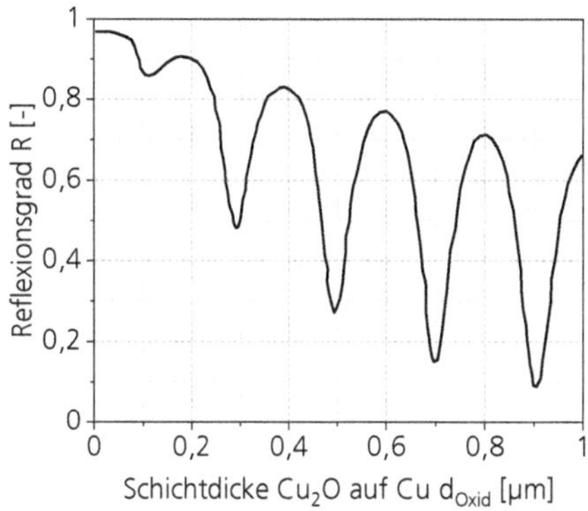

Bild 14: Reflexionsgrad des Schichtsystems Cu_2O auf Cu bei einer Wellenlänge von 1064 nm in Abhängigkeit der Dicke der Oxidschicht. Nach [GLA98, S. 18]

Der Einfluss der Oxidschicht kann allerdings nur so lange aufrechterhalten werden, wie eine mechanische Verbindung zwischen dem Kupfer-Grundmaterial und dem Oxid herrscht. Durch eine unterschiedliche thermische Ausdehnung des Kupfer-Grundmaterials und der spröden Oxidschicht kann es zum Abheben und Abplatzen der Oxidschicht kommen. [GLA98, S. 16–19]

Die gezielte Oxidation von Kupfer kann durch thermische, elektrochemische oder chemische Methoden erfolgen. Dabei stellt die thermische Oxidation einen einfachen und finanziell wenig aufwändigen Weg dar, phasenreines und kristallines Kupferoxid herzustellen, sofern Temperatur, Haltezeit und Gasstrom richtig kontrolliert werden. [CSL19], [AAK17] Basierend auf den vorherrschenden Mechanismen wird die Oxidation von Kupfermaterialien in drei Temperaturbereiche eingeteilt: In den Niedertemperaturbereich (350 – 550 °C), den mittleren Temperaturbereich (600 – 850 °C) und den Hochtemperaturbereich (900 – 1050 °C). Im Niedertemperaturbereich entsteht primär Kupfer(I)oxid (Cu_2O) durch Korngrenzendiffusion. Da sich an einer Korngrenze Gitterfehler häufen, kann hier leicht ein Kupferatom aus dem Gitter gelöst werden und eine Bindung mit einem Sauerstoffatom eingehen. Mit steigender Temperatur nimmt der Effekt der Gitterdiffusion Einfluss auf die Oxidation des Kupfermaterials. Dieser Mechanismus basiert auf der Wanderung von Sauerstoffatomen auf Grund eines Konzentrationsunterschieds zwischen Atmosphäre und Grundmaterial. Auf der Außenseite der bereits bestehenden Cu_2O-Schichten bildet sich eine Schicht aus Kupfer(II)oxid (CuO) aus (vgl. Bild 15). Somit besteht auch zwischen den Oxidschichten ein Sauerstoffkonzentrationsgefälle. Im Hochtemperaturbereich ist die Gitterdiffusion der vorherrschende Mechanismus. [BK13], [ZMI04], [HVL08] Somit entsteht in der Regel ein Schichtsystem der stabilen Kupferoxide Cu_2O und CuO, die unterschiedliche physikalische Eigenschaften besitzen. [CSL19] Mit zunehmender Haltedauer und Temperatur steigt auch die Oxidschichtdicke. Dies ist in der Regel auf ein Wachsen der Cu_2O-Schicht zurückzuführen. [LHT16]

Bild 15: Ausbildung eines Oxid-Schichtsystems bei 600 °C und 240 min Haltezeit in Sauerstoff-atmosphäre [BK13] Auf der sich zuerst bildenden Cu_2O-Schicht wächst mit zunehmender Haltedauer eine CuO-Schicht

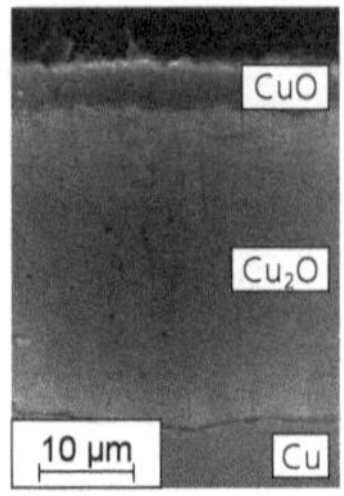

Der optische Unterschied der beiden stabilen Kupferoxide resultiert in einem gegenüber blankem Kupfer abweichenden Absorptionsgrad. In Bild 16 ist der Reflexionsgrad der beiden Kupferoxide in Abhängigkeit der Wellenlänge aufgetragen. In der vorliegenden Arbeit wird ein Faserlaser mit einer Wellenlänge von 1070 nm verwendet. Für diese Wellenlänge liegen der Reflexionsgrad von CuO bei etwa 38 % und der Reflexionsgrad von Cu_2O bei etwa 30 %. Im Vergleich dazu liegt der Reflexionsgrad von blankem Kupfer bei über 95 %.

Bild 16: Reflexionsgrad der Kupferoxide nach [JGJ09]

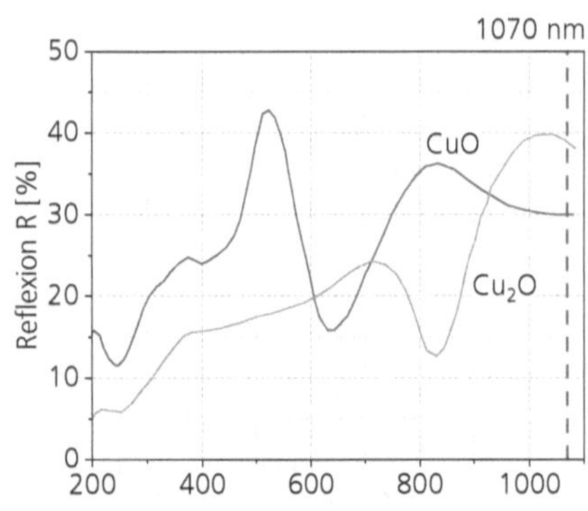

Tabelle 11.2 im Anhang zeigt eine Übersicht wissenschaftlicher Arbeiten zur Entstehung und Zusammensetzung von Oxidschichten auf Kupferwerkstoffen. Am Tabellenende ist zusätzlich eine Arbeit von [XK99] aufgeführt, da sich diese Forschungsgruppe mit der Verbesserung des Schweißergebnisses auf Stahl durch den gezielten Einsatz einer Oxidation beschäftigt (kursiv gedruckt).

Rauigkeit

Durch den Bearbeitungsprozess oder das Herstellungsverfahren eines Werkstoffs kann dieser Kratzer, Riefen oder andere Vertiefungen aufweisen. An diesen Unebenheiten kann der Laserstrahl mehrfach reflektiert beziehungsweise absorbiert werden, wodurch sich der Einkoppelgrad erhöht. Das Prinzip der Mehrfachreflexion an rauen Oberflächen ist in Bild 17 dargestellt.

Bild 17: Prinzip von Mehrfachreflexionen auf rauen Oberflächen nach [BER08, S. 5]

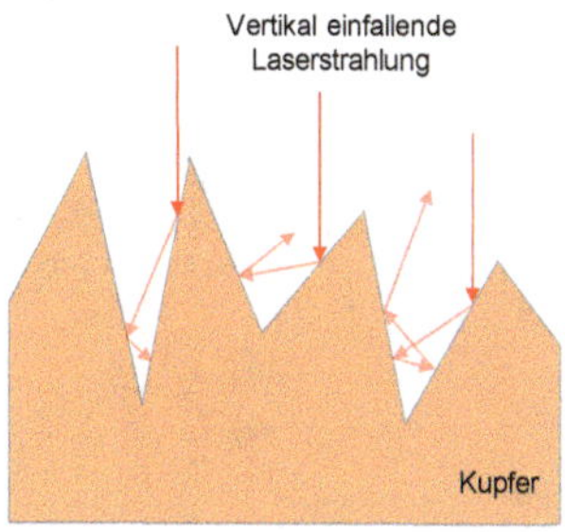

Allerdings bewirkt nicht jede Unebenheit eine Erhöhung des Einkoppelgrads. Dieser Effekt ist abhängig von der Topografie der Oberfläche (Verhältnis aus Projektionsfläche zu Oberfläche) und der Wellenlänge. [SEI06, S. 34–38] Bergström hat sich in seiner Dissertationsschrift mit der Absorption von Laserstrahlung an rauen Metalloberflächen beschäftigt. Er hat einen Zusammenhang zwischen der Reflexion und dem Verhältnis aus der mittleren quadratischen Höhe S_q und einer Bezugslänge l_{ref} hergestellt. Dabei hat er festgestellt, dass ab einem Verhältnis $S_q/l_{ref} \geq 0,2$ die Anzahl der Streupunkte steigt und damit Mehrfachreflexionen materialunabhängig auftreten (vgl. Bild 18).

Bild 18: Anzahl der Streupunkte über dem Verhältnis aus mittlerer quadratischer Höhe S_q und Bezugslänge l_{ref} unabhängig vom Material. Nach [BER08, S. 159]

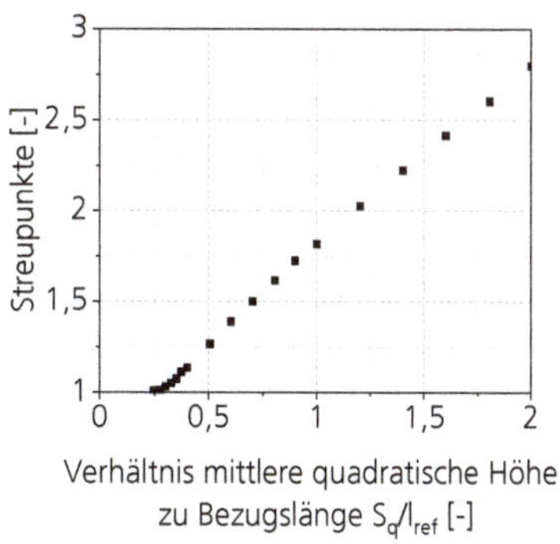

Mit steigender Rauigkeit und damit steigender Anzahl an Streupunkten steigt auch die Absorption im Material. In Bild 19 (links) ist das Verhältnis der gestreuten Energie über dem Verhältnis S_q/l_{ref} dargestellt. Dabei wird unterschieden, ob das Licht einmal, zweimal oder mindestens dreimal auf die Oberfläche des Kupfers trifft, bevor es die Materialoberfläche verlässt. Im Einklang mit den Ergebnissen aus Bild 18 beginnen Mehrfachreflexionen ab einem Verhältnis $S_q/l_{ref} \geq 0{,}2$. Ab $S_q/l_{ref} \geq 0{,}5$ beginnt auch der Anteil an drei oder mehr Reflexionen anzusteigen.

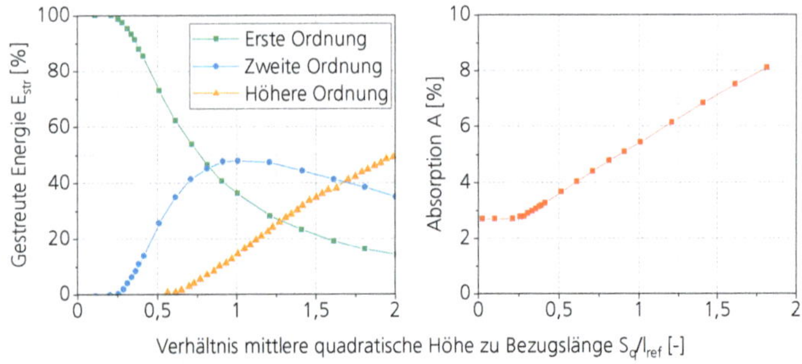

Bild 19: Gestreute Energie nach Anzahl der Streupunkte (links) und Absorption von 1064 nm auf Cu (rechts) in Abhängigkeit des Verhältnisses aus mittlerer quadratischer Höhe S_q und Bezugslänge l_{ref}. Nach [BER08, S. 159f.]

In Bild 19 (rechts) ist die Absorption von Laserstrahlung mit einer Wellenlänge von 1064 nm über dem Verhältnis aus mittlerer quadratischer Höhe S_q und Bezugslänge l_{ref} aufgetragen. Der Anstieg der absorbierten Strahlung steigt analog zum Auftreten von Mehrfachreflexionen aufgrund der Materialrauheit. [BER08, S. 158–162] Die von Bergström vorgestellten Ergebnisse beziehen sich auf „kalte" Metalloberflächen und sind somit für den initialen Moment des Auftreffens der Laserstrahlung auf das Material gültig. Zu ähnlichen Ergebnissen kommen beispielsweise auch [SBB03], [SN91] und [WKY18]. Durch den gezielten Einsatz von rauen Oberflächen kann das Absorptionsverhalten einer Kupferoberfläche entscheidend beeinflusst werden.

2.2.4 Potential zur Erhöhung der Absorption von Laserstrahlung

In den Kapiteln 2.2.1 bis 2.2.3 werden die Einflüsse des Prozesses und des Materials auf die Absorptionseigenschaften des Werkstoffes zusammengefasst. Basierend auf diesen Erkenntnissen lassen sich Strategien zur Erhöhung der Absorption und Einkopplung von Laserstrahlung bestimmen. Die Wellenlänge der bearbeitenden Laserstrahlquelle hat entscheidenden Einfluss auf die Energieeinkopplung. Für das Laserstrahlschweißen von Kupfermaterialien scheinen beispielsweise „blaue" Laserstrahlquellen geeigneter zu sein als die in dieser Arbeit verwendeten NIR Laser, da Kupfer bei 450 nm bei Raumtemperatur fast das 15-fache der eingebrachten Strahlung absorbiert. Dennoch haben blaue

Strahlquellen NIR Laser nicht verdrängen können. Gründe hierfür sind die derzeit noch hohen Investitionskosten für blaue Hochleistungsdiodenlaser mit Ausgangsleistungen im Kilowatt-Bereich, geringe Verfügbarkeit von Strahlformungs- und Strahlführungselementen sowie die deutlich schlechtere Strahlqualität im Vergleich zu kommerziell verfügbaren Faserlasern. Die Strahlqualität führt zu einem deutlich größeren minimalen Fokusdurchmesser und damit breiteren Nähten bei hoher Wärmeentwicklung. Insbesondere für thermisch sensible Bauteile oder Bauteile mit kleinen, schmalen Schweißflächen bleiben die Faserlaser vorerst konkurrenzlos.

Ein weiterer wichtiger Einflussfaktor ist die Temperatur des Werkstoffs. Die Absorption von NIR Laserstrahlung in Kupfer steigt mit der Erhöhung der Werkstofftemperatur. Dieser Effekt könnte durch ein Vorheizen des Werkstücks ausgenutzt werden. Allerdings lässt sich das nicht für jedes Bauteil realisieren. Temperatursensible Bauteile könnten durch die Erwärmung Schaden nehmen und zudem kann die induzierte Wärmeausdehnung zu Spannungen führen, die langfristig zu einem Bauteilversagen führen. Des Weiteren ist der apparative Aufwand einer Bauteilheizung im Fügeprozess sehr hoch.

Da die Absorption von Laserstrahlung auf der Wechselwirkung von Material und elektromagnetischer Strahlung beruht, ist dieser Effekt hauptsächlich durch die Oberfläche bestimmt. Die Modifikation der Oberflächeneigenschaften verspricht somit die größten Auswirkungen zur Erhöhung der Absorption. Als erster Oberflächeneffekt werden in Kapitel 2.2.3 Verunreinigungen genannt. Dabei handelt es sich in der Regel um Fertigungsrückstände, aber auch Staub oder Öle. Der Absorptionsgewinn kann signifikant sein, allerdings ist eine reproduzierbare Verunreinigung schwer realisierbar und es können Rückstände dieser Verunreinigung im Schmelzbad verbleiben und die mechanischen und elektrischen Eigenschaften des Bauteils negativ beeinflussen. Eine Beschichtung dagegen ist sehr gut realisierbar und in vielen Bereichen gängige Praxis. Allerdings entsteht durch die Durchmischung im Schmelzbad eine Legierung, die andere physikalische Eigenschaften als das Kupfergrundmaterial besitzt. Dies sind in der Regel eine geringere Duktilität und elektrische Leitfähigkeit. Insbesondere in Bauelementen der Leistungselektronik ist das nicht akzeptabel. Die gezielte Oxidation von Kupferoberflächen stellt dagegen eine gute Alternative dar. Durch die Einstellung von Temperatur, Haltezeit und gegebenenfalls eines Sauerstoffpartialdrucks lässt sich die Ausbildung von Oxidschichten gut kontrollieren. Durch den Verzicht von Inertgasen in Glühöfen lässt sich die Oxidation gut in die Fertigungsstraße von Kupferhalbzeugen integrieren. Ähnlich vielversprechend erscheint das gezielte Aufrauen der Werkstoffoberfläche. Auch dieser Prozessschritt lässt sich durch die Wahl von rotierenden Bürsten oder Schleifmittel gut in eine Fertigungsstraße integrieren. Allerdings sind hier die Wahl und der Zustand des Werkzeugs entscheidend für das Ergebnis. Wenn das Verhältnis aus Öffnungsbreite zu Rautiefe nicht stimmt, kann der Effekt der Mehrfachreflexionen nicht ausgenutzt werden.

2.2.5 Messung von Absorption

Um das Ergebnis einer Oberflächenmodifikation zu verifizieren, ist ein messapparativer Aufbau notwendig. Gängige Methoden zur Messung der Absorption sollen im Folgenden kurz erklärt werden. Für umfassende Information über die unterschiedlichen Messprinzipien kann beispielsweise auf [WIL98] verwiesen werden.

Kalorimetrie

Die Kalorimetrie beschreibt ein Messprinzip, das auf der Ermittlung der laserinduzierten Probenerwärmung basiert. Ein repräsentativer Messaufbau ist in Bild 20 gezeigt.

Bild 20: Prinzipskizze eines Messaufbaus für die Kalorimetrie nach [BER08, S. 62]

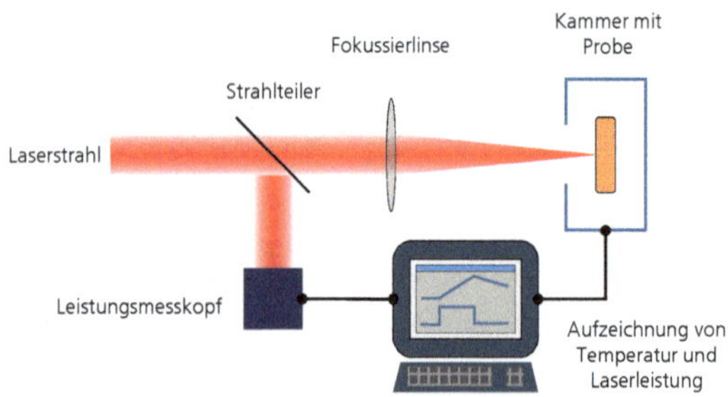

Dabei wird die Probe in einer Messkammer positioniert und mit dem Laser kontinuierlich für eine bestimmte Zeit t bestrahlt. Die Probenerwärmung wird über der Zeit als konstant angenommen und mittels Temperaturfühler oder Pyrometer aufgezeichnet. Mit Kenntnis der Masse und Wärmekapazität des Materials lässt sich die absorbierte Energie unter Zuhilfenahme von Formel 2.17 berechnen.

2.17 [IVS18]

$$A = \frac{E_{abs}}{E_L} = \frac{\sum_i m_i \cdot c_{p,i} \cdot \Delta T}{P_L \cdot \Delta t}$$

A: Absorption [-]; E_{abs}: Absorbierte Laserenergie [J]; E_L: Eingestrahlte Laserenergie [J]; m_i: Masse der Komponente i [kg]; $c_{p,i}$: Wärmekapazität der Komponenten i [J/(kg·K)]; ΔT: Ermittelte Temperaturerhöhung [K]; P_L: Laserleistung [W]; Δt: Strahlzeit [s]

Das Verfahren ist in DIN EN ISO 11551 [DIN03] genormt. Die Auswertung der erhaltenen Temperaturkurven kann auf unterschiedliche Art und Weise erfolgen. Hierzu werden von [WGR96a] folgende Methoden genannt: Gradientenverfahren, Pulsverfahren, Exponentialverfahren, Integralverfahren und Reaktionsverfahren. Häufig ist auch die Kombination mehrerer Methoden sinnvoll, um die Genauigkeit zu erhöhen. Für die Messung bei hohen

Temperaturen ist dieses Prinzip allerdings nicht geeignet. [BER08, S. 61–65], [SEI06, S. 40–42], [WGR96b]

Emissionsmessung

Die Methode der Emissionsmessung beruht auf dem Prinzip des Kirchhoffschen Gesetzes, welches besagt, dass für ein geschlossenes System im thermischen Gleichgewicht der Betrag der emittierten Energie gleich dem Betrag der absorbierten Energie ist. Durch den Vergleich der emittierten Strahlung des Probekörpers mit einem schwarzen Körper bei gleicher Temperatur lässt sich die Absorption bestimmen. Dabei kann der schwarze Körper separat angeordnet oder Teil des Messaufbaus sein. Um dieses Prinzip anzuwenden, sind lange Messzeiten notwendig, da ein Temperaturgleichgewicht bestehen muss. Des Weiteren ist die Implementierung einer hochpräzisen Temperaturmessung von Nöten. [SEI06, S. 49], [BER08, S. 77–80]

Reflexionsmessung

Zur Nutzung der Reflexion für die Bestimmung der Absorption einer Probe muss Formel 2.8 gelten. Das bedeutet, dass der Probekörper keine Transmission der eingestrahlten Wellenlänge zulässt. Trifft dies zu, lässt sich die Absorption direkt aus der Messung der Reflexion bestimmen. Der am häufigsten verwendete messapparative Aufbau zur Reflexionsmessung ist eine Ulbrichtkugel. Dabei handelt es sich um eine Hohlkugel mit Proben- und Messöffnungen, auf welche innen eine diffus reflektierende Schicht aufgetragen ist. Eine Probe, die in der Kugel platziert und bestrahlt wird, reflektiert einen Teil der auftreffenden Strahlung, welche auf der Innenseite der Kugel diffus gestreut wird. Die Strahlungsleistung der Ulbrichtkugel hängt umgekehrt proportional vom Durchmesser der Kugel ab. Somit ist das Signal umso größer je kleiner die Kugel ist. Ein schematischer Messaufbau ist in Bild 21 dargestellt.

Bild 21: Prinzipieller Aufbau zur Detektion der gerichteten und diffusen Reflexion mit einer Ulbrichtkugel nach [SEI06, S. 48]

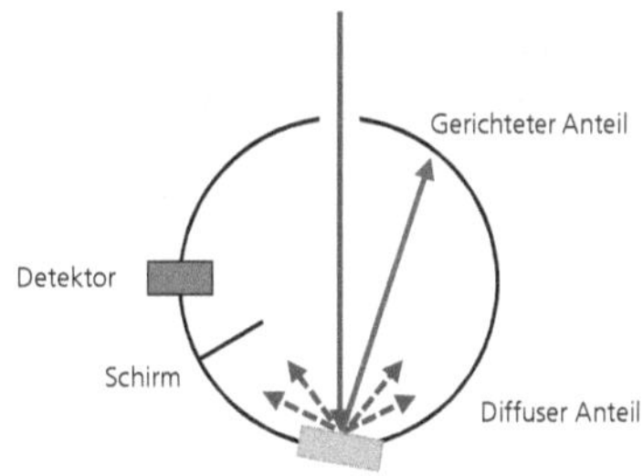

Der reflektive Strahlungsanteil kann beispielsweise über Photodioden detektiert werden. Nach vorangegangener Kalibration kann aus der Messkurve direkt der reflektierte Strahlungsanteil bestimmt werden. Um zu vermeiden, dass die koaxial zurück reflektierte Strahlung über die Eintrittsöffnung aus der Kugel austritt, muss die Probe in der Kugel angestellt werden. Bei einer sorgfältigen Kalibration der Detektoren liefert sie sehr genaue Ergebnisse und ist - abhängig von der Beschichtung - über einen weiten Spektralbereich einsetzbar. Mögliche Fehler ergeben sich hauptsächlich durch Intensitätsverluste an den Messöffnungen sowie Imperfektionen der Beschichtung und des Abschirmblechs für die Detektoröffnung. [SEI06, S. 46–48], [BER08, S. 67–77] Auch in dieser Arbeit wird ein Aufbau aus Ulbrichtkugeln für die Messung der reflektierten Strahlungsanteile verwendet.

2.3 Laserstrahlschweißen hochreflektierender Werkstoffe

Das Laserstrahlschweißen von Kupfer gilt bis heute als ein kritischer Prozess, auch wenn sich die Prozessführung durch den Einsatz hochbrillanter Strahlquellen entscheidend verbessert hat. Dies liegt insbesondere in der geringen initialen Absorption für konventionelle infrarote Strahlquellen begründet sowie in der hohen Wärmeleitfähigkeit dieses Materials. Somit fließt induzierte Wärme schnell aus der Wechselwirkungszone und es werden sehr hohe Intensitäten benötigt, um ein Schmelzbad zu erzeugen. Der sprunghafte Anstieg der Absorption beim Übergang von einem festen zum flüssigen Aggregatzustand sowie beim Übergang vom Wärmeleitungs- zum Tiefschweißen (vgl. Bild 5) erschweren zusätzlich eine kontrollierte Prozessführung. Die deutlich verbesserte Schweißeignung von Kupferlegierungen wie beispielsweise CuSn6 oder CuFe2P beruht weniger auf einer höheren Absorption im Vergleich zu reinem Kupfer (vgl. Bild 8) als vielmehr auf einer reduzierten Wärmeleitfähigkeit dieser Verbindungen [HEI18, S. 34]. Über das Wiedemann-Franz-Gesetz besteht ein linearer Zusammenhang zwischen der elektrischen und thermischen Leitfähigkeit, somit wird die geringere Relevanz der Legierungen für elektrische Hochleistungsanwendungen deutlich. [ENG15, S. 29], [HEß12, S. 139] Eine reproduzierbare, stabile und effiziente Prozessführung zum Laserstrahlschweißen von reinem Kupfer ist essenziell. Eine Übersicht der Materialeigenschaften von Kupfer ist in Tabelle 2.2 aufgelistet.

Tabelle 2.2: Werkstoffkennwerte von Kupfer

Eigenschaft Cu		**Temperatur [K]**	**Wert**	**Quelle**
Schmelztemperatur T_m	K	-	1357	[POP11, S. 593]
Verdampfungs-temperatur T_V	K	-	2833	[POP11, S. 593]
Schmelzenthalpie h_m	J/kg	-	$2{,}07*10^5$	[POP11, S. 593]
Verdampfungs-enthalpie h_V	J/kg	-	$4{,}65*10^6$	[POP11, S. 593]
Wärmeleitfähigkeit λ	W/(m*K)	293	394	[SS16, S. 130]
		1223	331	
		1310	244	[POP11, S. 593]
		1356	166	
		1873	180	
Spezifische Wärmekapazität c_P	J/(kg*K)	293	390	[SS16, S. 130]
		1223	429	
Elektrische Leitfähigkeit λ_{el}	1/(Ω*m)	293	$5{,}9*10^7$	[POP11, S. 593]
		1250	$1{,}2*10^7$	
		1356	$5{,}0*10^6$	
		1873	$3{,}95*10^6$	
Spezifischer elektrischer Widerstand R_S	µΩ*m	(gerade noch) Fest	0,106	POT99
		(gerade schon) Flüssig	0,222	
Dichte ρ	kg/m³	293	8935	[SS16, S. 130]
		1223	8634	
		1356	8000	[POP11, S. 593]

2.3.1 Schweißen mit Dauerstrich-Strahlquellen

Erste Versuche zum kontinuierlichen Laserstrahlschweißen von Kupferwerkstoffen werden mit CO_2-Lasern unternommen. Auf Grund der sehr geringen Absorption einhergehend mit schlechter Strahlqualität sind die

Ergebnisse für den industriellen Einsatz meist nicht einsetzbar. Durch die Entwicklung von Scheibenlasern und insbesondere von Faserlasern mit Strahlqualitäten im Bereich $M^2 < 1{,}1$ und Ausgangsleistungen größer 200 W hat sich diese Laserklasse für das Laserstrahlmikroschweißen durchsetzen können. [MPO04] Inzwischen sind Faserlaser im Multikilowattbereich verfügbar und industriell etabliert. Die exzellente Strahlqualität ermöglicht Fokusdurchmesser im Bereich von < 50 µm, damit einhergehend sehr hohe Intensitäten und somit das prozesssichere Verschweißen von Kupferwerkstoffen [PN10], [SMG10], [HMO17]. Neben dem Fokusdurchmesser d_F sind insbesondere die Prozessparameter Laserleistung P_L und Vorschubgeschwindigkeit v entscheidend für die Prozesscharakterisierung.

2.3.2 Schweißen mit gepulster Laserstrahlung

Die ersten Strahlquellen mit einer ausreichenden Leistungsdichte für das prozesssichere Laserstrahlschweißen von Kupfer sind gepulste Nd:YAG Festkörperlaser. Mit dieser Laserklasse werden erste industrielle Anwendungen in Form von Punkt- oder Punkt-Naht-Schweißungen in der Mikrotechnik realisiert. Durch eine Frequenzverdopplung und dadurch eine Halbierung der emittierten Wellenlänge von 1064 nm auf 532 nm kann die Effizienz der Fügeprozesse weiter gesteigert werden. [OPH09]

Kürzlich ist das Laserstrahlmikroschweißen mit nanosekunden-gepulsten Faserlasern zunehmend in den Fokus gerückt. Diese Laserklasse wird hauptsächlich für das Abtragen, Schneiden oder Gravieren verwendet. Publikationen zum Schweißen mit nanosekunden-gepulsten (ns) Lasern finden sich hauptsächlich vom Hersteller dieser Strahlquellen (SPI Lasers, Southampton, UK; seit 2020 TRUMPF Laser- und Systemtechnik GmbH, Ditzingen) oder vom deutschen Integrator in die entsprechende Maschinentechnik (Manz AG, Reutlingen). Nanosekunden-gepulste Faserlaser bieten eine hohe Flexibilität bei der Steuerung ihrer Eigenschaften. Zusätzlich zu den auch bei kontinuierlich emittierenden Strahlquellen veränderbaren Parametern lassen sich hier auch die Pulsform, Pulslänge und Pulsfrequenz variieren. So ergibt sich die Möglichkeit, die Charakteristik des Energieeintrags gezielt zu steuern. Die hohe Spitzenleistung zu Beginn des Pulses ermöglicht das Überschreiten der Schwellleistung für das Tiefschweißen, so dass ein schnelles Einkoppeln in das Kupfer bei weniger Energieverlust ermöglicht wird. Die maßgeschneiderte Energieverteilung bewirkt eine geringe Schmelzbadausdehnung, so dass sehr schlanke Nähte mit einer geringen Materialdurchmischung entstehen. Dies ist auch der Grund dafür, dass dieses Verfahren primär für das Fügen artungleicher Materialien beschrieben wird. Durch die geringe Durchmischung wird die Entstehung spröder intermetallischer Phasen, wie beispielsweise bei einer Aluminium-Kupfer-Verbindung, reduziert und die resultierende Verbindung ähnelt einer mechanischen „Verklammerung" oder einem Niet, da das Prozessregime zwischen Fügen und Abtragen liegt.

[PGK18], [KGB19] Bild 22 zeigt zwei Querschliffe von Kupfer-Aluminium-Verbindungen, die häufig von SPI publiziert worden sind ([CRG17], [GC17], [PGK18] u. a.). Auf der linken Seite ist eine Einzellinie gezeigt, mittig der Querschnitt durch eine Spirale. Gut erkennbar ist die nietenartige Verbindung der Werkstoffe und die aufgeraute Oberfläche, die bei diesem Fügeverfahren entsteht. Die Firma Manz AG hat auch Querschliffe veröffentlicht, die Porenbildung im Nahtgrund und der Fügezone zeigen [WEG19] (Bild 22, rechts).

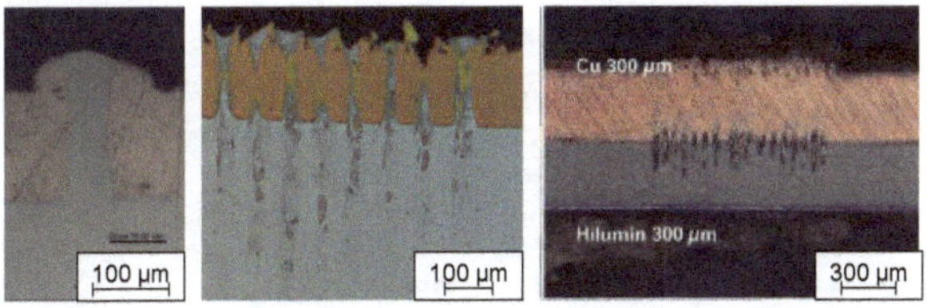

Bild 22: Von SPI publizierte Querschliffe von Kupfer-Aluminium-Verbindungen als Einzellinie (links) und Spirale (mittig). [PGK18], rechts ist ein Querschliff der Manz AG dargestellt [WEG19]

Die Arbeiten der Firma SPI Lasers zeigen die Möglichkeit der Verbindung von Edelstahl, Kupfer, Aluminium und Titan sowie das Fügen von dünnen Blechen (maximal 300 µm dick). Darüber hinaus werden Schweißtiefen von etwa 0,5 mm erreicht, allerdings sind auch Eindringtiefen bis zu 1 mm realisierbar. [GC17] Zur Vergrößerung des Punktschweißdurchmessers verwendet SPI mehrere Techniken, wie z.B. örtliche Leistungsmodulation und eine spezielle Spiral-Schweißtechnik, die aus mehreren überlappenden Punktschweißungen sowie Gittermustern besteht. Die Ergebnisse zeigen zuverlässige und feste Verbindungen, die beim Überlappschweißen und Stumpfschweißen von Edelstahl, Kupfer mit Aluminium und beim Verbinden von Legierungen erzielt werden und sich auch für den Einsatz in der Batterietechnik eignen. [WEG19]

2.4 Gepulste Strahlquellen für den laserbasierten Materialabtrag

Gepulste Strahlquellen unterscheiden sich von den bisher diskutierten kontinuierlichen Strahlquellen durch die Art der Energieabgabe. Während cw-Laser (cw: continuous wave) kontinuierlich eine zuvor eingestellte Leistung emittieren, erfolgt die Leistungsabgabe der gepulsten Strahlquellen in zeitlich diskreten Pulsen mit hohen Spitzenleistungen. Dabei wird diese Laserklasse anhand ihrer Pulsenergie E_{Puls} und ihrer Pulsdauer τ unterschieden. [EE10, S. 54–66] Die Bandbreite relevanter Pulsdauern erstreckt sich von einigen Millisekunden (10^{-3} s) über Mikrosekunden (10^{-6} s) und Pikosekunden (10^{-9} s) bis hin zu Femtosekunden (10^{-12} s). Strahlquellen mit Pulslängen unter 100 ps werden als Ultrakurzpulslaser bezeichnet. Daraus folgernd muss bei einem gepulsten Betrieb zwischen der Pulsspitzenleistung P_{Puls} und der mittleren Leistung P_m, welche sich aus der gemittelten Leistung über eine Bearbeitungsdauer ergibt, unterschieden werden. Je kleiner die Pulsdauer bei konstanter mittlerer Leistung, desto größer ist die Pulsspitzenleistung. Dabei können Pulsspitzenleistungen im Mega- und

Gigawattbereich entstehen, obwohl die mittlere Ausgangsleistung der verwendeten Strahlquellen im Bereich von 100 W liegt. [FOR16, S. 31f.] Die Pulsspitzenleistung P_{Puls} errechnet sich aus dem Quotienten aus der Pulsenergie und der Pulsdauer (Formel 2.18).

2.18

$$P_{Puls} = \frac{E_{Puls}}{\tau}$$

P_{Puls}: Pulsspitzenleistung [W]; E_{Puls}: Pulsenergie [J]; τ: Pulsdauer [s]

Die Wechselwirkung der Laserstrahlung mit der Materie ist im Wesentlichen von der Pulsdauer abhängig. Dabei werden zwei Abtragregime unterschieden: schmelzedominierter Abtrag und verdampfungsdominierter Abtrag (Sublimationsabtrag). Beim schmelzedominierten Abtrag wird durch die absorbierte Energie ein Schmelzbad erzeugt und durch den entstehenden Dampf ausgetrieben. Das ausgetriebene Material lagert sich am Rand der Struktur ab. Dieser Mechanismus ist bei Pulslängen im Mikro- oder Nanosekundenbereich vorherrschend. Der verdampfungsdominierte Abtrag ist ein „kalter Abtrag". Die Pulsenergie ist hier so groß, dass das Material sublimiert und nur ein sehr geringer Schmelzfilm entsteht. Dieser Mechanismus ist bei ultrakurzen Laserpulsen vorherrschend. Durch die sehr kleine Wärmeeinflusszone ist der Abtrag mit Piko- oder Femtosekundenlasern zwar weniger produktiv hinsichtlich des abgetragenen Volumens, dafür aber präziser (Bild 23). [HÖR18, S. 31f.], [POP05, S. 311–313], [FIN17, S. 13f.], [CMN96], [HG09, S. 330]

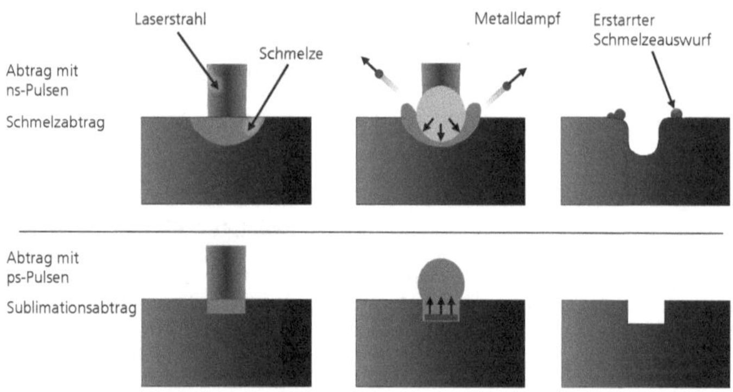

Bild 23: Vergleich der Abtrag-mechanismen bei Kurzpuls- und Ultrakurzpulslasern mit schmelze-dominiertem Abtrag links und Sublimationsabtrag rechts.

Die Energiedeposition bei der Bestrahlung von Metallen mit ultrakurz gepulster Laserstrahlung wird durch das Zwei-Temperaturen-Modell beschrieben, in dem die Temperaturen der freien Elektronen und des Metall-Atomgitters durch zwei gekoppelte Differentialgleichungen isoliert voneinander beschrieben werden

[CMN96], [CBS88]. Dies ist notwendig, da die beiden Systeme aufgrund der kurzen Zeitskala, in der die Energie deponiert wird, zeitweise aus dem thermischen Gleichgewicht geraten, da die Pulsdauer dieser Pulse kürzer ist als die Wechselwirkungszeit des Phononensystems. Der Sublimationsabtrag findet daher erst nach dem Laserpuls statt. [JT05] Der Abtrag des Materials beginnt dann bei einer Schwelltemperatur des Gitters. [PL02], [ZHI03], [ZLI09] Weiterhin zeichnet sich der Sublimationsabtrag durch eine, aufgrund der geringen Pulsdauer, kleine Wärmeeindringtiefe aus. Werden für den Sublimationsabtrag genügend kurze Pulse mit hohen Intensitäten verwendet, wird der Werkstoff innerhalb des abzutragenden Volumens nahezu vollständig ohne Schmelzbildung sublimiert. [FIN17, S. 11] Wird kein einzelner Laserpuls sondern ein Pulszug zum Abtragen einer Schicht genutzt, so muss auch die Wechselwirkung zwischen den Einzelpulsen in Betracht gezogen werden. Ist die Pulsdauer länger als die Zeit, die bis zum Beginn des Abtrags verstreicht, so beginnt der Abtragprozess bereits während des Laserpulses. In diesem Fall findet die Wechselwirkung nicht nur zwischen Festkörper und Laserstrahlung, sondern auch mit der entstehenden Schmelze und dem Metalldampf statt. Bei Pulsdauern, die kürzer sind als die Dauer bis zum Abtragprozess, ist der erste Puls eines Pulszugs bereits beendet, bevor der eigentliche Abtrag stattfindet. Folgende Pulse wechselwirken ebenfalls mit entstehenden Plasmawolken und Metalldampf. [HAR14, S. 7f.], [NIA04], [SSL01]

Neben den bereits erklärten Parametern mittlere Laserleistung P_m, Pulsspitzenleistung P_{Puls}, Pulsenergie E_{Puls} sowie Pulsdauer τ und den bereits von cw-Strahlquellen bekannten Parametern Wellenlänge λ und Fokusdurchmesser d_F sind weitere Größen entscheidend für den Prozessverlauf, die im Folgenden kurz erläutert werden.

Fluenz F_0

Die Fluenz F_0 beschreibt die eingestrahlte Energie pro Fläche und wird bei Abtragprozessen üblicherweise an Stelle der Intensität angegeben. Genau wie die Intensität ist die Fluenz in der Regel nicht konstant, sondern gaußförmig über den Fokusdurchmesser verteilt. Sie bestimmt bei Abtragprozessen die Abtragtiefe pro Puls und errechnet sich aus

2.19
$$F_0 = \frac{2 \cdot E_{Puls}}{\pi \cdot \left(\frac{d_F}{2}\right)^2}.$$

F_0: Fluenz [J/mm²]; E_{Puls}: Pulsenergie [J]; d_F: Fokusdurchmesser [mm]

Der abgetragene Durchmesser kann bei der Bearbeitung mit ultrakurzen Laserpulsen vom Fokusdurchmesser abweichen. Grund hierfür ist die materialspezifische Schwellfluenz. [FIN17, S. 14f.], [HÖR18, S. 34]

Pulsrepetitionsrate f_{Puls}

Die Pulsrepetitionsrate f_{Puls} gibt die Anzahl der Laserpulse pro Zeiteinheit an. Bei bekannter Pulsdauer kann so das Verhältnis aus Strahlzeit und Totzeit berechnet werden. Wie bereits erwähnt liegt die mittlere emittierte Leistung von gepulsten Strahlquellen für den präzisen Materialabtrag in der Regel im Bereich von wenigen zehn bis 100 W. Dieser Wert kann mit gängigen Leistungsmessköpfen ermittelt werden. Die Pulsspitzenleistung P_{Puls} errechnet sich bei bekannter Pulslänge und Pulsrepetitionsrate dann aus

2.20
$$P_{Puls,} = \frac{P_m}{\tau \cdot f_{Puls}}.$$

P_{Puls}: Pulsspitzenleistung [W]; P_m: Mittlere Laserleistung [W]; τ: Pulsdauer [s]; f_{Puls}: Pulsrepetitionsrate [1/s]

Die Pulsrepetitionsrate liegt in der Regel im Bereich mehrerer Kilohertz. [SOM10, S. 11]

Pulsüberlapp PÜ und Spurüberlapp SÜ

Der Pulsüberlapp PÜ bezeichnet die Überschneidung der Einzelpulse in Vorschubrichtung. Er ergibt sich aus der Vorschubgeschwindigkeit v, dem Fokusdurchmesser d_F und der Pulsrepetitionsrate f_{Puls} und wird in Prozent des Fokusdurchmessers angegeben.

2.21
$$PÜ = 1 - \frac{v_F}{d_f \cdot f_{Puls}} \cdot 100\ \%$$

PÜ: Pulsüberlapp [%]; v: Vorschubgeschwindigkeit [mm/s]; d_f: Fokusdurchmesser [mm]; f_{Puls}: Pulsrepetitionsrate [1/s]

Der Pulsüberlapp wird meist im Bereich von 25 -75 % gewählt. Bei einem höheren Pulsüberlapp ergibt sich entlang der Abtragstrecke eine homogene Energieverteilung, allerdings nehmen der Einfluss durch Wärmeakkumulation und die Möglichkeit der Ausbildung von selbstorganisierten Mikrostrukturen und damit einhergehend höherer Oberflächenrauheit zu. Der Spurüberlapp SÜ beschreibt die Überschneidung der bearbeiteten Fläche zweier paralleler Abtragbahnen in Abhängigkeit des Fokusdurchmessers. Analog zum Pulsüberlapp sind hier ebenfalls Werte zwischen 25 – 75 % typisch. [FIN17, S. 15], [SOM10, S. 13–15]

Schichtanzahl n_S

Um einen gewünschten Abtrag zu erreichen, kann das mehrmalige Abfahren einer Geometrie notwendig sein. Die Anzahl der benötigten Schichten ergibt sich aus dem Quotienten der zu erzielenden Abtragtiefe und dem mit einer Überfahrt erzielbaren Abtrag.

3 Strategien zur Steigerung der Prozessstabilität und Prozesseffizienz beim Laserstrahlmikroschweißen

Zur Integration eines Laserstrahlschweißprozesses in die industrielle Fertigung ist die Stabilität des Prozesses essenziell. Ein Maß für die Prozessstabilität ist die Schweißnahtqualität, die sich durch das Auftreten von Nahtimperfektionen quantifizieren lässt. [WEB10, S. 84f.] Die häufigsten Nahtfehler werden im Folgenden erklärt und Ursachen für ihr jeweiliges Vorkommen genannt.

Spritzer

Spritzer sind Schmelzpartikel, die aus dem Bereich der Wechselwirkungszone abgelöst werden und sich entlang der Schweißnaht ablagern. Die Ursache sind meist Verunreinigungen und damit einhergehende Absorptionsspitzen oder schlecht eingestellte Verfahrensparameter. [POP05, S. 366] Folge von Spritzerentstehung können Löcher oder Lunker in der Schweißnaht sowie Kurzschlüsse im Bauteil im Falle der Fertigung von Elektronikkomponenten sein. Spritzer entstehen ausschließlich im Bereich der Kapillarrückwand. Eine Beruhigung der Dynamik in diesem Bereich der Kapillare ist der Schlüssel zur Reduzierung oder Unterbindung der Spritzerablösung. [WEB10, S. 112]

Poren

Poren sind kugelförmige Gaseinschlüsse und können material- oder prozessinduziert auftreten. Die Entstehung von Poren geht nicht zwangsläufig mit einer Veränderung der Nahtoberraupe einher, weshalb ihre Detektion in der Regel durch eine zerstörende Prüfung nachgewiesen werden muss. Bei materialinduzierten Poren kommt es während des Schweißprozesses zum Verdampfen beziehungsweise Ausgasen von Materialbestandteilen oder Verunreinigungen. Können diese Blasen das erstarrende Schmelzbad nicht rechtzeitig verlassen, verbleiben sie in der Naht. Prozessbedingte Porenbildung entsteht durch die Dynamik der Schmelze insbesondere im unteren Teil der Dampfkapillare. Dabei kann es zu einer lokalen Deformation der Kapillarrückwand und damit einer Einschnürung der Dampfkapillare kommen, so dass große Poren im Nahtgrund auftreten. Abschließend sind noch nicht alle Prozesse, die zu einer Porenbildung führen, endgültig verstanden. [HG09, S. 263f.], [KMK02], [HEI18, S. 24f.]

Schmelzauswürfe

Ähnlich wie bei der Entstehung von Spritzern, sind auch Schmelzauswürfe auf die hohe Dynamik des Tiefschweißprozesses zurückzuführen. Anders als bei Poren wird hier ein Kollaps der Dampfkapillare im oberen Bereich angenommen. Infolgedessen wird das flüssige Material explosionsartig ausgeworfen und zurück bleiben tiefe Löcher in der Naht, die bis auf den Nahtgrund reichen können. Im weiteren Verlauf baut sich die Dampfkapillare neu auf. Schmelzauswürfe haben teilweise erhebliche Nahtquerschnittsreduzierungen sowie tiefe Löcher zur Folge, die signifikante mechanische und elektrische Einbußen bedeuten. [HEI18, S. 69–71], [HG09, S. 263f.] Die Auswirkungen von Schmelzauswürfen sind deutlich an der Nahtoberraupe zu erkennen.

Einschweißtiefenschwankungen

Ob Schwankungen in der Einschweißtiefe als Nahtfehler zu betrachten sind, bleibt strittig. Eine Oszillation der Einschweißtiefe ist auf die Dynamik der Dampfkapillare während des Tiefschweißprozesses zurückzuführen [RFM10] und kann nicht gänzlich vermieden werden. Allerdings kann eine ungleichmäßige Einschweißtiefe insbesondere bei dünnen oder temperatursensiblen Bauteilen zu einer nicht konstanten Anbindung oder thermischen Schädigung führen. [HEI18, S. 26f.]

Aus diesem Grund ist eine gleichbleibend stabile und vorhersagbare Einschweißtiefe wünschenswert. Im Längsschliff lässt sich die Einschweißtiefenschwankung aus der minimalen und maximalen Einschweißtiefe bestimmen.

3.1 [HEI18, S. 26]

$$\Delta z_S = 1 - \frac{z_{min}}{z_{max}}$$

Δz_S: Einschweißtiefenschwankung [-]; z_{min}: Minimale Einschweißtiefe [µm]; z_{max}: Maximale Einschweißtiefe [µm]

Humping

Humping äußert sich als periodisch auftretende, kugel- oder tropfenförmige Überhöhungen in der Schweißnaht. Anders als Poren, Spritzer oder Schmelzauswürfe hat Humping seinen Entstehungsursprung nicht im kapillarnahen Bereich, sondern entsteht weit hinter der Kapillaröffnung im Schmelzbad. Dieser Nahtfehler ist nicht nur abhängig von der Vorschubgeschwindigkeit, sondern auch von der Laserleistung. [HG09, S. 265]

Um die Prozessstabilität zu erhöhen, müssen Strategien gefunden werden, die oben genannten Nahtfehler zu vermeiden. Da diese Fehler auf die Prozessführung zurückzuführen sind, ist eine entsprechende Anpassung der Parameter zielführend. Zur Qualifizierung des Laserstrahlschweißprozesses eignen sich Wirkungsgrade, die sich aus den Stoffgrößen, Prozesskennwerten und dem Schweißergebnis berechnen lassen. Bereits in Kapitel 2.2 wird der Einkoppelgrad, welcher die insgesamt in ein Bauteil eingekoppelte Leistung abzüglich eventueller Energieverluste beschreibt, eingeführt. Da er im Gegensatz zum Absorptionsgrad auch Mehrfachreflexionen berücksichtigt, eignet er sich für die Qualifizierung eines Tiefschweißprozesses. [HEß12, S. 25], [WEB10, S. 70] Der Einkoppelgrad lässt sich durch Messungen im Prozess (vgl. Kapitel 2.2.5) bestimmen oder unter Kenntnis des Absorptionsgrads A, der Kapillartiefe z_{Kap} und des Kapillaröffnungsdurchmessers d_f (entspricht näherungsweise dem Fokusdurchmesser) berechnen.

3.2

[BEC96, S. 38]

$$\eta_A = A \cdot \frac{1 + (1 - A) \cdot \left[\frac{d_f}{2z_{Kap}} - \left(\frac{d_f}{2z_{Kap}}\right)^2\right]}{A \cdot \left(1 - \frac{d_f}{2z_{Kap}}\right) + \frac{d_f}{2z_{Kap}}}$$

η_A: Einkoppelgrad [-]; A: Absorptionsgrad [-]; d_f: Kapillaröffnungsdurchmesser [µm]; z_{Kap}: Kapillartiefe [µm]

Damit hängt der Einkoppelgrad nicht nur von den Materialeigenschaften ab sondern auch wesentlich von der Form der Dampfkapillare. Der Formel 3.2 liegt die Berechnung von Hohlraumstrahlen zugrunde und beschreibt die Absorption von infraroter Strahlung in einem Hohlkörper. Sie gilt unter der Annahme einer kegelförmigen Kapillare. [WEB10, S. 70], In Bild 24 ist der Einkoppelgrad über dem Aspektverhältnis z_{Kap}/d_f aufgetragen. Da Kupfer einen temperaturabhängigen Absorptionsgrad hat, ist diese Darstellung physikalisch nicht korrekt, sondern zeigt einen qualitativen Zusammenhang.

Bild 24: Einkoppelgrad über Aspektverhältnis für Kupfer. Der Absorptionsgrad von Kupfer wird angenommen als A_{Cu} = 0,05

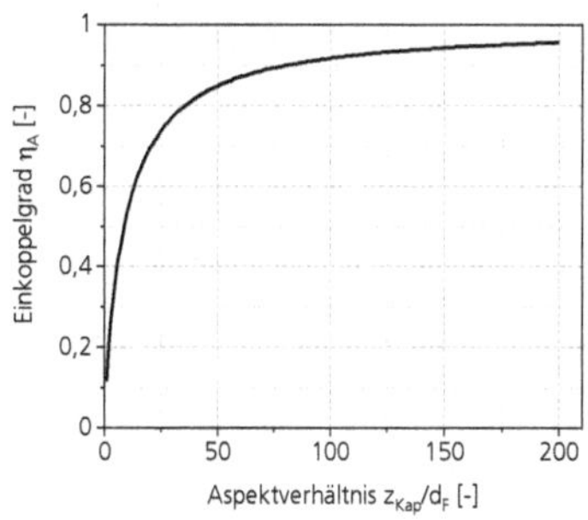

Der Einkoppelgrad steigt mit steigendem Aspektverhältnis und damit bei größerer Einschweißtiefe bei konstantem Fokusdurchmesser oder kleinerem Fokusdurchmesser bei konstanter Einschweißtiefe. Dieser Zusammenhang motiviert die Nutzung hochbrillanter Strahlquellen. [HEß12, S. 36f.]

Der thermische Wirkungsgrad η_{th} beschreibt in welchem Umfang die absorbierte Leistung zur Bildung eines Schmelzbades beiträgt. [DAU95, S. 11] Diese Größe ist abhängig von Prozessparametern, der Kapillargeometrie und Materialkenngrößen und berechnet sich zu

3.3 [HEI18, S. 48]

$$\eta_{th} = \frac{A_N \cdot v \cdot \rho \cdot (c_p \cdot (T_S - T_R) + h_m)}{\eta_A \cdot P_L}$$

η_{th}: Thermischer Wirkungsgrad [-]; A_N: Nahtquerschnittsfläche senkrecht zur Vorschubrichtung [mm²]; v: Vorschubgeschwindigkeit [mm/s]; ρ: Dichte [kg/mm³]; c_p: Spezifische Wärmekapazität des Werkstoffs [J/(kg·K)]; T_S: Schmelztemperatur [K]; T_R: Temperatur zu Prozessbeginn [K]; h_m: Schmelzenthalpie [J/kg]; η_A: Einkoppelgrad [-]; P_L: Laserleistung [W]

Dieser Wirkungsgrad ist im Wesentlichen durch Verlustmechanismen wie Wärmeleitungsverluste, Konvektion oder Strahlungsverluste begrenzt (vgl. Kapitel 2.2). [WEB10, S. 75] Die Berechnung beruht auf der Annahme einer temperaturunabhängigen Dichte sowie der Idealisierung des Schweißprozesses durch eine Erhitzung des Materials lediglich bis zur Schmelztemperatur. Damit stellt dieser Wirkungsgrad eine Richtgröße zum Vergleich von Laserschweißprozessen von Werkstoffen mit ähnlichem Materialverhalten dar.

Der Prozesswirkungsgrad η_{Pr} beschreibt mit welcher Effizienz die eingestrahlte Leistung pro Zeiteinheit in Schmelzevolumen umgesetzt wird. Die Bestimmung der Prozesseffizienz erlaubt Rückschlüsse auf die Prozessgrenzen und damit auf Prozess- und Materialparameter, die einen stabilen Prozess bedingen. [HEß12, S. 35] Die Prozesseffizienz errechnet sich aus dem Einkoppelgrad η_A und dem thermischen Wirkungsgrad η_{th}.

3.4 [DAU95, S. 11]

$$\eta_{Pr} = \eta_A \cdot \eta_{th}$$

η_{Pr}: Prozesswirkungsgrad [-]; η_A: Einkoppelgrad [-]; η_{th}: Thermischer Wirkungsgrad [-]

Selbst unter günstigen Bedingungen liegt der Prozesswirkungsgrad unter konventioneller Prozessführung beim Laserstrahlschweißen nicht oberhalb von 50 %. [WEB10, S. 76], [DAU95, S. 127] Untersuchungen von Weberpals zeigen, dass das maximale spezifische Schmelzevolumen ($V_{spez} = (A_N \cdot v)/(\eta_A \cdot P_L)$ und damit die Prozesseffizienz beziehungsweise der Prozesswirkungsgrad unabhängig von der Fokussierbarkeit der Strahlquelle (SPP), der Vorschubgeschwindigkeit und der Laserleistung sind. Somit ist eine fortwährende Weiterentwicklung der hochbrillanten Strahlquellen für die Prozesseffizienz nicht von Vorteil. [WEB10, S. 81f.]

Die besprochenen Wirkungsgrade geben Aufschluss darüber, welche Material- und Prozessparameter für die Stabilität und Effizienz eines Laserstrahlschweißprozesses entscheidend sind. Im Folgenden werden Prozessstrategien erläutert, die das Ziel einer gesteigerten Prozessstabilität verfolgen.

3.1 Örtliche Leistungsmodulation

Die örtliche Leistungsmodulation beschreibt eine der linearen Vorschubbewegung v überlagerte unabhängige Oszillationsbewegung. Dabei sind grundsätzlich zweierlei Arten der Oszillationsbewegung denkbar: harmonische und nicht-harmonische. Zu den nicht-harmonischen Überlagerungen zählen beispielsweise Dreiecks- oder Sägezahnprofile, die einen potenziellen Umkehrpunkt (Totpunkt) der Bewegung beinhalten. [MB07] Harmonische Überlagerungen lassen sich durch Kosinus- oder Sinusfunktionen beschreiben und zeichnen sich durch eine kontinuierliche Strahlbewegung aus. Derzeit kommen hauptsächlich kreisförmige Oszillationsbewegungen zur Anwendung [HHS16], [HMO17], [MOT14], [BHM05], allerdings sind auch Ellipsen, Achten oder andere Kurvengraphen, die als Lissajous-Figuren bekannt sind, denkbar. [SCH12, S. 31] Im Folgenden werden ausschließlich kreisförmige Oszillationen thematisiert, da diese Form der Strahlablenkung im Rahmen dieser Arbeit relevant ist. Für die Strahlablenkung kommen in der Regel Galvanometerscanner zum Einsatz, die in der Lage sind, die schnelle Oszillationsbewegung mechanisch umzusetzen. Zur Beschreibung des Bahnverlaufs der Laserstrahlung werden zwei weitere Parameter eingeführt: Die Oszillationsamplitude A_S und die Oszillationsfrequenz f. Gemeinsam mit der Vorschubgeschwindigkeit in x-Richtung lässt sich aus diesen Parametern der Überlappgrad Ü bestimmen (Formel 3.5). Anders als beim Pulsüberlapp einer gepulsten Schweißnaht oder eines Abtragprozesses geht der Strahldurchmesser d_F hier nicht in die Überlegung mit ein. Der Überlappgrad bezieht sich ausschließlich auf die Trajektorie und berechnet sich zu

3.5

[SCH12, S. 37]

$$Ü = \frac{\sqrt{4{A_S}^2 - \left(\frac{v}{\pi \cdot f}\right)^2} - \frac{v}{2\pi \cdot f} \cdot \left[3\pi + 2 \cdot arcsin\left(-\frac{v}{2\pi \cdot f \cdot A_S}\right)\right]}{\sqrt{4{A_S}^2 - \left(\frac{v}{\pi \cdot f}\right)^2} - \frac{v}{2\pi \cdot f} \cdot \left[\pi + 2 \cdot arcsin\left(-\frac{v}{2\pi \cdot f \cdot A_S}\right)\right]}$$

Ü: Überlappgrad der örtlichen Leistungsmodulation bei einer kreisförmigen Oszillationsbewegung [-]; A_S: Amplitude der örtlichen Leistungsmodulation [mm]; v: Lineare Vorschubgeschwindigkeit [mm/s]; f: Oszillationsfrequenz der örtlichen Leistungsmodulation

Ziel dieser Prozessführung ist analog zum Mikroringschweißen die effizientere Ausnutzung der Strahlungsenergie. [BRI17, S. 86f.] Die Trajektorie bewirkt, dass ein Teil der durch Wärmeleitung entstehenden Verluste zur Erzeugung eines Schmelzbades genutzt werden können, da im Zentrum der Bahnkurve ein Wärmestau entsteht. Das auf diese Art und Weise im Vergleich zu einem unmodulierten Laserstrahlschweißprozess vergrößerte Schmelzbad hat Einfluss auf den Prozessverlauf und das Resultat:

- Die veränderte Schmelzbaddynamik wirkt sich auf die Durchmischung artungleicher Materialien oder Legierungen aus. Dadurch können sich auch die mechanischen und elektrischen Eigenschaften der Verbindung ändern. [JFW18]
- Die Breite der Schweißnaht nimmt bei gleichzeitig abnehmender Tiefe zu. So ergibt sich im Fall eines stationären Schmelzbades ein nahezu rechteckiges Nahtprofil und der Anbindungsquerschnitt im Überlappstoß steigt im Vergleich zu einer unmodulierten Naht. [HÄU21, S. 83–89]
- Die Oberflächenqualität der Schweißnaht steigt. Dies zeigt sich durch eine gesteigerte Konstanz in der Nahtbreite und geringere Oberflächenrauheit. [MB07], [HHO18], [HÄU21, S. 79–81]
- Irreguläre Spitzen in der Einschweißtiefe („Spiking") können durch die Verwendung einer örtlichen Leistungsmodulation reduziert werden [RFM10], allerdings sinkt die Einschweißtiefenkonstanz mit steigender Oszillationsamplitude. Der Grund hierfür ist die Trajektorie und der damit verbundene Überlappgrad, die für ein teilweise mehrfaches Aufschmelzen der Nahtbereiche sorgen. Somit ergibt sich im Längsschliff ein wellenförmiges Profil. [HÄU21, S. 84–89]
- Die lokale Vorschubgeschwindigkeit als Überlagerung aus Oszillation und linearem Vorschub ändert sich über der Trajektorie. Daraus ergibt sich auch eine lokal veränderliche Streckenenergie, die wiederum in einem asymmetrischen Nahtquerschnitt bedingt.
- Nahtfehler wie Spritzer, Schmelzbadauswürfe und Poren können durch die Verwendung einer örtlichen Leistungsmodulation reduziert oder sogar vermieden werden. [SHH13], [FSW18]
- Die Anfälligkeit für Heißrisse bei Aluminiumverbindungen kann durch das vergrößerte Schmelzbad zunehmen. [KHK18]

Die beiden zusätzlichen Parameter Oszillationsfrequenz und Oszillationsamplitude ermöglichen zusätzlichen Einfluss auf die Prozessführung und die resultierende Schweißnahtgeometrie (Bild 25).

Bild 25: Nahtoberraupe und Nahtquerschnitt beim Laserstrahlschweißen mit örtlicher Leistungsmodulation (oben, links) und ohne Modulation (unten, rechts) auf CuSn6

Zusätzlich können Schweißnahtfehler und die Schmelzbaddynamik reduziert werden. Ob der Einsatz einer örtlichen Leistungsmodulation für die jeweilige Anwendung sinnvoll ist, muss individuell entschieden werden.

3.2 Zeitliche Leistungsmodulation

Die zeitliche Leistungsmodulation beschreibt eine zeitlich angepasste Energieeinbringung in das Werkstück durch modulierte Leistungsabgabe. Dieser Verfahrensansatz lässt sich sowohl auf einen gepulsten als auch auf einen kontinuierlichen Laserstrahlschweißprozess übertragen. Der gepulste Laserstrahlschweißprozess ist per se bereits eine zeitliche Leistungsmodulation, da die eingebrachte Energie sich über der Zeit periodisch ändert. Darüber hinaus lässt sich auch der Einzelpuls über der Dauer modulieren. Dabei wird zwischen einer thermischen und einer metallurgischen Pulsformung unterschieden. Die thermische Pulsformung besteht aus mehreren Phasen und hat zum Ziel, den thermischen Energieeintrag in das Material zu steuern und das Schmelzbad zu beruhigen. [DÜR08], [WJN08a] Der Unterschied bei der metallurgischen Pulsformung besteht darin, dass der oben beschriebenen Pulsform noch eine zyklische Modulation überlagert wird. Diese bewirkt eine definierte Schmelzbadunterkühlung während des Pulses und hat mehrere positive Effekte auf die resultierende Anbindung, so dass ein feinkörnigeres Gefüge entsteht. Bei Mischverbindungen kann die Bildung intermetallischer Phasen reduziert oder sogar unterbunden werden. [WJN08a], [WJN08b], [DÜR08]

Für eine Übertragung auf einen kontinuierlichen Laserstrahlschweißprozess bedeuten die oben genannten Möglichkeiten zwei Ansätze. Zum einen können Anfang und Ende der Schweißnaht durch Rampen ergänzt werden, um ein schnelleres Einsetzen des Tiefschweißprozesses zu realisieren und zum Nahtende ein langsames Schließen der Dampfkapillare zu ermöglichen. Zum anderen kann der gesamte Schweißprozess mit einer Modulation der Laserleistung überlagert werden. Letzteres kann zu einer signifikanten Reduktion der Schmelzeauswürfe im Falle einer sinusförmigen Leistungsmodulation führen. Des Weiteren sorgt diese Prozessführung für eine Stabilisierung der Dampfkapillare und damit einer reduzierten Fluktuation in der Einschweißtiefe. Neben einer größeren Einschweißtiefe ist auch die Oberflächengüte analog zum modulierten Pulsschweißen erhöht. Für diese Ergebnisse hat [HSH11] Cu-ETP und Bronze mit einer mittleren Ausgangsleistung von 1500 W beziehungsweise 1000 W bei einer Modulationsamplitude von 750 W geschweißt. Eine Prinzipdarstellung der beschriebenen Möglichkeiten des Einsatzes einer örtlichen Leitungsmodulation sind in Bild 26 dargestellt.

Von [HÄU21] wird der Einfluss der Frequenz und Amplitude einer zeitlichen Leistungsmodulation auf Nahtfehler, resultierende Nahtbreite, Rauheit der Nahtoberraupe und Einschweißtiefenkonstanz untersucht. Dabei werden mit steigender Amplitude größere Nahtbreiten erreicht, ein zusätzlicher Einfluss der

Frequenz wird hier nicht deutlich. Die Rauheit der Nahtoberraupe steigt bei Verwendung einer zeitlichen Leistungsmodulation an. Dies ist auch auf den Umstand zurückzuführen, dass eine zeitliche Modulation Auswirkungen auf das Nahtbild hat und eine gewellte Nahtoberraupe zur Folge hat, die mit der Frequenz variiert. Die Beschaffenheit der Oberfläche ist abhängig von der Periodendauer. Im Längsschliff zeigt eine zeitlich modulierte Schweißnaht eine ähnliche Ausprägung wie eine gepulste Naht. Die Einschweißtiefe schwankt mit der Frequenz, wodurch die Einschweißtiefenkonstanz im Vergleich zu einer unmodulierten Naht sinkt. [HÄU21, S. 89–97]

Bild 26: Prinzipdarstellung unterschiedlicher Möglichkeiten der zeitlichen Leistungsmodulation

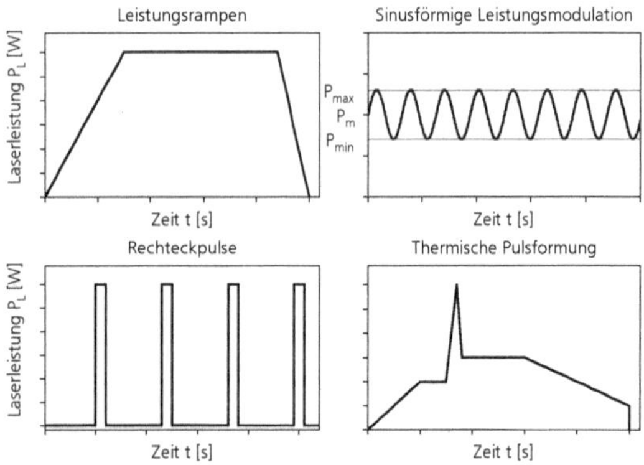

Die Ergebnisse von [HÄU21] zeigen, dass eine alleinige Verwendung der zeitlichen Leistungsmodulation nicht in allen Aspekten einen Vorteil gegenüber einer unmodulierten Prozessführung bietet. Allerdings kann auch gezeigt werden, dass eine Synchronisation von örtlicher und zeitlicher Leistungsmodulation Abweichungen in der Einschweißtiefe quer zur Vorschubrichtung, die durch einen ortsabhängigen Energieeintrag während der örtlichen Leistungsmodulation hervorgerufen werden, reduzieren kann. [HÄU21, S. 105]

3.3 Verwendung mehrerer Fokusse

Die Laserleistung hochbrillanter Strahlquellen lässt sich nicht beliebig erhöhen. Zur Steigerung der Prozesseffizienz und Prozessstabilität ist der Einsatz mehrerer Strahlquellen und damit mehrerer Fokusse ein logischer Ansatz. Durch diese Technik erhöht sich die Anzahl der Freiheitsgrade und damit die Möglichkeit der geometrischen Gestaltung der Schweißnaht. [SM10, S. 234] Neben den bereits diskutierten Strahleigenschaften (Einfallswinkel, Leistung, Wellenlänge, Fokusdurchmesser) nehmen die Anzahl der verwendeten Fokusse, die

Anordnung der Fokusse zueinander, der Spotdurchmesser der Einzelfokusse sowie die relative Leistungsverteilung Einfluss auf das Schweißergebnis.

Zur Berechnung des Einflusses der Mehrfokustechnik auf die Geometrie der resultierenden Schweißnaht hat [CHA00] ein theoretisches Modell aufgestellt und mit experimentellen Ergebnissen verifiziert. Dabei hat er nicht nur die Aufteilung der Gesamtleistung auf zwei Fokusse untersucht, sondern auch die Anordnung in Matrizen mit bis zu vier Fokussen betrachtet. Generell gilt, dass die Einschweißtiefe bei einer Aufteilung der Leistung auf mehrere Bearbeitungspunkte sinkt und die Breite der Naht tendenziell steigt. Dieser Zusammenhang gilt insbesondere für die Queranordnung (vgl. Bild 27) der Strahlen. [CHA00, S. 58–62], [GLU96, S. 122f.]

Bild 27:
Vergleich von Quer- zu Längsanordnung bei der Verwendung mehrerer Fokusse.

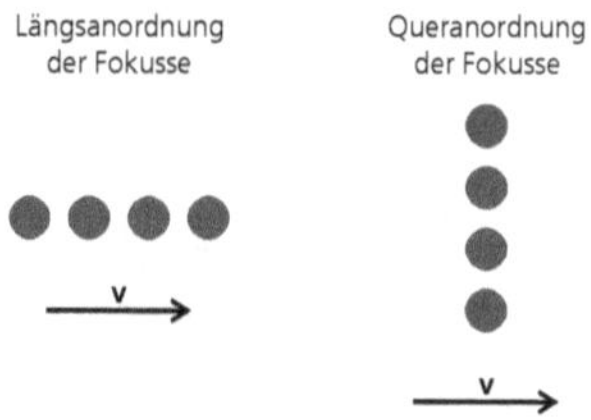

Bei einer Längsanordnung zweier Laserstrahlen kann der nachlaufende Strahl für eine Beruhigung der Schmelzbaddynamik und damit für eine Reduzierung der Oberflächenrauheit eingesetzt werden. Bei geeignetem Fokusabstand wird das Schmelzbad des vorlaufenden Strahls vergrößert und die Dynamik im Erstarrungsverhalten verringert. [BHM05], [HHO18] Der gleiche Effekt bewirkt eine Erhöhung der Humping-Grenzgeschwindigkeit, wodurch Schweißgeschwindigkeiten erhöht und die Wirtschaftlichkeit des Laserschweißprozesses vergrößert werden können. [GLU96, S. 110–113]

Der Einsatz der Mehrfokustechnik kann den Prozesswirkungsgrad erhöhen, da seitliche Wärmeverluste reduziert werden und der thermische Wirkungsgrad des Prozesses steigt (Formel 3.4). Dabei sollte der Abstand der Fokusse immer in Relation zu der Vorschubgeschwindigkeit betrachtet werden. Diesen Zusammenhang kann auch [CHA00] in seinem Modell nachweisen. Bei einer Längsanordnung der Fokusse nimmt der thermische Wirkungsgrad mit zunehmendem Fokusabstand in Abhängigkeit zu der Vorschubgeschwindigkeit zunächst bis zu einem Grenzwert zu und fällt dann ab. Das Absinken des thermischen Wirkungsgrads steht in Zusammenhang mit einer Trennung der Schmelzbäder der Einzelstrahlen. Derselbe Zusammenhang lässt sich für eine Queranordnung beobachten. [CHA00, S. 111–116] Durch die Verwendung von mehr als zwei Einzelstrahlen lässt sich der thermische Wirkungsgrad weiter steigern, strebt allerdings einem Sättigungswert entgegen. Diesem Zusammenhang wirkt die Wärmeleitfähigkeit entgegen. Für Materialien mit hoher Wärmeleitfähigkeit wie Aluminium oder auch Kupfer ist dieser Effekt nicht so stark ausgeprägt, da die eingebrachte Energie sehr schnell aus der Wechselwirkungszone abfließt und die Möglichkeit eines Wärmestaus geringer ist. [CHA00, S. 118f.] Um den Prozesswirkungsgrad in Materialien mit hoher Wärmeleitfähigkeit effizient zu steigern, müssen sowohl die Anzahl der Einzelstrahlen als auch die Gesamtleistung weiter erhöht werden. [CHA00, S. 124]

3.4 Kombination mehrerer Wellenlängen

Grundlage der Verwendung von mehreren Wellenlängen für das Laserstrahlschweißen ist die Stabilisierung und Effizienzsteigerung des Prozesses durch das Ausnutzen der variierenden Wechselwirkungseigenschaften der Werkstoffe mit der Wellenlänge. Zusätzlich zu den bereits in Kapitel 3.3 als ergänzende Freiheitsgrade identifizierten Größen wie Anordnung der Fokusse, Verhältnis der Spotdurchmesser und relative Leistungsverteilung ermöglicht die Kombination mehrerer Wellenlängen eine weitere Gestaltung des Prozessverlaufs und der Nahtgeometrie. In Kombination mit Scheibenlasern (λ = 1030 nm) und Nd:YAG-Lasern (λ = 1064 nm) werden vor allem die jeweils frequenzverdoppelten Varianten dieser Strahlquellen, welche im grünen Wellenlängenbereich emittieren, eingesetzt. Der wesentliche Vorteil beim Einsatz sichtbarer Wellenlängen liegt in dem im Vergleich zu nahinfraroter Laserstrahlung bis zu siebenfach höherem Absorptionsgrad (vgl. Bild 8). Dieser Vergleich ist nur für Werkstücke bei Raumtemperatur zulässig, allerdings gilt er damit zumindest für den Prozessstart. Ein weiterer Effekt, den sich diese Prozessführung zunutze macht, ist die temperaturabhängige Absorption von Metallen (vgl. Kapitel 2.2.2), die insbesondere bei Kupfer einen entscheidenden Einfluss auf den Laserschweißprozess hat. So lässt sich eine Strahlquelle, die im sichtbaren Wellenlängenbereich emittiert, zum Vorwärmen des Materials nutzen. Damit sinkt der notwendige Energiebedarf für den nachlaufenden Laserstrahl.

In seiner Dissertation hat [ENG15] umfangreiche Untersuchungen zur Kombination eines handelsüblichen Scheibenlasers mit einem frequenzverdoppelten Scheibenlaser (λ = 515 nm) beschrieben. Dabei werden die Fokusse der beiden Strahlquellen unter Zuhilfenahme einer Kombinationsoptik in allen drei Raumrichtungen deckungsgleich überlagert (Spotdurchmesser jeweils d_F = 140 µm). Die Leistung der grünen Strahlquelle wird dabei so eingestellt, dass sich im Kupfermaterial ein Wärmeleitungsprozess einstellt. Diesem wird die IR Strahlung überlagert. Im direkten Vergleich des Kombinationsprozesses mit einem Schweißprozess mit dem IR Scheibenlaser kann die Schwellleistung zum Erreichen des Tiefschweißens um 40 % reduziert werden. Bei einer Reduzierung des grünen Fokusdurchmessers bleibt dieser Zusammenhang ebenfalls bestehen. Allerdings wird für den Wärmeleitungsprozess, der mit den grünen Leistungsanteilen erzeugt wird, in diesem Fall eine geringere Leistung benötigt. Somit sinkt der Gesamtenergiebedarf und der Prozess wird effizienter. [ENG15, S. 77–82] Die erreichbaren Einschweißtiefen steigen bei konstantem Gesamtenergiebedarf mit dieser Prozessvariante. Dabei steigt die Einschweißtiefe mit steigendem Anteil an der Gesamtleistung und mit sinkendem Fokusdurchmesser der grünen Strahlquelle. [ENG15, S. 84–87] Zu vergleichbaren Ergebnissen kommt auch eine Arbeitsgruppe aus Japan, die einen gepulsten Nd:YAG Laser (λ = 1064 nm) und einen frequenzverdoppelten Q-switch Nd:YAG Laser (λ = 532 nm) koaxial in einer speziellen Optik überlagert haben. Durch diese Anordnung kann die Einschweißtiefe in Kupfer, Aluminium und Stahl signifikant erhöht werden. Ebenso erhöht sich die Nahtquerschnittsfläche und damit die Effizienz des Prozesses. Dabei wird die Effizienz für Aluminium verdoppelt und für Kupfer sogar verfünffacht. [MMK03]

Um nicht die Überlagerungseffekte zweier Strahlquellen unterschiedlicher Wellenlänge, sondern den grünen Laser wie bereits erwähnt zum Vor- oder Nachwärmen zu nutzen, werden die beiden Fokusse in Längsanordnung positioniert. Zu einem solchen Versuchsaufbau existieren Untersuchungen des IFSW aus Stuttgart. In diesem Aufbau werden ein frequenzverdoppelter Scheibenlaser und ein konventionell erhältlicher Scheibenlaser verwendet. Der grüne Laser wirkt senkrecht auf die Probe, während der IR Laser in einem Winkel von 18° in Vorschubrichtung hinter dem grünen Laser positioniert wird. Der Abstand der Fokusse wird auf 100 µm eingestellt, um ein Wechselwirken der Dampfkapillaren zu vermeiden. Dabei wird der grüne Laser in einem Leistungsbereich betrieben, der an der Schwelle zum Tiefschweißen liegt. Beim Zuschalten des IR Lasers geht der Prozess in < 1 ms in einen Tiefschweißprozess über. Die Nahtoberraupe wird erkennbar breiter und die Nahtquerschnittsfläche wird größer. Dies induziert wiederum einen Anstieg der Schmelzeffizienz und ermöglicht eine stabilere Prozessführung. [HWH10]; [HHS10] Dieser Effekt ist zu beobachten, da der vorlaufende grüne Laser die Kupferoberfläche erwärmt und aufschmilzt. Damit steigt die Absorption des IR Lasers im Auftreffbereich an. Numerische Rechnungen zeigen, dass so in der Wechselwirkungszone des IR Lasers eine Steigerung der Absorption von 5 % auf 11 % erreicht werden kann. Experimente bestätigen diesen Zusammenhang und zeigen, dass ein derartiger Hybridprozess die Tiefschweißschwelle senken kann. [HEß12, S. 126–136]

3.5 Vorpulse zur Homogenisierung der Oberfläche

Die Homogenisierung der Oberfläche durch die Nutzung von Vorpulsen ist insbesondere für das Punktschweißen von Bedeutung. Für nahinfrarote Laserstrahlung kann der Absorptionsgrad auf Kupferoberflächen lokal sehr stark variieren. Gründe hierfür können fertigungsbedingte Verunreinigungen, natürliche Oxidation oder die Handhabung sein. Dies führt trotz konstanter Prozessparameter zu mitunter eklatanten Unterschieden in der Ausprägung der Einzelschweißungen, wodurch ein reproduzierbarer Prozess nicht ermöglicht wird. Durch den Einsatz eines Vorpulses wird die Oberfläche des Kupfers oxidiert und für den nachfolgenden Schweißpuls vorbereitet. Variationen in der Oberflächenbeschaffenheit können so reduziert oder eliminiert werden und die Voraussetzungen für den nachfolgenden Punktschweißvorgang werden harmonisiert. [MKO11]

Der Vorpuls kann entweder mit der zum Schweißen verwendeten Strahlquelle [MG03] oder einer weiteren Strahlquelle erzeugt werden. Die Verwendung einer zweiten Strahlquelle bietet die Möglichkeit, die maximalen Ausgangsleistungen an die Anwendung anzupassen, eine zeitliche Überlappung der beiden Pulse zu ermöglichen und eine andere Wellenlänge als für den Schweißvorgang zu wählen. Aus Gründen, die bereits in Kapitel 3.4 erläutert wurden, ist hierfür insbesondere eine niedrigenergetische Strahlquelle im grünen Wellenlängenbereich geeignet. Untersuchungen hierzu hat beispielsweise das Laser Zentrum Hannover e. V. durchgeführt. Durch EDX-Analysen kann gezeigt werden, dass Vorpulse mit grüner Laserstrahlung zu einer gezielten Oxidation und Oberflächenveränderung führen. Dies wiederum ermöglicht konstante Voraussetzungen für den anschließenden Schweißprozess, wodurch die Reproduzierbarkeit des Schweißergebnisses signifikant erhöht werden kann. [MWS12] Darüber hinaus zeigt das Ergebnis des Vorpulses eine hohe zeitliche Konstanz, so dass der Schweißvorgang auch 24 Stunden nach dem Vorpuls durchgeführt werden kann, ohne qualitative Verluste zu zeigen. [MWF10]

Dieses Prinzip lässt sich auch auf Punktschweißnähte übertragen. In diesem Fall ist die Oxidation, die durch den vorangegangenen Puls induziert wurde, in die Prozessführung mit einzubeziehen. [CHO18], [MKO11]

3.6 Diskussion und Fazit

In Kapitel 3 werden die Einflussgrößen auf die Effizienz und Stabilität eines Laserstrahlschweißprozesses dargestellt und Prozessführungsansätze zur Reduzierung von Schweißnahtfehlern vorgestellt. Bisher unerwähnt geblieben ist der Einfluss von Prozessgasen auf das Schweißergebnis, der teilweise signifikant sein kann. Neben einem kühlenden Effekt kann der Einsatz von inerten Gasen wie Helium oder Argon eine stabilisierende Wirkung auf den Schweißprozess haben. [FLE02] Die Verwendung von aktiven Gasen wie beispielsweise Sauerstoff sorgt durch eine Oxidation der Kupferoberfläche für eine Erhöhung der Absorption, jedoch erhöht sich je nach Anteil des Sauerstoffs im Prozessgas gleichsam die Turbulenz. [BWZ02] Im Rahmen dieser Arbeit wird zum Schutz der Optik ein Luftstrom (Cross-Jet) verwendet, der weit oberhalb der Wechselwirkungszone verläuft und somit einen vernachlässigbaren Einfluss auf das Schweißergebnis hat. Darüber hinaus wird auf den Einsatz von Prozessgasen während des Laserstrahlschweißens verzichtet. Der Verfahrensansatz der örtlichen Leistungsmodulation (Kapitel 3.1) hat sich auf Grund der vielfältigen Vorteile in den letzten Jahren für das Laserstrahlmikroschweißen von Kupfer etabliert und findet auch in dieser Arbeit für alle Experimente mit einem Dauerstrich-Faserlaser Anwendung. Die zeitliche Leistungsmodulation bietet nicht generell einen Vorteil hinsichtlich der Prozessstabilität, kann aber im anwendungsspezifischen Einzelfall entscheidend sein. Für die generellen Untersuchungen in dieser Arbeit ist sie allerdings nicht von Interesse.

Sowohl die Aufteilung eines Laserstrahls auf mehrere Fokusse als auch die Kombination unterschiedlicher Wellenlängen bieten großes Potential. Insbesondere wenn sich die Einzelfokusse individuell ansteuern lassen, kann die Effizienz im Vergleich zu einer Einzelpulsbearbeitung signifikant erhöht werden. Um dies industriell umsetzen zu können, wird intensiv an dem Einsatz dynamischer Strahlformungssysteme geforscht. Mit einem Spatial Light Modulator (SLM) lässt sich ein einzelner Laserstrahl in mehrere individuell ansteuerbare Einzelstrahlen aufteilen. Derzeit sind allerdings die zur Verfügung stehenden SLMs physikalisch nicht in der Lage, die sehr hohen benötigten Leistungen für Laserschweißprozesse hochbrillanter infraroter Strahlquellen zu verarbeiten. Eine Alternative bieten dynamische Strahlformungssysteme, mit denen sich die Strahlform beziehungsweise die Spotgeometrie sowie die Leistungsverteilung während des Prozesses anpassen lassen. Kombiniert mit einer dreidimensionalen Strahlablenkung gewähren diese Systeme eine Vielzahl an Freiheitsgraden für die resultierende Schweißnahtgeometrie. [PVD20], [KLE20]

Die Verwendung von Vorpulsen für die Oberflächenhomogenisierung eignet sich primär für Punkt- oder Punktlinien-Schweißprozesse. Allerdings ist die Essenz, die hinter diesem Verfahren steckt, die Absorptionssteigerung der Kupferoberfläche durch eine gezielte Oxidation. Würde ein Linienschweißprozess durch einen zuvor eingesetzten Vorpuls eingeleitet, so ließen sich Rückreflexe, die beim initialen Prozessbeginn unvermeidbar sind, reduzieren oder sogar unterbinden. Wird die Formel zum Prozesswirkungsgrad (Formel 3.4) zu dieser Überlegung hinzugezogen, so wird deutlich, dass eine Steigerung über eine Erhöhung des Einkoppelgrades η_A oder des thermischen Wirkungsgrades η_{th} möglich ist. Der Einkoppelgrad, beschrieben in Formel 3.2, ist im Wesentlichen abhängig von dem Absorptionsgrad und der Kapillarform. Unter der Annahme, dass sich die Kapillarform nicht ändert, da der wesentliche Aufbau zum Laserstrahlschweißen unverändert bleiben soll, lässt sich der Einkoppelgrad durch die Erhöhung des Absorptionsgrades steigern.

Die Formel 3.3 für den thermischen Wirkungsgrad besteht aus Materialkonstanten und dem spezifischen Schmelzevolumen ($V_{spez} = (A_N \cdot v)/(\eta_A \cdot P_L)$). Das spezifische Schmelzevolumen steigt mit der Vergrößerung der Nahtquerschnittsfläche. Die aufgeschmolzene Nahtfläche pro Wegstrecke ist abhängig vom Material und von dem Anteil der eingekoppelten Energie, der in das Aufschmelzen des Werkstoffs umgesetzt wird. Diese lässt sich durch die Erhöhung der Streckenenergie, also eine Verringerung der

Schweißgeschwindigkeit oder eine Erhöhung der Laserleistung, erzielen. Beide Maßnahmen wiederum beeinflussen direkt das spezifische Schmelzevolumen. Diese Überlegung macht deutlich, dass die wichtigste Stellschraube, um die Prozesseffizienz und damit auch die Stabilität zu erhöhen, die Erhöhung des Einkoppelgrades η_A ist. Die entscheidenden Einflussgrößen auf die Absorption sind bereits in Kapitel 2 diskutiert worden. Entsprechende Prozessanpassungen oder Oberflächenmodifikationen ermöglichen die Beeinflussung der Absorptionseigenschaften des Kupferwerkstoffes während der initialen Wechselwirkung zwischen Laserstrahl und Oberfläche. Sobald sich im Kupfer ein Schmelzbad ausgebildet hat, gelten diese Voraussetzungen in der Theorie nicht mehr, da die Wechselwirkung zwischen Laserstrahl und Schmelze stattfindet und die Oberflächeneigenschaften des Feststoffs keine Rolle mehr spielen. [BDV03], [POP11, S. 39f.] In den folgenden Kapiteln wird gezeigt, dass diese Annahme nicht immer gilt und der Einkoppelgrad eines Laserstrahlschweißprozesses für Kupferwerkstoffe durch eine gezielte Modifikation der Oberfläche signifikant erhöht werden kann.

4 Modifikation der Kupferoberfläche zur Erhöhung der Absorption von Laserstrahlung

In Kapitel 2.2 werden die wesentlichen Einflussfaktoren auf die Absorption von Laserstrahlung bei Metallen dargelegt. Um das Ziel einer erhöhten Prozessstabilität und Prozesseffizienz zu erreichen, muss der Einkoppelgrad während des Laserstrahlschweißprozesses erhöht werden. Der bei Raumtemperatur ermittelte Absorptionsgrad stellt eine Kenngröße für die initiale Wechselwirkung zwischen Bearbeitungswellenlänge und Werkstück dar und eignet sich somit als Indiz für den weiteren Prozessverlauf. Im Folgenden werden zwei Ansätze für die Modifizierung der Oberflächeneigenschaften von Kupfer mit dem Ziel der Absorptionserhöhung untersucht. Der erste Ansatz verfolgt die thermische Oxidation der Kupferoberfläche in Abhängigkeit der Temperatur und Haltedauer. Kupferoxide sind bekannt für ihre im Vergleich zu blankem Kupfer erhöhte Absorption. In einem zweiten Ansatz wird die Oberfläche durch einen Laserstrukturierungsprozess aufgeraut. Mit dieser Strategie soll durch Oberflächenvergrößerung und Mehrfachreflexionen in den entstehenden Strukturen ein höherer Absorptionsgrad realisiert werden. Die in diesem Kapitel erzeugten modifizierten Kupferoberflächen werden im darauffolgenden Kapitel hinsichtlich ihres Einflusses auf einen Laserstrahlschweißprozess untersucht.

4.1 Oxidation der Kupferoberfläche durch thermische Behandlung zur Erhöhung der Absorption von Laserstrahlung

Im Rahmen dieser Arbeit wird die thermische Oxidation der Kupferproben mit Hilfe eines Muffelofens KL 15/12 der Firma Thermoconcept GmbH, Bremen, realisiert. Bei der industriellen Fertigung von Kupferbandmaterial werden Industrieöfen eingesetzt, um das Material zu glühen und so die Festigkeit einzustellen. Dieser Glühprozess wird in der Regel unter Inertatmosphäre durchgeführt, um die Oxidation zu verhindern. Für eine gezielte Oxidation wiederum kann in diesen Öfen Umgebungsluft oder eine mit Sauerstoff angereicherte Atmosphäre eingesetzt werden. Somit wäre die industrielle Integration eines derartigen Oberflächenmodifikationsprozesses in die Fertigungsstraße ohne zusätzliche Investitionskosten möglich. Um den Einfluss einer Oberflächenoxidation auf den späteren Fügeprozess zu untersuchen, werden 1 mm dicke Kupferbleche bei variierender Temperatur und Haltedauer im Muffelofen unter Umgebungsatmosphäre oxidiert. Natürlich entstandene Oxidschichten und Lagerungsrückstände werden zuvor entfernt. Für die gezielte Oxidation werden zwei Heizstrategien verwendet. Der Muffelofen wird zunächst auf die Oxidationstemperatur T_O aufgeheizt und die Kupferproben zum Zeitpunkt t_1 in einer Keramikschale im Ofen platziert. Bei Heizstrategie A werden die Kupferproben nach Ablauf der Haltezeit zum Zeitpunkt t_E entnommen. Die Proben kühlen bei Umgebungstemperatur ab. Bei Heizstrategie B wird der Ofen mit dem Einlegen der Proben zum Zeitpunkt t_1 abgeschaltet, so dass die Kupferproben langsam mit dem geschlossenen Ofen abkühlen. Dieser Vorgang dauert mehrere Stunden. Die Entnahmetemperatur T_E beträgt 30 – 32 °C. Die beschriebenen Heizkurven sind in Bild 28 dargestellt.

Bild 28: Heizstrategien für die gezielte Oxidation von Kupferproben.

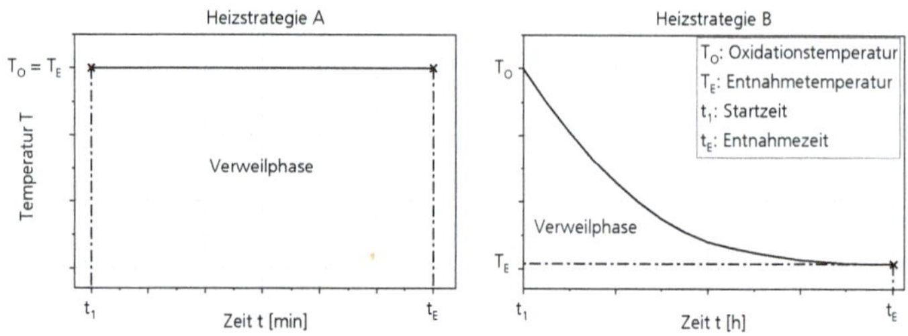

Hohe Temperaturen (> 650 °C) und das Aufheizen der Proben mit dem Muffelofen führen zu dicken Oxidschichten, die durch entstehende Spannungen im Abkühlvorgang reißen und abplatzen. Dies führt zu einer inhomogenen Oberflächenbeschaffenheit mit partiell schwarzen Oxidbereichen (CuO) und darunter liegenden rötliche-orangen Oxidbereichen (Cu_2O). In Bild 29 ist exemplarisch eine solche Oberfläche dargestellt.

Bild 29: Oberfläche einer Kupferprobe, oxidiert bei T_O = 750 °C. Tiefer liegende Oxidschichten von Cu_2O werden beim Abplatzen der äußeren CuO-Schicht sichtbar.

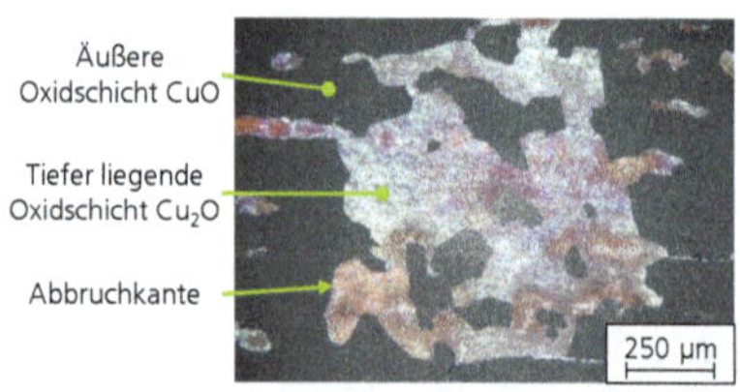

Für die Untersuchung einer reproduzierbaren Energieeinkopplung sind homogene Oberflächen unerlässlich, darum werden diese Ergebnisse nicht weiter betrachtet. Für die im Folgenden untersuchten Proben werden Temperaturen im Nieder- und mittleren Temperaturbereich ausgewählt, die zu stabilen Oxidschichten führen. Eine Übersicht der verwendeten Parameter ist Tabelle 4.1 zu entnehmen.

Tabelle 4.1: Übersicht über die für eine gezielte Oxidation von Kupfer verwendeten Parameter. Für die Varianten, welche unter der Heizstrategie B oxidiert werden, steht die Entnahmetemperatur in Klammern hinter der Oxidationsdauer.

	Oxidationstemperatur T_O	Oxidationsdauer t_O	Heizstrategie
Niedertemperaturbereich	200 °C	1 min	A
		5 min	
		20 h (bis 30 °C)	B
	400 °C	1 min	A
		5 min	
		24 h (bis 32 °C)	B
Mittlerer Temperaturbereich	600 °C	1 min	A
		5 min	
		28 h (bis 32 °C)	B

Die Verweildauer der Proben, welche mit der Heizstrategie B behandelt werden, richtet sich nach der Zeit, die benötigt wird, um 30 – 32 °C zu erreichen. Im Folgenden wird der Einfluss von Oxidationstemperatur und Haltedauer auf die Oberflächen- und Absorptionseigenschaften bei Raumtemperatur diskutiert.

4.1.1 Einfluss von Temperatur und Haltedauer auf die Oxidschichtbildung

Aufnahmen der Kupferoberflächen, welche mit den in Tabelle 4.1 verwendeten Parametern gezielt oxidiert wurden, sind in Bild 30 abgebildet. Mit zunehmender Haltezeit und/oder zunehmender Temperatur ist eine verstärkte Graufärbung erkennbar. Vergleichend dazu ist eine mit Zitronensäure vorbehandelte, blanke Kupferprobe bei gleicher Vergrößerung abgebildet.

Bei einer Oxidationsbehandlung bei 200 °C mit einer Minute Haltezeit ist der Unterschied im Erscheinungsbild der Oberfläche zur blanken Kupferprobe nur marginal. Mit zunehmender Haltezeit (5 Minuten) ist eine Verfärbung der Oberfläche ins Rötlich-Orange erkennbar. Dies deutet auf die Bildung von Kupfer(I)oxid (Cu_2O) hin. Kühlt die Probe von 200 °C im Ofen bis 30 °C herunter, so erscheint die Oberfläche rötlich-grau. Somit hat das Wachstum einer Schicht aus Kupfer(II)oxid (CuO) auf dem sich zunächst bildenden Kupfer(I)oxid bereits begonnen (vgl. Bild 15). Bei einer Oxidationsbehandlung bei 400 °C und einer Minute Haltezeit ergibt sich ein ähnliches Bild wie bei 200 °C, allerdings sind hier bereits deutliche Gelb-Anteile in der Oberfläche erkennbar, was auf die Bildung von Cu_2O hindeutet. Mit zunehmender Haltedauer (5 Minuten) erscheinen gräuliche Flächen auf der Oberfläche, sie wirkt ebener als bei einer Minute Haltezeit. Beim Abkühlen im Ofen auf Umgebungstemperatur ist die Oberfläche der Kupferprobe deutlich schwarz gefärbt mit kleineren, hellen Flecken, die darauf hindeuten, dass die Oxidschichten nicht gleichmäßig wachsen, sondern sich von Kernstellen über die Oberfläche ausbreiten. Bei einer Oxidationstemperatur von 600 °C, die nach [BK13] bereits in den mittleren Temperaturbereich zählt, und einer Minute Haltezeit, ist bereits eine deutliche Graufärbung der Kupferoberfläche erfolgt (Cu_2O). Bei zunehmender Haltezeit (5 Minuten) hat sich die Graufärbung verstärkt und flächig ausgebreitet. Die Oberfläche wirkt ebenmäßig. Das Abkühlen der Kupferprobe im geschlossenen Ofen bis zur Umgebungstemperatur führt zu einer leicht fleckigen Oberfläche, die allerdings weniger stark ausgeprägt ist als bei 400 °C Oxidationstemperatur. Mit zunehmender Oxidationsdauer steigt also der Anteil von Cu_2O auf der Oberfläche und die Oberfläche verfärbt sich ins Gräulich-Schwarze.

Bild 30: Übersicht der oxidierten Kupferoberflächen nach der thermischen Behandlung im Muffelofen gemäß dem Versuchsplan in Tabelle 4.1. Als Referenz ist auch die vorbehandelte, gereinigte blanke Kupferoberfläche abgebildet. Mit zunehmender Temperatur und Haltedauer entstehen CuO- und Cu_2O-Schichten unterschiedlicher Färbung.

Beim spaltenweisen Betrachten der Matrix in Bild 30 lässt sich der Einfluss der Temperatur auf die Oxidschichtbildung beurteilen. Bei einer Minute Oxidationsdauer erscheint die Oberfläche mit zunehmender Temperatur gräulicher. Die typische kupferne Färbung ist aber auch bei 600 °C noch erkennbar. Eine Haltezeit von 5 Minuten führt bereits zu einer deutlicheren Oberflächenveränderung. Zum einen erscheinen die Oberflächen glatter als bei geringerer Haltedauer und zum anderen ist die Veränderung der Farbgebung deutlicher zu erkennen. Sie reicht von rötlich-orange (200 °C) bis dunkelgrau (600 °C). Beim Abkühlen im geschlossenen Ofen von der Oxidationstemperatur bis Umgebungstemperatur nähert sich die Temperatur über der Dauer (20 – 28 h) logarithmisch der Entnahmetemperatur T_E an. Bereits bei 200 °C erscheint die Kupferoberfläche grau. Mit zunehmender Temperatur wird das Grau deutlich dunkler. Dies deutet auf eine Steigerung der äußeren CuO-Oxidschichtdicke hin (vgl. Bild 15). Dieser Vergleich zeigt, dass mit zunehmender Oxidationstemperatur die Bildung einer Oxidschicht früher einsetzt. Zunächst bildet sich eine rötlich-orangene Schicht aus Cu_2O, die mit zunehmender Temperatur von einer Schicht aus CuO bedeckt wird. Dabei wandelt sich das Cu_2O durch Reaktion mit Sauerstoff in CuO um. Mit steigender Haltedauer wächst diese Schicht an, wodurch der zunehmend grau-schwarze Farbeindruck entsteht. Alle Oxidschichten haften gut an dem darunterliegenden Kupfer, so dass das Handling der Proben für weitere Analyse- und Verarbeitungsschritte ermöglicht wird.

Um den Einfluss der Oxidschichtbildung auf die Oberflächenstruktur zu untersuchen, wird die mittlere arithmetische Höhe S_a ermittelt. Sie ist eine Erweiterung des Mittenrauwertes R_a in die Fläche und beschreibt die mittlere Abweichung aller Erhebungen und Vertiefungen in der Oberfläche zu ihrer mittleren Ebene. In der DIN EN ISO 25178-2 wird der S_a-Wert gemäß Formel 4.1 definiert:

4.1

[DIN20]

$$S_a = \frac{1}{A_F} \cdot \iint_{\tilde{A}} |z(x,y)| dxdy$$

S_a: Mittlere arithmetische Höhe [µm]; A_F: Betrachtete Messfläche [µm²]; Ã: Integrationsbereich der Fläche [-]; z(x,y): Profilhöhe am Punkt x,y innerhalb der Messfläche [µm]

Eine größere Rauheit der Oberfläche bewirkt eine vergrößerte effektive Fläche, so dass dieser Parameter einen Einfluss auf das Absorptionsverhalten haben kann. Zur Ermittlung der mittleren arithmetischen Höhe wird eine Fläche von 400 µm x 400 µm je Probe untersucht. Das Ergebnis dieser Messreihe ist in Bild 31 dargestellt.

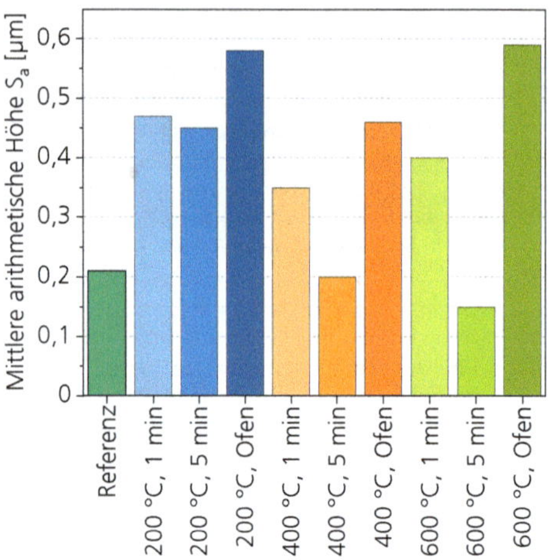

Bild 31: Mittlere arithmetische Höhe der gezielt oxidierten Kupferproben. Als Referenz dient eine gereinigte, unbehandelte Kupferprobe. Eine Oxidation führt meistens zu einer raueren Oberfläche.

Die mittlere arithmetische Höhe der Referenz, welche die gereinigte, blanke Kupferoberfläche darstellt, beträgt 0,21 µm. Mit Ausnahme der beiden Proben (400 °C, 5 min) und (600 °C, 5 min) liegen die ermittelten S_a-Werte der oxidierten Kupferproben über dem Referenzwert. Die Oberflächen dieser beiden erwähnten Proben erscheinen bereits in Mikroskopie-Aufnahme eben und glatt (vgl. Bild 30). Innerhalb der Temperaturreihen lässt sich ein Trend erkennen: Die einminütige Oxidation der Kupferproben im Muffelofen führt zu einer Aufrauhung der Oberfläche, welche bei länger anhaltender Oxidation (5 min) wieder abnimmt. Bei 200 °C ist dieser Trend am geringsten ausgeprägt. Die Kupferproben, die im geschlossenen Ofen bis zur Entnahmetemperatur abgekühlt sind, weisen über alle Oxidationstemperaturstufen den höchsten S_a-Wert auf. Unter Einbeziehung des optischen Erscheinungsbildes lässt sich diese Beobachtung mit dem Wachstum der Oxidschichten erklären. Solange die Oxidschicht noch nicht gleichmäßig über der Oberfläche gewachsen ist, erscheint die Oberfläche rauer (geringe Oxidationsdauer). Da das Schichtwachstum mehrstufig abläuft (zunächst Cu_2O, dann CuO) und die Schichten kontinuierlich wachsen, wiederholt sich dieser Effekt. Insbesondere bei langen Verweilzeiten, wenn die Kupferproben im Ofen abkühlen, kann sich die Oxidschicht auch partiell ablösen, wodurch die mittlere arithmetische Höhe steigt. Die durch die Oxidation hervorgerufene Rauheit ist nicht ausschließlich eine Funktion von Oxidationstemperatur und Oxidationsdauer, sondern hängt vielmehr mit den Entstehungsphasen der Oxidschichten zusammen. So haben die Oxidschichtdicke und -gleichmäßigkeit einen Einfluss auf die Oberflächenbeschaffenheit ebenso wie die Zusammensetzung von Cu_2O und CuO.

Eine nähere Betrachtung der Oberflächenbeschaffenheit ermöglichen Aufnahmen mit dem Rasterelektronenmikroskop (REM). In Bild 32 sind REM-Aufnahmen der oxidierten Kupferproben in drei Vergrößerungsstufen abgebildet. Die Oberflächen, die bei 200 °C für eine und fünf Minuten oxidiert werden, sind in dieser Übersicht ausgespart, da sich die Oberflächentopografie nicht von der (200 °C, Ofen)-Probe unterscheidet. Bis zu einer Oxidationstemperatur von 400 °C und einer Haltedauer von fünf Minuten sind die Verarbeitungsspuren des Kupfermaterials, welche sich durch parallel orientierte Riefen zeigen, gut zu erkennen. Bei längerer Haltedauer oder höherer Oxidationstemperatur bildet sich CuO auf der Oberfläche, wodurch die Riefen weniger deutlich oder nicht mehr erkennbar sind. Bei einer Oxidationstemperatur von 600 °C zeigt die Oberfläche charakteristische Bläschen, die teilweise auch zu Abplatzungen der Oxidschicht führen. Diese Bläschen entstehen während des Abkühlprozesses. Unter der Wärmeeinwirkung im Ofen dehnen sich die Kupferproben aus und die Oxidschicht bildet sich auf der Oberfläche. Während der Abkühlung schrumpft die Kupferprobe in größerem Maße als die unter Temperatureinwirkung gewachsene Oxidschicht, so dass Bläschen entstehen oder die Oxidschicht aufplatzt. Diese Aufwölbungen tragen zu einer Oberflächenvergrößerung bei. Allerdings fehlt in den Bereichen der Aufwölbungen eine Verbindung zu dem darunter liegenden Kupfermaterial, wodurch Schweißnahtfehler induziert werden können.

Bild 32: REM-Aufnahmen der resultierenden Oberflächenstrukturen. Die zugehörigen Parameter sind in Tabelle 4.1 vermerkt. Die Oberflächen, die bei 200 °C für eine oder fünf Minuten im Ofen verblieben sind, zeigen im Vergleich zur Oberfläche, die von 200 °C im Ofen abgekühlt ist, keine Unterschiede.

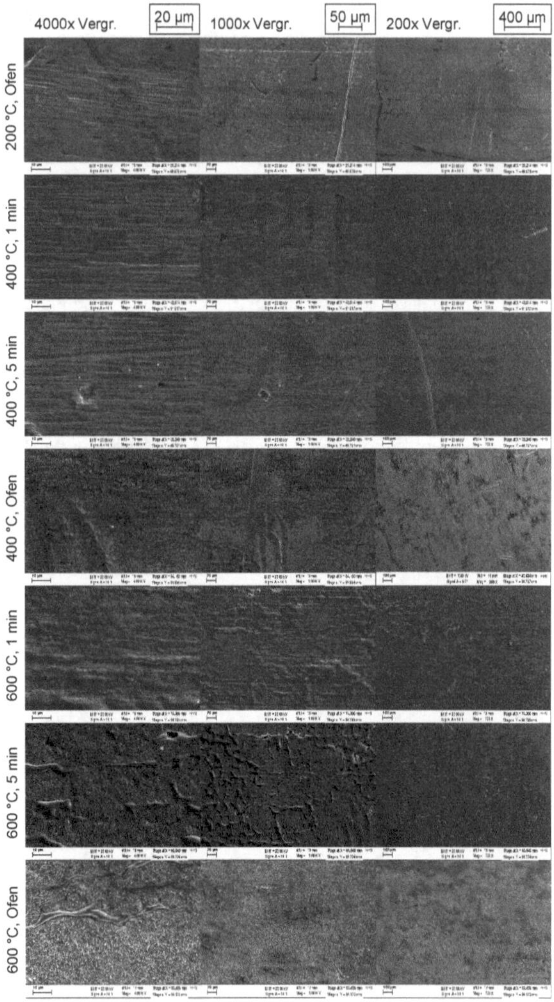

Die Dicke der Oxidschicht lässt sich durch eine Energiedispersive Röntgenspektrografie (EDX) bestimmen. Mit Hilfe dieser Analysemethode wird der Anteil der Sauerstoffatome innerhalb des Messvolumens ermittelt. Das

Messvolumen wiederum ist abhängig von der Materialdichte und der angelegten Beschleunigungsspannung. Höhere Beschleunigungsspannungen ermöglichen auch eine höhere Eindringtiefe in das Probenmaterial.

Der Sauerstoffanteil in der Oberfläche der oxidierten Kupferproben in Abhängigkeit der Beschleunigungsspannung ist in Bild 33 dargestellt. Die Eindringtiefe bei einer Beschleunigungsspannung von 20 kV beträgt in Kupfer rechnerisch etwa 1,1 µm. Jeder Säule liegen mindestens 10 Messpunkte zugrunde. Die blanke Referenzprobe zeigt den niedrigsten Sauerstoffgehalt in der Oberfläche. Die große Standardabweichung erklärt sich dadurch, dass bei 5 von 12 Messungen der Sauerstoffgehalt unterhalb der Nachweisgrenze liegt und somit mit „0 At.-%" gewertet wird. Mit steigender Temperatur und Haltezeit steigt auch der Sauerstoffanteil in der Oberfläche, was auf ein zunehmendes Oxidschichtwachstum schließen lässt. Bei einer Oxidschicht, die lediglich aus Cu_2O besteht, würde der Sauerstoffgehalt 33,3 At.-% betragen. Somit bildet sich nachweislich ab 400 °C Oxidationstemperatur und 1 min Haltezeit eine CuO Schicht auf der Oberfläche der Cu_2O Schicht. Bei Beschleunigungsspannungen > 5 kV liegt der Sauerstoffanteil bei dieser Probe unterhalb von 33 At.-%. Dies bedeutet, dass innerhalb des Messvolumens sowohl CuO als auch Cu_2O und reines Kupfer vorliegen und die Oxidschicht somit dünner ist als die Eindringtiefe der Messstrahlung.

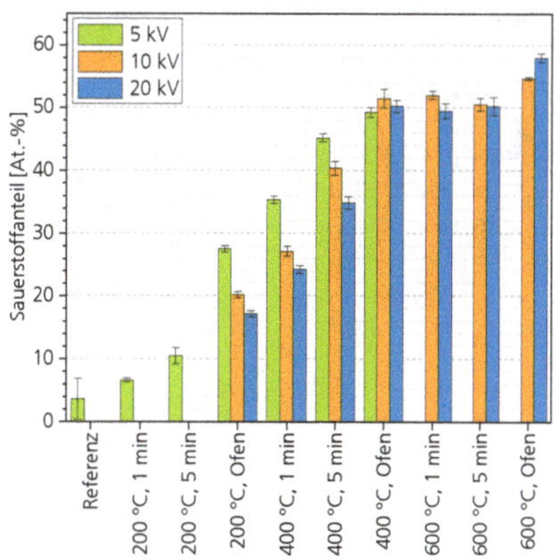

Bild 33: Sauerstoffanteil in der Oberfläche der gezielt oxidierten Kupferproben bei unterschiedlichen Beschleunigungsspannungen und Messvolumina.

Der steigende Sauerstoffanteil innerhalb der Probengruppe, welche bei 400 °C oxidiert wird, deutet auf eine insgesamt wachsende Oxidschicht und gleichzeitig auf einen wachsenden Anteil der CuO-Schicht innerhalb des Messvolumens hin. Für die Probe, welche bei 400 °C Starttemperatur im Ofen abgekühlt ist, liegt der Sauerstoffanteil für alle drei Beschleunigungsspannungen bei etwa

50 At.-%. Somit liegt innerhalb des Messvolumens nur noch CuO vor. Bei den Proben, welche bei 600 °C oxidiert werden, wird auf die Messung bei 5 kV Beschleunigungsspannung verzichtet, da bei allen drei Proben lediglich CuO innerhalb des Messvolumens vorliegt. Diese Untersuchung zeigt, dass die Oxidschichtdicke mit der Oxidationstemperatur und Haltedauer zunimmt. Um einen Hinweis auf den Einfluss der Oberflächen auf die Absorptionseigenschaften zu erhalten, werden die beschriebenen Proben im Spektrometer vermessen.

4.1.2 Einfluss von Temperatur und Haltedauer auf die Absorptionseigenschaften bei Raumtemperatur

Der Einfluss der gezielten Oberflächenoxidation in einem Muffelofen auf die Absorption bei Raumtemperatur wird mit Hilfe eines Spektrometers (LAMBDA 1050+ UV/Vis/NIR, PerkinElmer, Waltham, Massachusetts) vermessen. Die Ergebnisse dieser Untersuchung ermöglichen einen Rückschluss auf die initiale Wechselwirkung zwischen Laserstrahlung und Materialoberfläche. Ein höherer Absorptionsgrad führt zu einer schnelleren Erwärmung und Aufschmelzen des Kupfers, so dass der Laserstrahltiefschweißprozess früher einsetzt.

In Bild 34 ist der Reflexionsgrad der gezielt oxidierten Kupferproben in Abhängigkeit der Wellenlänge aufgetragen. Jedes der drei Diagramme repräsentiert eine Temperaturstufe (vgl. Tabelle 4.1). Die Linienfarben repräsentieren jeweils eine Haltedauer. Zum Vergleich ist die Referenzmessung der unbehandelten Kupferprobe ebenfalls eingetragen. Um den prozessrelevanten Reflexionsgrad bei 1070 nm Wellenlänge besser vergleichen zu können, ist an dieser Stelle eine vertikale, rote Linie in den Diagrammen eingezeichnet.

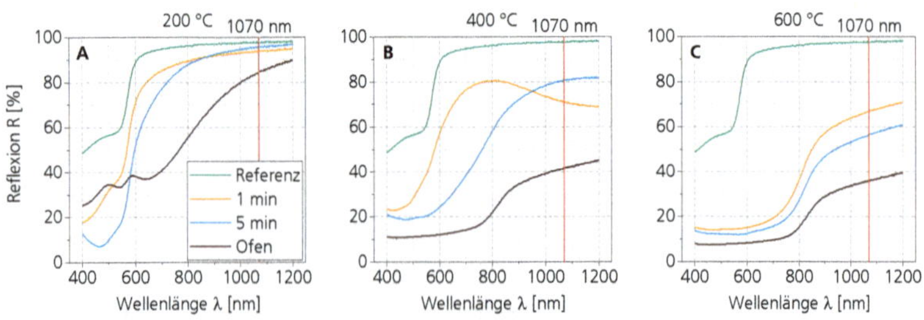

Bild 34: Verlauf des Reflexionsgrades bei Raumtemperatur der gezielt oxidierten Kupferproben in Abhängigkeit der der Wellenlänge und Haltedauer für die drei gewählten Temperaturstufen.

Diagramm A in Bild 34 zeigt den Verlauf der Reflexionsgrade für unterschiedliche Haltezeiten bei einer Oxidationstemperatur von 200 °C. Für Oxidationszeiten von einer oder fünf Minuten liegen die Kurven bei 1070 nm nahe der Referenz. Die Probe, welche bei geschlossener Tür im Ofen abgekühlt ist, liegt für die Bearbeitungswellenlänge mit 84 % unterhalb der übrigen Kurven. In Diagramm B ist derselbe Zusammenhang für eine Oxidationstemperatur von 400 °C aufgetragen. Im Vergleich zu Diagramm A sind hier die Reflexionsgrade bei λ = 1070 nm niedriger. Der qualitative Verlauf ist ähnlich, so dass die Probe, welche 5 Minuten bei der Oxidationstemperatur im Ofen war, einen höheren Reflexionsgrad bei der Bearbeitungswellenlänge aufweist, als die Probe, welche 1 Minute im Ofen geblieben ist. Erwartungsgemäß würde eine längere Oxidationsdauer auch zu einer größeren Oxidschichtdicke und damit einer höheren Absorption führen. Allerdings haben auch die Oberflächenbeschaffenheit sowie die Art des Kupferoxids einen Einfluss auf die Wechselwirkung mit der Laserwellenlänge. Im vorangegangenen Kapitel wird gezeigt, dass die mittlere arithmetische Höhe der 5-Minuten-Proben geringer ist als für die 1-Minute-Proben. Dieser Faktor hat über die bestrahlte Fläche ebenfalls einen Einfluss auf die Oberflächenreflexion. Diagramm C repräsentiert die letzte Zeile der Oberflächenaufnahmen aus Bild 30. Die Kurven zeigen qualitativ alle denselben Verlauf mit sinkendem Reflexionsgrad mit zunehmender Oxidationsdauer. Die Reflexionsgrade bei der Bearbeitungswellenlänge liegen zwischen 64 % und 33 %. Die Messung zeigt, dass eine steigende Oxidationsdauer nicht zwingend zu einer Reduzierung des Reflexionsgrades für eine Wellenlänge von 1070 nm führt.

Zur verbesserten Übersicht werden die Spektrografie-Daten auch in Abhängigkeit der Oxidationstemperatur ausgewertet. Das Ergebnis ist in Bild 35 dargestellt. Diagramm A zeigt die Kurven für die Oxidationsdauer von einer Minute, Diagramm B für fünf Minuten und die Kurven in Diagramm C repräsentieren die Reflexionsgrade für das Abkühlen im geschlossenen Muffelofen.

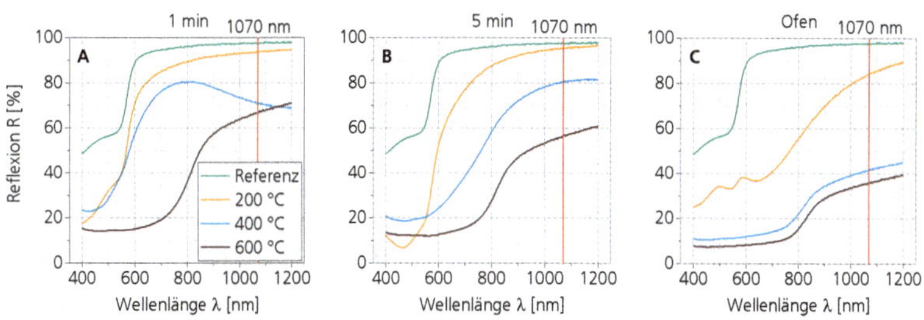

Bild 35: Verlauf des Reflexionsgrades bei Raumtemperatur der gezielt oxidierten Kupferproben in Abhängigkeit der Oxidationstemperatur für die drei gewählten Stufen der Haltedauer.

Durch die gezielte thermische Oxidation der Kupferproben kann eine deutliche Reduzierung des Reflexionsgrades bei Raumtemperatur für die

Bearbeitungswellenlänge erzielt werden. Dabei ist die Steigerung der Temperatur im Vergleich zu einer verlängerten Haltedauer effektiver und besser für die Integration in einen industriellen Fertigungsprozess geeignet. So lassen sich hohe Temperaturen in den Glühöfen einfacher realisieren als lange Verweilzeiten, da sonst deutlich längere Öfen notwendig wären. Im Rahmen der hier beschriebenen Ergebnisse kann der Reflexionsgrad um bis zu 62 Prozentpunkte reduziert werden. In Bild 36 sind die Absorptionsgrade der oxidierten Kupferproben für eine Wellenlänge λ von 1070 nm dargestellt.

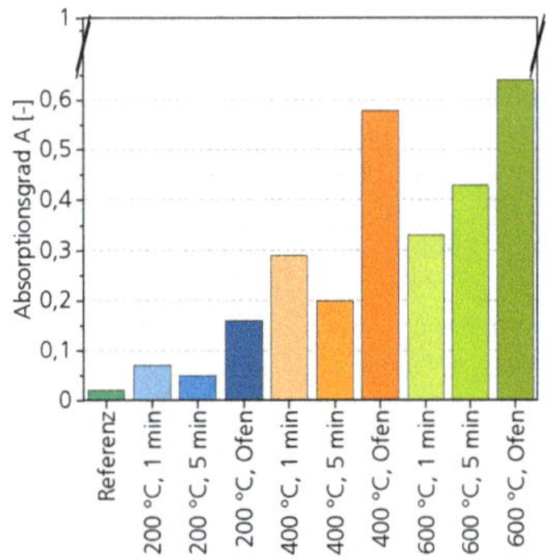

Bild 36: Absorptionsgrad der oxidierten Kupferproben für λ = 1070 nm bei Raumtemperatur. Schwarz erscheinende Oberflächen zeigen die höchsten Absorptionsgrade (CuO-Schicht).

Im direkten Vergleich erreichen die dunkel oder schwarz erscheinenden Oberflächen (vgl. Bild 30) die höchsten Absorptionsgrade für die Bearbeitungswellenlänge. Demnach resultiert die Ausbildung einer Oxidschicht aus Kupfer(I)oxid (Cu_2O) nur in einer marginalen Erhöhung des Absorptionsgrad. Um eine deutliche Erhöhung zu erreichen, ist die Oxidation bis zum Erreichen einer Kupfer(II)oxidschicht (CuO) notwendig.

4.2 Laserstrukturieren von Kupfermaterialien zur Erhöhung der Absorption von Laserstrahlung

Kapitel 2.2 und Kapitel 3 haben gezeigt, dass die Einflussfaktoren auf das Absorptionsverhalten eines Werkstoffs sowie die Strategien zur Beeinflussung der Prozessstabilität zahlreich sind. Die Werkstückoberfläche als Ort der Interaktion zwischen Material und Laserstrahlung spielt hier eine elementare Rolle für den Prozessverlauf. Die Veränderung der chemischen Zusammensetzung der Oberfläche durch die gezielte thermische Oxidation der Kupferproben wird in Kapitel 4.1 erläutert. Die Änderung der Topografie der Kupferoberfläche lässt sich durch eine Lasermikrostrukturierung erreichen. So wird die effektive Oberfläche vergrößert und durch die Form der Strukturen werden Mehrfachreflexionen motiviert. Für die Realisierung einer flächigen Laserstrukturierung auf den Kupferproben werden sowohl Strahlquellen mit

Pulslängen im Nanosekunden-Bereich als auch im Pikosekunden-Bereich eingesetzt. Die Einstellung der Geometrie und der Vorschubgeschwindigkeit werden durch Galvanometerscanner realisiert. Dabei wird der Laserstrahl durch zwei winkelverstellbare Spiegel abgelenkt. In dieser Arbeit kommen zwei Scanstrategien zum Einsatz (Bild 37): Die Rasterstrategie und die Parallelstrategie. Durch derartige Scanstrategien können sowohl periodische als auch chaotische Strukturen realisiert werden [YYL08], [THA12], [FZL13], [FZL14].

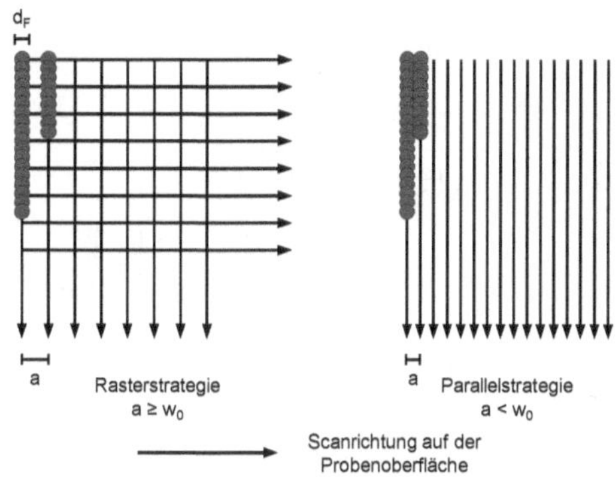

Bild 37: Scanstrategien für das Erzeugen von laserbasierten Abtragstrukturen auf Kupfer.

a: Spurabstand, d_F: Fokusdurchmesser

Bei der Parallelstrategie wird die Oberfläche in parallelen Scanlinien abgefahren, deren Spurversatz a nur einige Mikrometer beträgt. Der Spurversatz ist somit kleiner als der Fokusdurchmesser. Als Resultat wird die gesamte Fläche der Probe bestrahlt und Material abgetragen. Die Struktur besteht hauptsächlich aus abgelagertem und wiedererstarrtem Material, so dass hier keine Periodizität der Struktur erkennbar ist. Bei der Rasterstrategie wird die Oberfläche in parallelen und sich im rechten Winkel kreuzenden Scanlinien überfahren. Dabei werden abwechselnd zunächst alle parallelen Linien in x- und anschließend alle parallelen Linien in y-Richtung abgerastert. Der Spurversatz a ist für alle Linien in x- und y-Richtung konstant. In der Rasterstrategie wird der Spurversatz in der Größenordnung oder größer als der Fokusdurchmesser gewählt. Dadurch werden einzelne Regionen der Oberfläche nur mit einer geringen Intensität oder gar nicht bestrahlt, wodurch hier kein Material abgetragen wird. Als Folge entsteht eine Struktur aus konischen oder pyramidenartigen Peaks, welche in regelmäßigen Abständen über der Probe verteilt sind.

4.2.1 Oberflächenmodifikation mit nanosekunden-gepulster Strahlquelle

Im Rahmen dieser Arbeit werden Kupferoberflächen mit einem nanosekunden- und einem pikosekunden-gepulsten Laser hergestellt, um den Einfluss auf das Absorptions- und später auch Einkoppelverhalten zu untersuchen. Um auch den

Einfluss von Oxidschichten, welche während des Abtragprozesses entstehen, beziffern zu können, wird ein Teil der Proben in einer mit Argon gefüllten Wanne strukturiert. Dieses inerte Prozessgas hat eine höhere Dichte als Luft und ermöglicht so das Abschirmen des Prozesses.

Auf allen Cu-ETP Proben werden Bereiche von 9 x 9 mm² strukturiert, wobei die in Kapitel 4.2 erläuterten Parallel- und Rasterstrategien zum Einsatz kommen. Um den Überblick innerhalb der Versuchsmatrix zu behalten, wird ein einheitliches Bezeichnungssystem für diese Versuchsreihe eingeführt. Die Nomenklatur ist in Bild 38 erläutert.

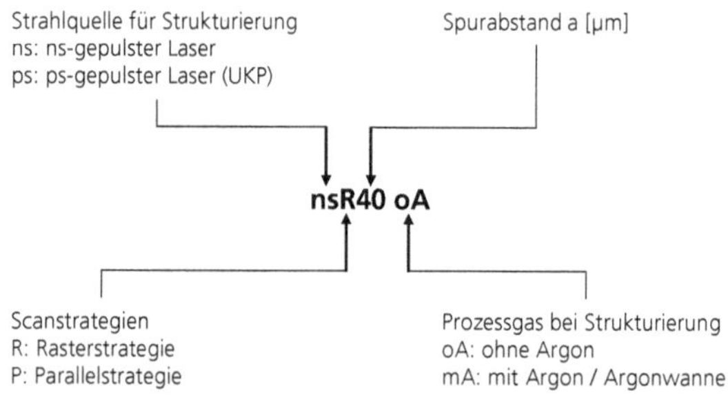

Bild 38: Bezeichnungssystem für die Versuche zur Oberflächenmodifikation mit ps- und ns-gepulsten Strahlquellen.

Für die Laserstrukturierung mit nanosekunden-gepulster Strahlquelle (ns-gepulst) kommt ein SPI redENERGY G4 EP-Z 200W Faserlaser zum Einsatz, der im Anschluss auch für die Laserstrahlschweißversuche verwendet wird. Die optischen Eigenschaften des Aufbaus sind im Anhang 11.4.2 erläutert. Für die Strukturierung werden die Laserparameter konstant gehalten. Um unterschiedliche Oberflächen zu erhalten, werden zum einen die Scanstrategie und zum anderen der Spurversatz a_{ns} variiert. Die verwendeten Parameter sind in Tabelle 4.2 aufgelistet. Jede Parametervariation wird sowohl bei Umgebungsatmosphäre als auch unter Argon strukturiert.

Tabelle 4.2: Parameter zur Strukturierung der Kupferoberfläche mit einem nanosekundengepulster Faserlaser. Die Versuche werden sowohl unter Umgebungsatmosphäre als auch unter Argonatmosphäre durchgeführt.

		Probenbezeichnung			
		nsP5	**nsP10**	**nsR40**	**nsR60**
Spurabstand a_{ns}	**[µm]**	5	10	40	60
Scanstrategie	**[-]**	Parallel		Raster	
Mittlere Laserleistung $P_{m,ns}$	**[W]**	75			
Pulsfrequenz $f_{Puls,ns}$	**[kHz]**	3000			
Vorschub v_{ns}	**[mm/s]**	1000			
Anzahl der Überfahrten n_{ns}	**[-]**	1			
Pulsform	**[-]**	28			
Prozessdauer $t_{P,ns}$	**[s]**	20	10	5	3,33

Eine Übersicht der resultierenden Oberflächen gibt Bild 39. Auf der linken Seite sind die Probenoberflächen zu sehen, welche unter Normalatmosphäre strukturiert werden. Rechts daneben sind die entsprechenden Proben unter Argonatmosphäre dargestellt. Zwischen den Proben ist ein Farbunterschied zu erkennen, so dass die Proben links durch vermehrte Oxidbildung dunkler erscheinen. Der Farbeindruck entsteht nicht ausschließlich durch die chemische Veränderung der Oberfläche, sondern auch durch die Änderung der Topografie. Gräben, Täler und Aufwürfe erzeugen Hinterschnitte, welche wie Lichtfallen wirken. So wird auch einfallendes Tageslicht in geringerem Maße reflektiert, so dass der dunkle Farbeindruck entsteht.

Bild 39: Übersicht der Kupferproben. Die dunklen Flächen sind die mit einem ns-Laser strukturierten Bereiche. Die Proben, die ohne Prozessgas und die, die mit Argon strukturiert werden, unterscheiden sich hinsichtlich ihrer Dunkelfärbung.

In Bild 40 sind Rasterelektronenmikroskopie-Aufnahmen der resultierenden Oberflächen abgebildet. Im REM ist kein visueller Unterschied zwischen mit Argon und ohne Argon strukturierten Oberflächen erkennbar. Die Aufnahmen dienen der Charakterisierung der entstehenden Oberflächen durch den Abtragprozess. Bei der Parallelstrategie werden Spurabstände gewählt, die kleiner sind als der Fokusdurchmesser, so dass die jeweils nachfolgende Strukturierungsbahn Teile der vorangegangenen wieder aufschmilzt. So entstehen nichtperiodische Oberflächen. Die REM-Aufnahmen zeigen eine unregelmäßige Oberfläche, die von aufgeschmolzenen und wiedererstarrten Strukturen bedeckt ist. Die Formen dieser Strukturen sind kugelförmig oder ellipsoidisch ohne scharfe Kanten. Dabei sind die Schmelzeablagerungen bei nsP5 kleiner als bei nsP10. Der geringere Spurabstand führt zu mehr Abtragspuren auf gleicher Fläche und damit zu einem größeren Energieeintrag in das Material. Dies erzeugt eine höhere Temperatur im Kupfermaterial, wodurch sich die Viskosität und die Oberflächenspannung verändern und kleinere Ablagerungen entstehen können.

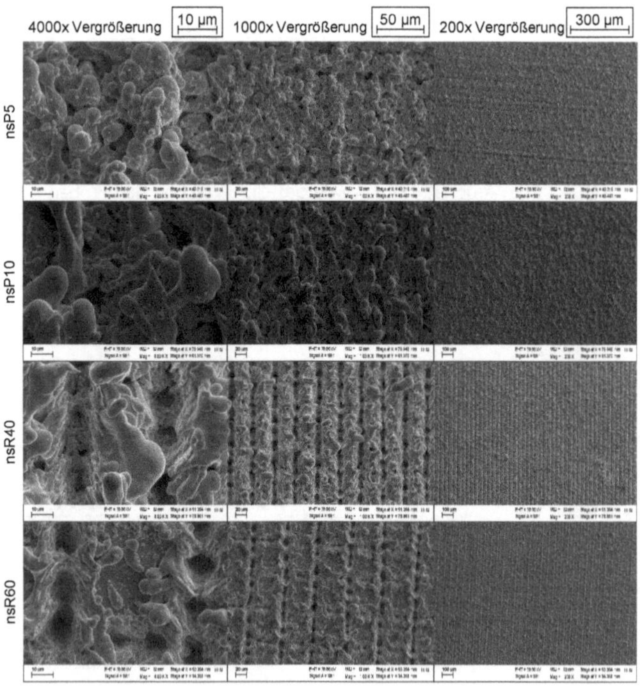

Bild 40: REM-Aufnahmen der mit einem nanosekunden-gepulsten Faserlaser erzeugten Oberflächenstrukturen bei unterschiedlichen Vergrößerungen. Durch das Aufschmelzen des Materials während des Abtragprozesses entstehen kugelförmige oder ellipsoide Oberflächentopografien ohne scharfe Kanten.

Für die Rasterstrategie werden Spurabstände gewählt, die größer sind als der Fokusdurchmesser. Bei einem Spurabstand von 40 µm werden die Bereiche zwischen den Abtragspuren durch erstarrte Schmelze bedeckt. Die zuletzt genutzte Orientierung des Laserabtrags ist in den REM Aufnahmen erkennbar (vertikal), während die horizontal verlaufenden Spuren durch die verdrängte Schmelze überwiegend aufgefüllt sind. Der Spurabstand von 60 µm entspricht dem doppelten Fokusdurchmesser. Hier sind in den REM-Aufnahmen Bereiche von nicht aufgeschmolzenem Material zwischen den Spuren zu erkennen. Auch bei der Rasterstrategie mit dem nanosekunden-gepulsten Laser entstehen durch das Aufschmelzen des Materials vor dem Abtragen keine scharfen Kanten.

Die Reflexionseigenschaften der strukturierten Oberflächen werden mit Hilfe eines Spektrometers im Vergleich zu einer unstrukturierten Kupferoberfläche (Referenz) vermessen. Das Ergebnis dieser Untersuchung ist in Bild 41 dargestellt. Die Bearbeitungswellenlänge für den Laserstrahlschweißprozess (λ = 1070 nm) ist mit einer vertikalen roten Linie im Diagramm vermerkt. Für diese Wellenlänge liegt der Reflexionsgrad der Referenzprobe bei 97 %. Die strukturierten Oberflächen liegen zwischen 40 % und 80 % Reflexion. Innerhalb der Grafik stellt eine kompakte Linie den Verlauf der Reflexion einer Strukturierung ohne Argonzusatz dar, während die gestrichelte Linie gleicher Farbe die Variante in der Argonwanne repräsentiert. Auf Grund der fehlenden beziehungsweise reduzierten Bildung von Kupferoxiden während des Laserstrukturierungsprozesses ist der Reflexionsgrad der unter Argon erzeugten Strukturen höher als bei den mit gleichen Parametern ohne Argon hergestellten Proben. Der Reflexionsgrad der Rasterstrategie-Proben liegt höher als der Reflexionsgrad der parallel strukturierten Kupferproben. Da bei der Parallelstrategie Spurabstände gewählt werden, die kleiner sind als der Fokusdurchmesser, wird die gesamte Oberfläche aufgeschmolzen. Die Bildung von wiedererstarrtem Kupfermaterial bewirkt eine Vergrößerung der Oberfläche mit Hinterschnitten und unregelmäßigen Gräben, so dass ein größerer Teil der einfallenden Strahlungsleistung absorbiert wird.

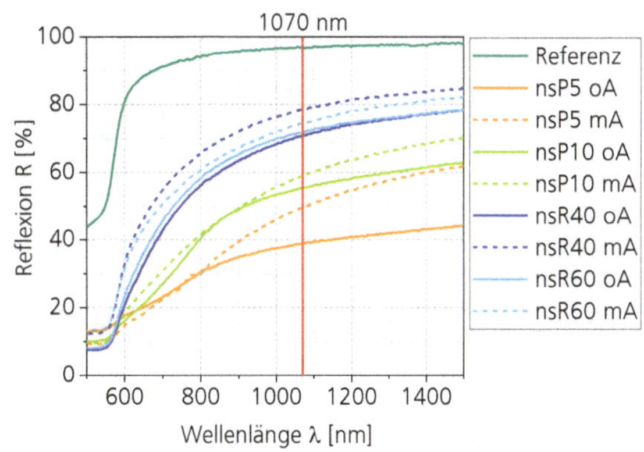

Bild 41: Verlauf der Reflexion über der Wellenlänge für die mit einem nanosekunden-gepulsten Faserlaser erzeugten Oberflächen auf Kupfer.

Um den Einfluss der entstandenen Kupferoxide während des Laserstrukturierungsprozesses auf den Laserstrahlschweißprozess erfassen zu können, wird der Sauerstoffanteil der Proben vermessen. Für diese Messung wird mit einem Rasterelektronenmikroskop eine Energiedispersive Röntgenspektroskopie (EDX) durchgeführt. Anhand dieser Analyse kann der gewichtsbezogene Sauerstoffanteil prozentual in der Oberfläche bestimmt werden. Eine Verteilung bezogen auf die beiden Kupferoxide CuO und Cu_2O ist nicht möglich. Da die entstehenden Oxidschichten in der Regel nur wenige Nanometer dick sind und die Messtiefe etwa 500 nm erreicht, wird erwartungsgemäß die gesamte Oxidschicht innerhalb des Messvolumens erfasst. Dies erklärt auch die geringen gemessenen Anteile von unter 5 wt%. Auf Grund der großen Rauigkeit der strukturierten Oberflächen ist eine automatisierte Messung nicht möglich, so dass die jeweiligen Messpunkte manuell angefahren werden müssen. Die geringe Größe der Strukturen erfordert die Vermessung der Oberfläche mit einem fokussierten Strahl mit einem Durchmesser d_{REM} von 1 µm. Um Abschattungseffekte zu vermeiden, werden, sofern dies möglich ist, Strukturspitzen vermessen. Das Ergebnis der Messung des Sauerstoffanteils ist in Bild 42 dargestellt. Der fokussierte Laserstrahl und eine manuelle Messmethode mit 30 Datenpunkten pro Probe führen zu einer größeren Streuung der Werte.

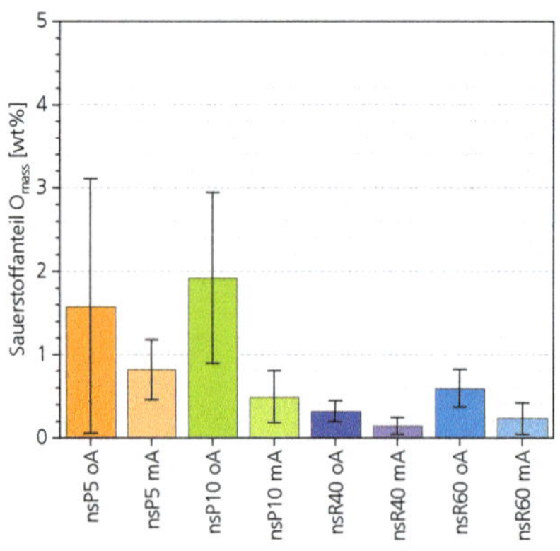

Bild 42: Sauerstoffanteil der mit einem ns-gepulsten Faserlaser hergestellten Kupferoberflächen. Der Durchmesser des Messstrahls beträgt 1 µm bei einer Eindringtiefe von ca. 500 nm.

Der mittlere Sauerstoffanteil der Oberflächen, welche unter Argonatomosphäre strukturiert werden, ist bei allen Proben deutlich geringer als bei den Vergleichsproben unter Umgebungsatmosphäre. Darüber hinaus zeigen die mit der Parallelstrategie strukturierten Oberflächen höhere Sauerstoffanteile als die Rasterstrategie-Proben. Kapitel 4.1 zeigt, dass die Bildung der Oxidschicht von der Temperatur und der Haltedauer beeinflusst wird. Die Oberflächenstrukturierung mit der Parallelstrategie dauert signifikant länger als die Rasterstrategie, so dass die resultierenden Oxidschichten in diesem Fall dicker sind.

4.2.2 Oberflächenmodifikation mit UKP-Laserstrahlung

Im Vergleich zu einer Oberflächenbearbeitung mit einem nanosekunden-gepulsten Laser ist der Abtragmechanismus bei einer UKP-Bearbeitung verdampfungsbasiert. Das Material geht vom festen Zustand idealerweise direkt in die Dampfphase über und lagert sich nicht als wiedererstarrte Schmelze an den Abtragspuren ab. Um den Unterschied im Einfluss der resultierenden Oberflächentopografien zwischen einem ns-gepulsten Abtrag und einem UKP-Abtrag auf den Laserstrahlschweißprozess untersuchen zu können, werden aufbauend auf den Oberflächen, die in Kapitel 4.2.1 beschrieben werden, laserstrukturierte Oberflächen mit einem UKP-Laser hergestellt. Das Bezeichnungssystem aus Bild 38 wird hier ebenfalls verwendet. Auch hier werden die Parallel- und die Rasterstrategie eingesetzt (vgl. Bild 37) und die Proben sowohl unter Umgebungsatmosphäre als auch unter Argon strukturiert. So lässt sich auch bei dieser Versuchsreihe der Einfluss der Oxidation beziffern. Die verwendeten Parameter sind in Tabelle 4.3 aufgelistet.

Tabelle 4.3: Parameter zur Strukturierung der Kupferoberfläche mit UKP-Laserstrahlung. Die Versuche werden sowohl unter Umgebungsatmosphäre als auch unter Argonatmosphäre durchgeführt.

		Probenbezeichnung			
		psP2	**psP5**	**psR30**	**psR60**
Spurabstand a_{ps}	**[µm]**	2	5	30	60
Scanstrategie	**[-]**	Parallel		Raster	
Mittlere Laserleistung $P_{m,ps}$	**[W]**	23,8			
Pulsfrequenz $f_{Puls,ps}$	**[kHz]**	200			
Vorschub v_{ps}	**[mm/s]**	200		4000	
Anzahl der Überfahrten n_{ps}	**[-]**	1		200	
Pulsanzahl pro Burst	**[-]**	2			
Pulslänge	**[ps]**	10			
Prozessdauer $t_{P,ps}$	**[s]**	250	100	333	166

Die Abtragraten sind bei einer Strukturierung mit einem Pikosekunden-Laser geringer als mit einem Nanosekunden-Laser. Um ein größeres Materialvolumen abzutragen, wird bei Nutzung der Rasterstrategie mit hohen Vorschubgeschwindigkeiten die Oberfläche mehrfach bestrahlt. Die Prozessdauern betragen für alle Oberflächen über eine Minute und sind somit bedeutend länger als für die Nanosekunden-Strukturierung.

Das optische Erscheinungsbild der resultierenden Oberflächen ist in Bild 43 dargestellt. Auf der linken Seite liegen die Proben, die unter Umgebungsatmosphäre strukturiert werden, rechts daneben die Proben, für die Argon als Schutzgas verwendet wird. Die visuellen Unterschiede in der Schwarzfärbung sind bei diesen Proben nicht so ausgeprägt wie bei den Vergleichsproben mit einem ns-Laser (Bild 39), allerdings sind auch hier die unter Argonatmosphäre strukturierten Proben etwas heller und damit weniger stark oxidiert. Insbesondere die mit einer Parallelstrategie hergestellten Proben erscheinen dunkel.

Bild 43: Übersicht der Kupferproben. Die dunklen Flächen sind die mit einem ps-Laser strukturierten Bereiche. Die Proben, die ohne Prozessgas und die, die mit Argon strukturiert werden, unterscheiden sich hinsichtlich ihrer Dunkelfärbung.

In einem Rasterelektronenmikroskop lassen sich deutliche Unterschiede in der Oberflächentopografie erkennen (Bild 44). Die Schmelzeablagerungen der psP2- und psP5-Strukturen sind bedingt durch die Abtragmechanismen deutlich kleiner als ein Mikrometer und damit auch deutlich kleiner als bei einem ns-Abtrag. Die Oberfläche dieser Proben weist zudem eine wellenförmige Makrostruktur auf, die sich nicht durch den geradlinigen, parallelen Abtrag erklären lässt. Dieser Effekt wird in der Literatur als „selbstorganisierende Struktur" beschrieben. [YYL08], [NG10a], [NG10b], [RCV09] Bei den Proben, welche mit einer Rasterstrategie bearbeitet werden, wird ein Spurabstand a_{ps} gewählt, der größer als der Fokusdurchmesser $d_{F,ps}$ ist. In den Bereichen zwischen den Spuren verbleiben regelmäßige konusförmige (psR30) oder pyramidenartige (psR60) Strukturen. Die Oberfläche dieser Strukturen ist rau. Die Höhe beträgt in etwa 60 µm. Auf den Spitzen der Konusse bildet sich manchmal eine Schmelzekugel, während die Pyramidenspitze abgeflacht ist. Dieser Teil des Materials hat nicht direkt mit der Laserstrahlung interagiert. Die Materialreste, die sich hier ablagern, entstehen während des Abtragens.

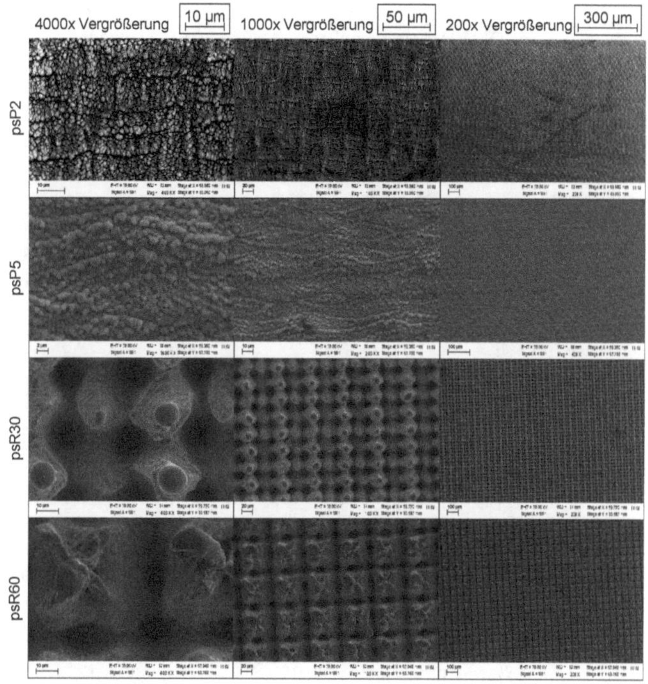

Bild 44: REM-Aufnahmen der mit einem UKP-Laser erzeugten Oberflächenstrukturen. Durch das direkte Verdampfen des Materials während des Abtragprozesses entstehen im Falle der Parallelstrategie ($a_{ps} < d_{F,ps}$) sehr kleine Schmelzeablagerungen. Bei der Rasterstrategie ($a_{ps} > d_{F,ps}$) verbleiben Konusse oder Pyramiden zwischen den Spuren. Die Strukturtiefe beträgt bis zu 120 µm.

Die Reflexionseigenschaften der strukturierten Oberflächen werden mit Hilfe eines Spektrometers im Vergleich zu einer unbehandelten, gereinigten Kupferoberfläche (Referenz) vermessen. Das Ergebnis dieser Untersuchung ist in Bild 45 dargestellt. Die Bearbeitungswellenlänge des Faserlasers (λ = 1070 nm) für den späteren Laserstrahlschweißprozess ist als rote Linie eingezeichnet. Die kompakten farbigen Linien repräsentieren die unter Umgebungsatmosphäre strukturierten Proben. Die gestrichelten Linien repräsentieren den Verlauf der Reflexion für die unter Argon strukturierten Proben. Alle mit ps-Pulsen strukturierten Proben zeigen einen deutlich geringeren Reflexionsgrad als die Referenz. Dabei liegen die Werte für die Raster-Proben (psR30 und psR60) zwischen 20 und 40 %. Die Werte für die unter Argon strukturierten Proben liegen dabei immer über denen, die ohne Argon gefertigt werden. Diese Unterschiede sind ausschließlich auf eine reduzierte oder unterbundene Bildung von Oxidschichten zurückzuführen. Auffällig ist, dass die mit der Parallelstrategie gefertigten Proben über den gesamten Messbereich eine sehr niedrige Reflexion von < 10 % zeigen. Eine Erklärung hierfür wird bei genauer Betrachtung der Oberflächen bei hoher Auflösung im REM evident.

Bild 45: Verlauf der Reflexion über der Wellenlänge für die mit einem UKP-Laser erzeugten Oberflächen auf Kupfer.

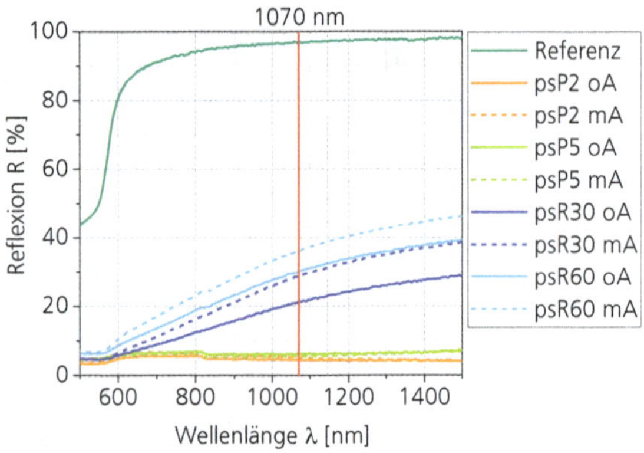

Die Oberfläche der psP2 Probe ist teilweise mit wiederabgelagertem Kupfermaterial bedeckt, welches Durchmesser von etwa 0,6 - 1,4 µm aufweist. Zwischen diesen Ablagerungen ist die Oberfläche aufgerissen und erscheint wie ein ausgetrocknetes Flussbett (Bild 46, links). Die Rissbreite beträgt im Mittel etwa 0,6 µm. Diese Risse wirken wie Strahlfallen, in denen das einfallende Licht mehrfach reflektiert und absorbiert wird. Die Topografie der psP5 Probe ist dicht von wiederabgelagertem Material bedeckt (Bild 46, rechts). Risse sind hier nicht zu sehen. Die Größe der Strukturen liegt zwischen 0,3 µm und 1 µm. Das einfallende Licht wird an diesen Strukturen gestreut. Zusätzlich bewirken diese Ablagerungen eine Vergrößerung der Oberfläche, so dass hier mehr Strahlung absorbiert werden kann.

Bild 46: Detailansicht der Oberflächen der psP2 und psP5 Strukturen. Auf der psP2 Oberfläche zeigen sich Risse mit einem Durchmesser bis 0,7 µm, auf der psP5 Probe haben sich in dichter Reihenfolge kugelförmige oder ellipsoide Strukturen gebildet.

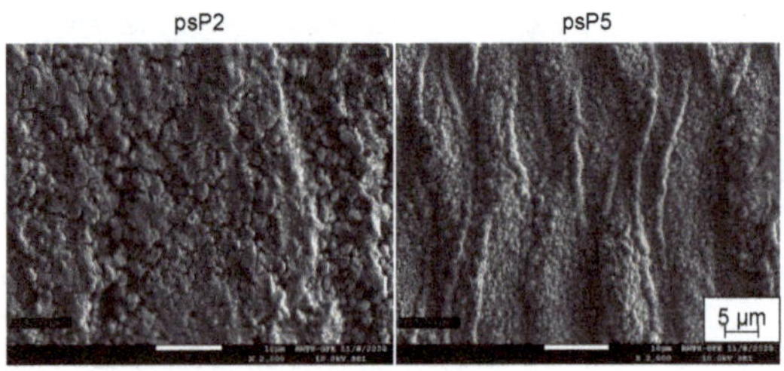

Die Eigenschaften der Proben, die mit einer Rasterstrategie erstellt werden, zeigen sich im Querschliff. Bild 47 zeigt einen Querschliff der psR30 Probe. Die schlanken, spitzen Konusse sind sehr gut zu erkennen. Bei einem Spurabstand von 30 µm beträgt die Tiefe der Strukturen zwischen 100 und 120 µm. Einfallende Strahlung kann am Rand dieser Strukturen mehrfach reflektiert und absorbiert werden, so dass auch diese Oberflächen wie eine Strahlfalle wirken. Im Vergleich zu den Parallelstrategie-Strukturen sind diese Oberflächen bezogen auf die Absorption bei Raumtemperatur allerdings weniger effizient.

Bild 47: Querschliff der psR30oA Oberfläche. Bei einem Spurabstand von 30 µm beträgt die Tiefe 100 - 120 µm.

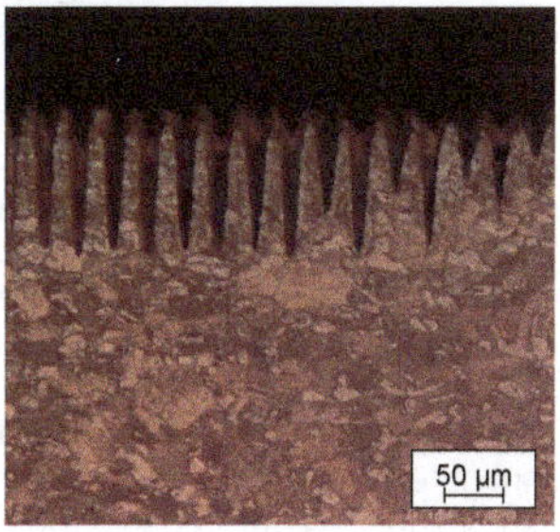

Obwohl die Oberflächen, die mit einem Nanosekunden-Laser und die, die mit einem UKP-Laser erzeugt werden, auf den ersten Blick sehr ähnlich aussehen, zeigt eine detaillierte Aufnahme doch Unterschiede in der Topografie. Beim Vergleich der Reflexionseigenschaften der ps-Strukturen mit den ns-Strukturen (Bild 41) zeigt sich, dass der Reflexionsgrad aller ns-Strukturen höher ist als der der ps-Strukturen. Die Oberflächen, die bei der Strukturierung mit einem nanosekunden-gepulsten Laser entstehen, sind primär nicht durch eine Wiederablagerung entstanden, sondern durch ein Aufschmelzen und Abtragen oder Verdrängen der Oberfläche. Die Größe dieser Strukturen beträgt zwischen 8 µm und 15 µm für die Parallelstrategie und ist damit deutlich größer als die Wellenlänge des einfallenden Lichts, so dass der Anteil der reflektierten Strahlung an diesen Oberflächen höher ist. Vergleichend ist in Bild 48 eine hoch aufgelöste Aufnahme der nsP10 Oberfläche dargestellt. Auf der Oberfläche dieser größeren Schmelzstrukturen sind wenige kleinere Ablagerungen zu sehen, die etwa ein Mikrometer im Durchmesser zählen und damit der Größenordnung der Bearbeitungswellenlänge entsprechen. Allerdings treten diese Ablagerungen nur vereinzelt auf, so dass die Oberflächenvergrößerung durch die ns-Strukturen insgesamt geringer ist als durch die ps-Strukturen.

nsP10

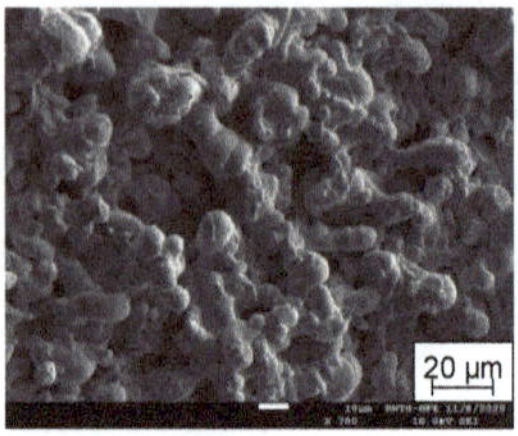

Bild 48: Hochauflösende Aufnahme der nsP10 Oberfläche. Die Größe der Schmelzeablagerungen liegt zwischen 8 und 15 µm. Da dies deutlich größer ist als die Bearbeitungswellenlänge, ist die Reflexion an diesen Oberflächen höher.

Genau wie bei den ns-Strukturen wird auch von den ps-Strukturen der Sauerstoffanteil in der Oberfläche vermessen. Die mit der Rasterstrategie hergestellten Proben müssen ebenso wie die ns-Strukturen manuell vermessen werden, da durch die hohen Strukturtiefen in einer automatisierten Messung Abschattungen drohen. Sofern dies möglich ist, erfolgt die Messung auf den Spitzen der Konusse oder Pyramiden. Die mit der Parallelstrategie hergestellten Oberflächen lassen sich dagegen automatisiert vermessen, so dass hier 60 Datenpunkte für die Messung erfasst werden können. Um die Vergleichbarkeit zu den manuell vermessenen Proben zu gewährleisten, wird auch hier ein Messstrahldurchmesser von 1 µm gewählt. Dies führt zu einer großen Streuung der Werte. Werden allerdings die Mittelwerte der Messungen, die in Bild 49 gezeigt sind, betrachtet, so lässt sich durchaus ein Trend erkennen. Der Sauerstoffanteil der mit Argon strukturierten Proben ist immer niedriger als bei den bei Umgebungsatmosphäre strukturierten Proben. Somit ist die Abschirmung durch dieses Prozessgas insofern wirksam, als dass deutlich weniger Oberflächenoxide gebildet werden.

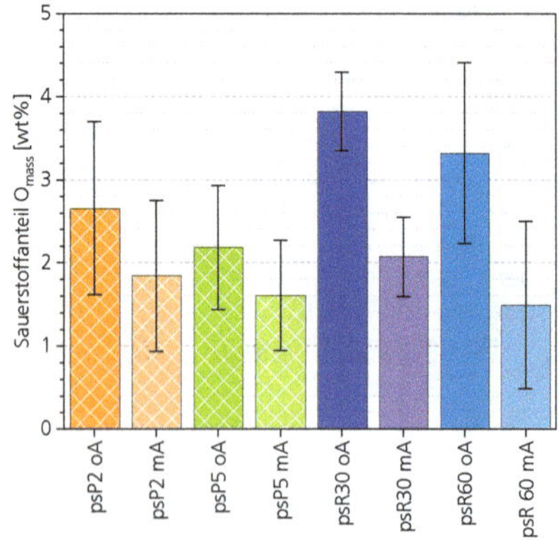

Bild 49: Sauerstoffanteil der mit einem ps-gepulsten Faserlaser hergestellten Kupferoberflächen. Der Durchmesser des Messstrahls beträgt 1 µm bei einer Eindringtiefe von ca. 500 nm. Die schraffierten Balken sind durch automatisierte Messungen entstanden.

Im Vergleich der Mittelwerte des Sauerstoffanteils in der Oberfläche der ps- und ns-Strukturen (vgl. Bild 42) liegen die der ps-Strukturen höher. Um die Oberflächen mit einem Pikosekunden-Laser zu erzeugen, sind zwischen 100 Sekunden und 5,5 Minuten notwendig, so dass mehr Zeit für eine Oberflächenoxidation verbleibt. Zudem sind die erreichten Temperaturgradienten bei diesem Prozess höher als bei einem ns-Abtrag und das Material wird zu einem größeren Anteil verdampft und kondensiert auf der Oberfläche. Während der Dampfphase oder wenn Schmelzetröpfchen von der Probe abgelöst werden, kann das gesamte Material oxidieren. So ist es möglich, dass die wiederabgelagerten Strukturen auf der Oberfläche zur Gänze von Kupferoxiden umschlossen sind. Bei einer Messtiefe von 500 nm besteht die Möglichkeit, dass die gesamte, die Struktur umschließende Oxidschicht erfasst wird.

4.3 Zwischenfazit zur Modifikation der Kupferoberflächen

Für die Modifikation der gewalzten Kupferbleche werden zwei Verfahrensvarianten gewählt: Die thermische Oxidation in einem Ofen und das Laserstrukturieren mit einem nanosekunden-gepulsten und einem pikosekunden-gepulsten Laser. Die Oxidation im Ofen erfolgt in Abhängigkeit von Temperatur und Haltedauer. Dabei wird zwischen Kupfer(I)oxid (Cu_2O), welches bei geringeren Temperaturen entsteht und gelblich bis rötlich erscheint, und Kupfer(II)oxid (CuO), welches bei höheren Temperaturen entsteht und gräulich bis schwarz erscheint, unterschieden. Je höher die Oxidationstemperatur T_O oder je länger die Oxidationsdauer t_O gewählt werden, desto mehr Kupfer(II)oxid entsteht auf der Probenoberfläche. Die unterschiedlichen optischen Eigenschaften der beiden stabilen Kupferoxide lassen sich durch die Bestimmung des Reflexionsgrades über der Wellenlänge im Spektrometer überprüfen. Hier zeigt sich, dass insbesondere die Bildung von CuO zu einer Verringerung der Reflexion bei der Bearbeitungswellenlänge von 1070 nm führt. Die maximale Reduzierung des Reflexionsgrades für diese Modifikationsmethode beträgt 62 %.

Beim Laserstrukturieren mit nanosekunden-gepulsten Strahlquellen ist der Abtrag schmelzebasiert, bei der Strukturierung mit Pikosekunden-Pulsen dagegen sublimationsbasiert. Diese beiden Regime führen nach dem Abtrag zu unterschiedlichen Oberflächenstrukturen. Die durch den Laserprozess hervorgerufene Veränderung der Oberflächentopografie und die Bildung einer thermisch induzierten Oxidschicht resultieren in einer Reduzierung des Reflexionsgrades bei Raumtemperatur. Die Oberflächen, die mit einem nanosekunden-gepulsten Laser strukturiert werden, erreichen dabei eine Reduzierung des Reflexionsgrades von 18 % bis 58 % für die Bearbeitungswellenlänge von 1070 nm. Mit einem pikosekunden-gepulsten Laser werden Reduzierungen des Reflexionsgrades von 63 % bis zu 95 % erreicht. Die Reflexionsgrade der Oberflächen, die mit einer Parallelstrategie strukturiert werden, sind dabei immer niedriger als die Reflexionsgrade der Oberflächen, die mit einer Rasterstrategie strukturiert werden. Demnach haben die mit einem pikosekunden-gepulsten Laser strukturierten Oberflächen das größte Potential, die Effizienz und die Stabilität eines Laserstrahlschweißprozesses zu steigern. Um dies zu untersuchen werden auf den hier qualifizierten Oberflächenstrukturen im folgenden Kapitel mit einem nanosekunden-gepulsten Faserlaser und einem kontinuierlich emittierenden Faserlaser Blindnähte gesetzt und der Einkoppelgrad während des Prozesses vermessen.

5 Einkopplung von hochbrillanter Laserstrahlung beim Laserstrahlschweißen modifizierter Kupfermaterialien

In diesem Kapitel wird der Einfluss der beschriebenen Oberflächenmodifikationen auf einen Laserstrahlschweißprozess untersucht. Der Einkoppelgrad auf diesen Oberflächen wird in situ bestimmt, indem die reflektierte Leistung während des Laserstrahlschweißprozesses gemessen und ins Verhältnis zu einem Laserstrahlschweißprozess auf einer unbearbeiteten Kupferprobe gesetzt wird. Die Strukturierung des Kupfers erfolgt lokal, so dass sich für diese Proben auch der Einkoppelgrad im Übergang von blanker zu strukturierter Fläche untersuchen lässt. Somit werden drei Nahtpositionen definiert, die in Bild 50 dargestellt sind.

Bild 50: Nahtpositionen zum Messen des Reflexionsgrades während des Schweißprozesses im Doppel-Ulbrichtkugel-Aufbau. [HSO20]

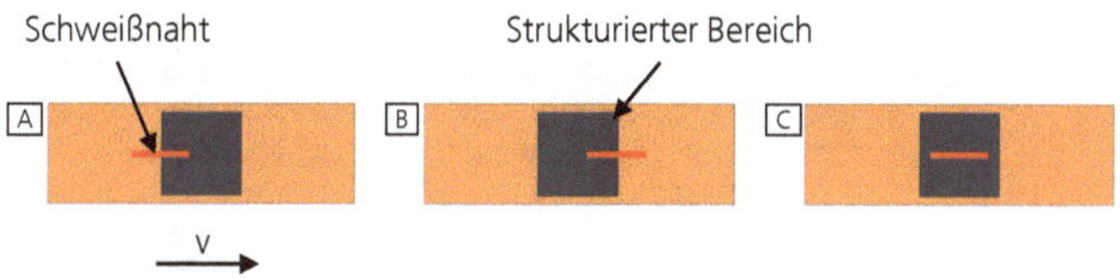

Bei Nahtposition A beginnt die Schweißnaht auf der unbearbeiteten Kupferoberfläche und verläuft in den strukturierten Bereich. Bei Nahtposition B beginnt die Naht auf der strukturierten Fläche und verläuft dann auf das blanke Kupfer. Bei Nahtposition C liegt die gesamte Naht auf der strukturierten Fläche. Da die thermische Oxidation nicht lokal durchgeführt werden kann, entsprechen die Versuche hier immer der Nahtposition C. Tabelle 5.1 zeigt eine Übersicht der Versuchsmatrix.

Tabelle 5.1: Tabellarische Darstellung der systematischen Versuchsmatrix für die Laserstrahlschweißversuche auf modifizierten Kupferoberflächen.

ns: Nanosekunden, ps: Pikosekunden, cw: Continuous wave/Dauerstrich

			Laserstrahlschweißen	
			ns	cw
Oberflächenmodifikation	Thermische Oxidation		X	5.2.1
	ns-Pulse	*ohne Argon*	5.3.1	5.2.2
		mit Argon	5.3.1	5.2.2
	ps-Pulse	*ohne Argon*	5.3.2	5.2.3
		mit Argon	5.3.2	5.2.3

Vertikal aufgetragen sind die modifizierten Kupferoberflächen, horizontal die verwendete Laserstrahlquelle für die Laserstrahlschweißversuche. Die in Kapitel 4 ermittelten Eigenschaften der Oberflächen dienen als Grundlage und Bezug für die Ergebnisbewertung der folgenden Laserstrahlschweißversuche.

5.1 Doppel-Ulbrichtkugel-Aufbau zur Messung der reflektierten Laserstrahlung während des Laserstrahlschweißens

Die prinzipielle Funktionsweise einer Ulbrichtkugel wird in Kapitel 2.2.5 näher beschrieben. Auf Grund der hochreflektierenden rauen Beschichtung auf der Innenseite der Kugel eignet sich diese Apparatur zur Detektion der diffus reflektierten Strahlung während des Schweißprozesses. Für den Eintritt der Bearbeitungsstrahlung und zur Integration einer Prozessgaszufuhr oder Messequipment verfügt eine Ulbrichtkugel über mehrere Öffnungen. Um die gesamte reflektierte Leistung erfassen zu können, wird daher ein Aufbau aus zwei Ulbrichtkugeln verwendet (Bild 51). In der unteren Ulbrichtkugel wird die Probe in einem Probenhalter platziert. An der oben liegenden Öffnung, durch die der Bearbeitungsstrahl auf die Probe trifft, wird ein Strahlteiler positioniert, der 90 % der einfallenden Strahlung transmittiert und 10 % reflektiert. Dieser Strahlteiler sorgt auch dafür, dass die koaxial von der Probe zurückgeworfenen Strahlungsanteile zu 10 % in die obere Ulbrichtkugel reflektiert werden. Beide Ulbrichtkugeln haben jeweils eine zweite Öffnung, an denen Photodioden mit Bandpassfiltern für die Bearbeitungswellenlänge platziert werden. Um den Einkoppelgrad während des Laserschweißprozesses zu vermessen, werden die Versuche innerhalb der unteren Ulbrichtkugel durchgeführt. Der Aufbau wird so in der Bearbeitungszelle positioniert, dass die emittierte Laserstrahlung nach der Transmission durch den Strahlteiler auf der Probenoberfläche fokussiert wird. Gemäß Formel 2.8 wird der reflektierte Anteil der Strahlung in den Halbraum oberhalb der Probe abgelenkt. Die diffus gestreute Strahlung trifft so auf die Innenseite der unteren Ulbrichtkugel und breitet sich homogen innerhalb der Kugel aus. Der gerichtet reflektierte Strahlungsanteil wird auf den Strahlteiler zurückgeworfen und zu 10 % in die obere Ulbrichtkugel reflektiert. Hier wird die Strahlung diffus an der Kugelinnenseite gestreut. Abhängig von der sich einstellenden Strahlungsintensität im Kugelinnern geben die Photodioden ein Spannungssignal aus, welches mit Hilfe eines Oszilloskops aufgezeichnet wird. [CHS18], [HÄU21, S. 59–62]

Bild 51:
Aufbau aus zwei Ulbrichtkugeln zur Detektion der gerichteten und diffusen Strahlungsanteile während eines Laserstrahlschweißprozesses. Nach [CHS18].

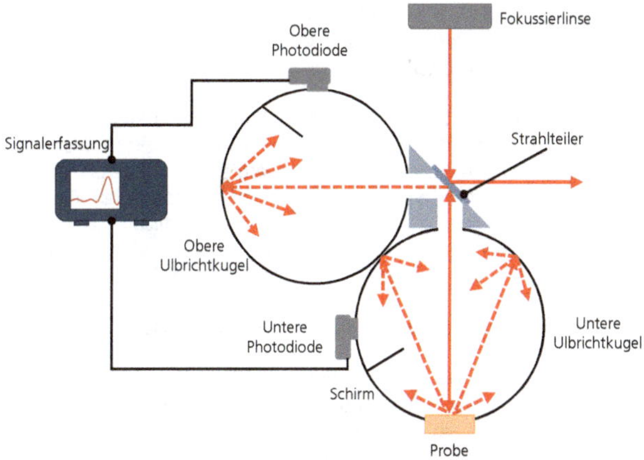

Um ein Spannungssignal der Photodioden in einen Leistungswert umwandeln zu können, wird eine Kalibrierung der Kugeln durchgeführt. Für die untere Ulbrichtkugel wird an Stelle der Probe ein hochreflektierender Spiegel unter einem Winkel von 8° im Probenhalter platziert. Der Winkel stellt sicher, dass die gesamte auf den Spiegel treffende Laserstrahlung in die untere Ulbrichtkugel reflektiert und nicht senkrecht aus der Kugel zurückgeworfen wird. Die direkte Bestrahlung der Photodiode wird durch eine Blende verhindert. Für die Kalibrierung der obere Ulbrichtkugel wird der Spiegel waagerecht in der unteren Ulbrichtkugel platziert, so dass die gesamte eingestrahlte Leistung koaxial zurückgeworfen wird. Beim Auftreffen auf den Strahlteiler gelangt 10 % dieser Strahlung in die obere Ulbrichtkugel, wo sie diffus reflektiert wird. Für dieses Verfahren ist es wichtig, dass die Laserstrahlung defokussiert auf den Spiegel trifft, um keine der Komponenten zu beschädigen. Für die Kalibrierung wird die Leistung des Lasers P_L sukzessive erhöht und die zugehörige Diodenspannung aufgezeichnet. In Kombination mit einer Leistungsmessung der Strahlquelle kann die Spannung der Photodioden in eine Leistung umgerechnet werden. [CHS18], [HÄU21, S. 59–62] Die der Kalibrierung zugrunde liegenden Berechnungen sowie die Kurven der Kalibrierung, für die zum Schweißen verwendeten Strahlquellen sind im Anhang aufgeführt.

Für die Schweißversuche mit dem nanosekunden-gepulsten Faserlaser wird nur die untere Ulbricht-Kugel verwendet, da die Leistungsverluste am Strahlteiler nicht ausgeglichen werden können und so unter Verwendung des Strahlteilers keine Schweißversuche möglich sind. Durch den Aufbau mit nur einer Ulbrichtkugel gehen die koaxial reflektierten Strahlungverluste nicht in die Berechnung mit ein. Das bedeutet, dass die Messkurven aus Kapitel 5.2 und Kapitel 5.3 nicht direkt vergleichbar sind. Tendenziell fällt die Messung der reflektierten Leistung so geringer aus und der daraus errechnete Wirkungsgrad wird größer.

Die Kalibrierung der Ulbrichtkugeln wird für jede Messreihe erneut durchgeführt. Durch die große Anzahl an Einflussfaktoren sind die Ergebnisse aus zwei Messreihen nicht direkt vergleichbar. Ebenso sollten die Absolutwerte der reflektierten Leistung kritisch bewertet werden. Allerdings lassen die Messungen eine relative Betrachtung hinsichtlich der reflektierten Leistung und resultierender Einkoppelgrade zu und sind somit ein probates Mittel zur Analyse der Einkopplung auf vorstrukturierten Oberflächen.

5.2 Laserstrahlschweißen mit Dauerstrich Faserlaser

In diesem Kapitel werden die Ergebnisse zur Untersuchung des Einkoppelgrades auf oxidierten und laserstrukturierten Kupferproben erläutert. Dafür werden innerhalb des Doppel-Ulbrichtkugel-Aufbaus Blindnähte auf den zuvor vorbereiteten Proben geschweißt und die rückreflektierte Strahlung vermessen. Durch die zuvor durchgeführte Kalibrierung kann der Einkoppelgrad berechnet werden. Die Eckdaten des Aufbaus für die Laserstrahlschweißversuche sind im Anhang 11.4.1 vermerkt.

5.2.1 Thermisch oxidierte Kupferverbinder

In Kapitel 4.1 wird die gezielte Oxidation von Kupferproben in einem Muffelofen beschrieben. Diese Behandlung führt zur Bildung einer Oxidschicht auf der Probenoberfläche, die abhängig von der Haltezeit und der Temperatur im Ofen ist. Je größer der Anteil von Kupfer(II)oxid und damit je dunkler die Probenoberfläche erscheint, desto größer ist der im Spektrometer gemessene Absorptionsgrad. Im Folgenden soll der Einfluss der Oxidschicht auf den Einkoppelgrad untersucht werden. Die Ergebnisse geben einen Hinweis auf den Einfluss der Oxidschicht, welche unvermeidbar auch während der Laserstrukturierung entsteht.

Die hier beschriebenen Kupferproben können nicht partiell oxidiert werden, wodurch der Nahtverlauf zur Gänze auf einer behandelten Oberfläche positioniert ist. Als Referenz dient eine unbehandelte Kupferprobe derselben Charge, die zuvor wie die oxidierten Proben in einem Bad mit Zitronensäure von Rückständen und Lagerungs-Oxiden gereinigt wird. Die Versuche werden alle mit denselben Parametern durchgeführt, welche in Tabelle 5.2 aufgelistet sind. Der verwendete Versuchsaufbau für die Laserstrahlschweißversuche ist in Kapitel 11.4.1 erläutert. Die Kalibrierkurven für diese Versuchsreihe sind in Kapitel 11.3.3 aufgeführt.

Tabelle 5.2: Parameter für die Messung der reflektierten Leistung im Doppel-Ulbrichtkugel-Aufbau der oxidierten Kupferproben. Die effektive Laserleistung ist die tatsächlich auf dem Werkstück auftreffende Leistung.

Parameter			Wert
Laserleistung Ist	$P_{L,ist}$	[W]	803
Effektive Laserleitung	$P_{L,eff}$	[W]	754
Vorschubgeschwindigkeit	v_{cw}	[mm/s]	80
Oszillationsamplitude	A_S	[mm]	0,15
Oszillationsfrequenz	f	[Hz]	1000
Linienlänge	l_{cw}	[mm]	4

Für jede Probenvarianz werden vier Signalverläufe aufgenommen. Der Verlauf der reflektierten Leistung P_R für die Referenz auf gereinigter, unbehandelter Kupferoberfläche ist in Bild 52 dargestellt. Die Oszillation der Kurve ist ein Resultat der Oszillationsfrequenz des Laserstrahlschweißprozesses, die zu einer sich periodisch ändernden Signalaufnahme führt. Während der initialen Wechselwirkung zwischen Werkstück und Laserstrahlung wird ein Teil der einfallenden Strahlung zurückgeworfen, bevor das Material aufgeschmolzen ist und sich der Tiefschweißprozess ausgebildet hat (< 5 ms). Der mittlere Einkoppelgrad η_A der Referenzprobe beträgt 0,78. Dieser dient als Vergleichswert zu den Ergebnissen der im Ofen oxidierten Proben.

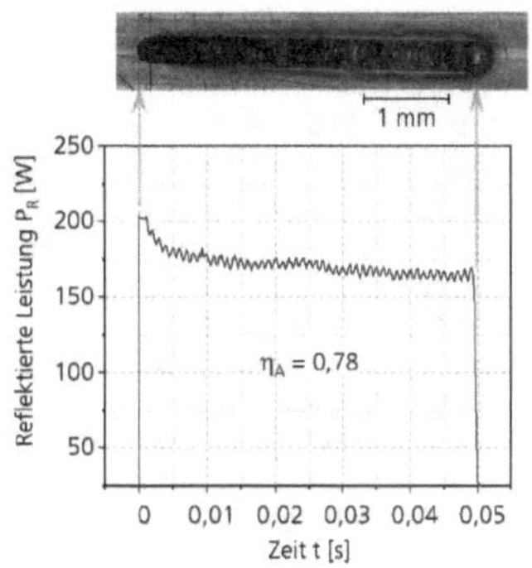

Bild 52: Verlauf der reflektierten Leistung auf der gereinigten, unbehandelten Kupferoberfläche. Diese Messung dient als Referenz für die Laserstrahlschweißversuche auf oxidierten Kupferoberflächen.

Bild 53 zeigt die gemittelten Signalverläufe der reflektierten Laserleistung bei Laserstrahlschweißversuchen auf den Kupferproben, welche bei 200 °C im Muffelofen oxidiert werden. Die Färbung der Kupferoberflächen unterscheidet sich, die Schweißnähte sind gleichmäßig und ohne sichtbare Nahtfehler. Bei allen drei Kurven ist ein initialer Rückreflex erkennbar, der mit steigender Haltedauer und Dunkelfärbung der Proben kleiner wird. Sobald sich ein stabiler Tiefschweißprozess einstellt, sinkt die reflektierte Leistung auf ein konstantes Niveau. Der Einkoppelgrad liegt für alle drei Haltedauern bei 0,77 – 0,78 und somit auf demselben Niveau wie die unbehandelte Referenzprobe. Durch eine Oxidationsbehandlung bei 200 °C ist somit kein erhöhter Einkoppelgrad und damit keine Effizienzsteigerung des Laserstrahlschweißprozesses erzielbar. Der initiale Rückreflex lässt sich durch diese Behandlungsmethode reduzieren.

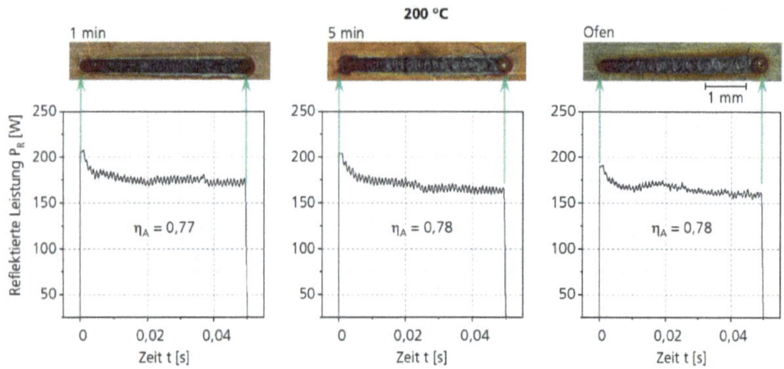

Bild 53: Gemittelte reflektierte Leistung P_R der bei 200 °C im Muffelofen oxidierten Proben. Parameter: $P_{L,eff}$ = 754 W; v_{cw} = 80 mm/s; A_S = 0,15 mm; f = 1000 Hz

Die Veränderung des Oberflächenerscheinungsbildes bei den bei 400 °C und unterschiedlichen Haltezeiten oxidierten Kupferproben ist dagegen deutlicher zu erkennen (vgl. Bild 30). Bild 54 zeigt den Verlauf der gemittelten reflektierten Leistung über der Schweißdauer für diese Versuchsreihe. Die resultierenden Schweißnähte sind eben und gleichmäßig. Bei der für 5 Minuten oxidierten Probe zeigen sich partielle Ablösungen der Oxidschicht im Wärmeeinflussbereich der Schweißnaht. Um die Schweißnaht der im Ofen von 400 °C abgekühlten Probe bildet sich ein schmaler Rand, in dem die dunkle Oxidschicht abgeplatzt ist. Der Verlauf der gemittelten reflektierten Leistung P_R für die Proben, welche bei einer und fünf Minuten oxidiert werden, ist sehr ähnlich. Der initiale Rückreflex ist im Vergleich zur Referenzprobe geringer, der Einkoppelgrad beider Varianten liegt mit 0,78 auf demselben Niveau. Der Verlauf der reflektierten Leistung für die Probe, welche im Ofen von der Oxidationstemperatur abgekühlt ist, unterscheidet sich von den übrigen Verläufen. Der initiale Rückreflex ist nur schwach ausgeprägt und der resultierende Einkoppelgrad ist mit 0,81 um 5 % größer als bei der Referenz. Somit eignen sich die kurzen Haltezeiten bei einer Oxidationstemperatur T_O von 400 °C um den Rückreflex zu reduzieren. Das Abkühlen im Ofen und die Entstehung einer CuO-Schicht bewirken auch während des Schweißprozesses eine Steigerung des Einkoppelgrades und führen somit zu einer Effizienzsteigerung.

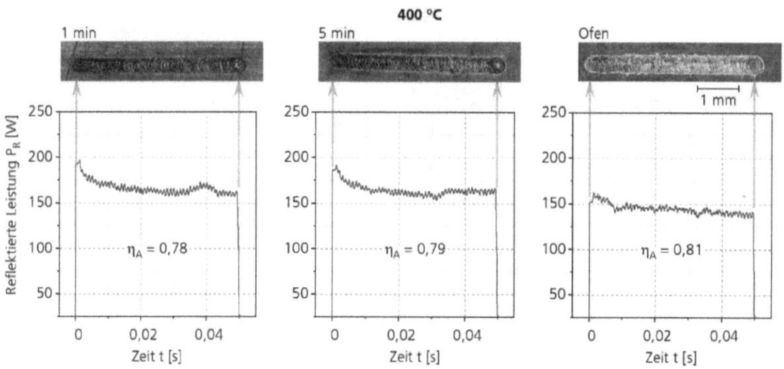

Bild 54: Gemittelte reflektierte Leistung P_R der bei 400 °C im Muffelofen oxidierten Proben. Parameter: $P_{L,eff}$ = 754 W; v_{cw} = 80 mm/s; A_S = 0,15 mm; f = 1000 Hz

Die Oberflächen der bei 600 °C oxidierten Kupferproben erscheinen alle dunkelgrau bis schwarz (Bild 55). Die resultierenden Schweißnähte sind ohne sichtbare Nahtfehler. Im Bereich der Wärmeeinflusszone der für eine Minute oxidierten Probe hat sich die oben liegende Schicht aus CuO gelöst. Darunter erscheint die rötlich-gelbe Kupfer(I)oxid-Schicht. Im entfernteren Nahtbereich hat sich die CuO-Schicht wellenförmig von dem festen Kupfer abgehoben. Diese Wellen breiten sich sternförmig aus, so dass dieses Phänomen im Zusammenhang mit dem Laserstrahlschweißen steht. Die Probe, welche fünf Minuten im Ofen oxidiert wird, zeigt diese Abhebung der obersten Lage nicht. Hier ist die Anhaftung der CuO-Schicht um die Naht konstant und ohne Schäden durch den Wärmeeinfluss. Die Nahtoberraube der Probe, welche im Ofen abkühlt, zeigt teilweise Anzeichen für Überhitzung des Schmelzbades und kleinere Aufwürfe. Die CuO-Schicht haftet sehr gut an dem darunterliegenden Kupfermaterial. Auch im Randbereich der Naht sind keine Oberflächenveränderungen, Aufwölbungen oder prozessinduzierte Abplatzer zu erkennen. Die Signalverläufe der reflektierten Leistung P_R zeigen keinen Rückreflex während der initialen Wechselwirkungsphase. Die resultierenden Einkoppelgrade während des sich ausbildenden Tiefschweißprozesses liegen mit 0,80 - 0,85 höher als bei der Referenzprobe. Die Probe, welche im Ofen abgekühlt ist, weist vereinzelte Peaks innerhalb der Messung auf. Dies korreliert mit der Beobachtung eines teilweise überhitzten Schmelzbades. Durch diese Instabilität steigt der Reflexionsgrad lokal an.

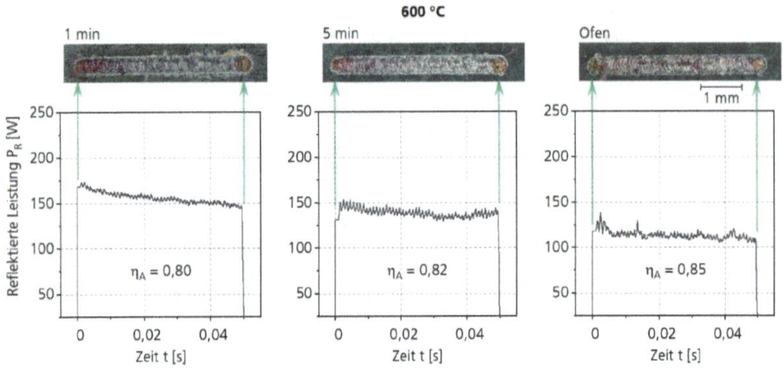

Bild 55: Gemittelte reflektierte Leistung P_R der bei 600 °C im Muffelofen oxidierten Proben. Parameter: $P_{L,eff}$ = 754 W; v_{cw} = 80 mm/s; A_S = 0,15 mm; f = 1000 Hz

Zur besseren Vergleichbarkeit sind die Einkoppelgrade der oben beschriebenen Verläufe in Bild 56 aufgeführt. In dieser Übersicht wird deutlich, dass lediglich die dunkelgrau-schwarz erscheinenden Kupferoberflächen, die eine Kupfer(II)oxid-Schicht ausgebildet haben, zu einer signifikanten Erhöhung des Einkoppelgrades führen. Dies betrifft die 400 °C Probe, welche im Ofen abgekühlt ist, sowie alle bei 600 °C oxidierten Proben. Diese Proben zeigen auch höhere Absorptionsgrade im Spektrometer (vgl. Bild 36). Allerdings liegt der maximal erreichbare Einkoppelgrad (600 °C, Ofen) nur 9 % über dem der Referenzprobe.

Bild 56: Einkoppelgrade der oxidierten Kupferproben. Rötlich oder gelblich erscheinende Probenoberflächen (Cu_2O-Schicht) führen zu keiner Steigerung des Einkoppelgrades. Entstehen jedoch schwarze CuO-Schichten (vgl. Bild 30), so ist eine signifikante Steigerung des Einkoppelgrades um bis zu 9 % messbar.

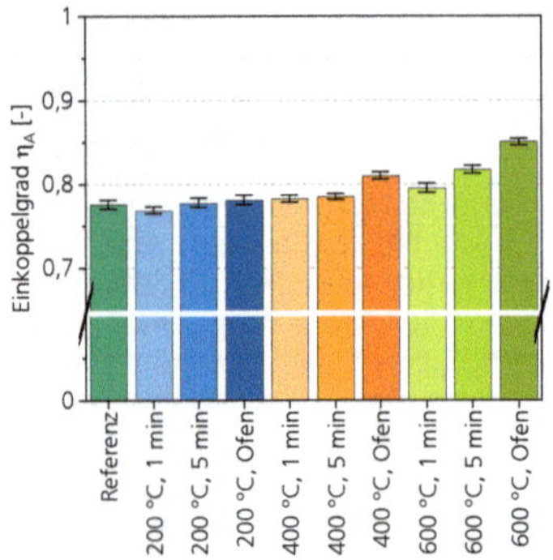

Um die Effizienz des Laserstrahlschweißprozesses auf den oxidierten Kupferproben zu eruieren, wird die Schmelzeffizienz ermittelt. Sie ist ein Maß dafür, wieviel Prozent der eingestrahlten Laserleistung in Schmelze umgesetzt wird und sagt damit etwas über die Effizienz des Gesamtprozesses aus. Neben den Werkstoffeigenschaften Dichte ρ, Schmelztemperatur T_S und spezifische Wärmekapazität c_p gehen in die Schmelzeffizienz auch die Prozessparameter Laserleistung P_L und Vorschubgeschwindigkeit v sowie die Nahtquerschnittfläche A_N ein. Der Zusammenhang ist in Formel 2.10 festgehalten. Basierend darauf werden für jede untersuchte Parameterkombination fünf Schliffbilder angefertigt und die Nahtquerschnittsfläche vermessen. Die resultierende Schmelzeffizienz SE sowie die maximale Einschweißtiefe d_S in Abhängigkeit der Probenbezeichnung sind in Bild 57 dargestellt.

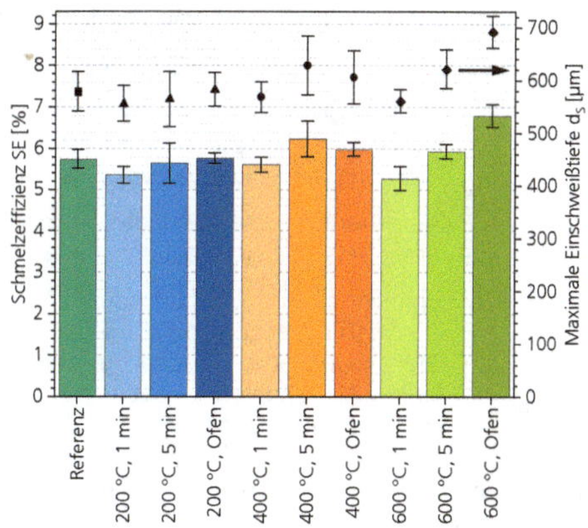

Bild 57: Schmelzeffizienz (Balken) und maximale Einschweißtiefe (Symbole) der Kupferproben mit gezielt oxidierter Oberfläche. Lediglich die Kupferprobe, welche bei 600 °C Oxidationstemperatur im Ofen abkühlt, zeigt eine signifikant höhere Schmelzeffizienz als die Referenzprobe.

Die Schmelzeffizienz der Referenzprobe liegt im Mittel bei 5,7 % mit einer Standardabweichung von 0,2 %. Die Mittelwerte der Proben, die bei 200 °C und bei 400 °C oxidiert werden liegen alle zwischen 5,3 und 6,2 %. Unter Einbeziehung der Standardabweichung ist keine klare Tendenz hinsichtlich eines Einflusses der Oxidschicht auf die Schmelzeffizienz erkennbar. Innerhalb der Probengruppe, die bei 600 °C oxidiert wird, ergibt sich eine signifikante Abhängigkeit der Schmelzeffizienz von der Oxidationsdauer. Mit zunehmender Haltezeit steigt die Schmelzeffizienz an. In Bezug auf die Referenzprobe ist allerdings kein signifikanter Unterschied in der Schmelzeffizienz zwischen oxidierter und nicht oxidierter Probenoberfläche erkennbar. Lediglich die Probe, die bei 600 °C im Ofen abkühlt, zeigt eine signifikant höhere Schmelzeffizienz als die Referenzprobe. Auch eine Abhängigkeit der Schmelzeffizienz von der Oxidationstemperatur ist nicht erkennbar. Die maximale Einschweißtiefe folgt denselben Schwankungen wie die Schmelzeffizienz.

Somit tragen die im Ofenprozess entstehenden Oxidschichten zwar zur Erhöhung des Einkoppelgrades bei, wirken sich aber nicht signifikant auf eine Erhöhung der Schmelzeffizienz aus. Dieser Zusammenhang wird in den weiteren Kapiteln näher untersucht. Zusammenfassend lassen sich aus den oben beschriebenen Untersuchungen folgende Tendenzen festhalten:

- Niedrige Oxidationstemperaturen und/oder geringe Haltezeiten führen zu gelb-rot erscheinenden Oxidschichten aus Kupfer(I)oxid (Cu_2O). Diese Oxidschichten können zu einer Reduzierung des Rückreflexsignals führen, hemmen dieses aber nicht vollständig. Für die Steigerung des Einkoppelgrades sind diese Oxidschichten nicht geeignet.
- Hohe Temperaturen und/oder lange Haltezeiten führen zu dunkelgrau-schwarzen Oxidschichten aus Kupfer(II)oxid (CuO). Dieses Oxid bildet sich auf der Oberfläche der zuvor entstandenen Cu_2O-Schichten. Diese Oxidschichten können zu einer vollständigen Unterbindung des initialen Rückreflex-Signals führen, so dass die Gefahr der Schädigung umliegender Bauteile reduziert wird und sich der Tiefschweißprozess früher ausbildet. Diese Oxidschichten eignen sich für die signifikante Erhöhung des Einkoppelgrades während des Schweißprozesses.
- Die maximale Steigerung des Einkoppelgrades durch Oxidschichten in dieser Versuchsreiche beträgt ~ 9 %.
- Eine signifikante Erhöhung der Schmelzeffizienz im Vergleich zu einer blanken Referenzprobe kann lediglich bei der Probe, die bei 600 °C im Ofen abgekühlt ist, beobachtet werden. Die Steigerung liegt hier bei 18 %. Alle anderen Oxidationstemperaturen oder Haltedauern haben keinen signifikanten Einfluss auf die Schmelzeffizienz.

5.2.2 Mit Nanosekunden-Pulsen strukturierte Oberflächen

In Kapitel 4.2.1 wird die Laserstrukturierung von Kupferoberflächen mit einem nanosekunden-gepulsten Faserlaser beschrieben. Dabei wird die Strukturierung unter Umgebungsatmosphäre und in einer Argonwanne durchgeführt. Das Spülen der Wechselwirkungszone mit Argon verhindert die thermisch bedingte Bildung einer Oxidschicht während des Strukturierungsprozesses. Auf den so erzeugten Oberflächen werden innerhalb des Doppel-Ulbrichtkugel-Aufbaus Blindschweißnähte gesetzt und die rückreflektierte Leistung detektiert. Über die zuvor durchgeführte Kalibrierung kann der Einkoppelgrad berechnet werden. Die Kalibrierkurven sind im Anhang 11.3.1 zu finden.

Für alle Versuche mit einem Dauerstrich-Faserlaser wird eine örtliche Leistungsmodulation eingesetzt. Die verwendeten Schweißparameter sind in Tabelle 5.3 aufgelistet.

Tabelle 5.3: Verwendete Laserparameter für das Laserstrahlschweißen mit Dauerstrich-Faserlaser auf Oberflächen, die mit einem ns-Laser strukturiert werden.

Parameter			Wert
Laserleistung Ist	$P_{L,ist}$	[W]	579
Effektive Laserleitung	$P_{L,eff}$	[W]	543
Vorschubgeschwindigkeit	v_{cw}	[mm/s]	80
Oszillationsamplitude	A_S	[mm]	0,15
Oszillationsfrequenz	f	[Hz]	1000
Linienlänge	l_{cw}	[mm]	6

Bild 58 zeigt ein Übersichtsbild einer resultierenden Schweißnaht auf der Probe nsP5 oA. Der Nahtanfang liegt auf der nicht strukturierten Probenoberfläche. Die Naht verläuft dann auf den strukturierten Teil. Zu Beginn der Naht sind mehrere Spritzer in der direkten Umgebung der Nahtoberraupe sichtbar. An zwei Stellen ist die Naht leicht eingefallen. Beim Übergang auf den strukturierten Bereich werden das Schmelzbad und damit auch die Naht breiter. Das Erscheinungsbild der Nahtoberraupe wird gleichmäßiger, Aussetzer oder Spritzer sind nicht sichtbar. Eine Vorstrukturierung der Kupferoberfläche hat somit Einfluss auf den Prozessablauf und das resultierende Nahtbild.

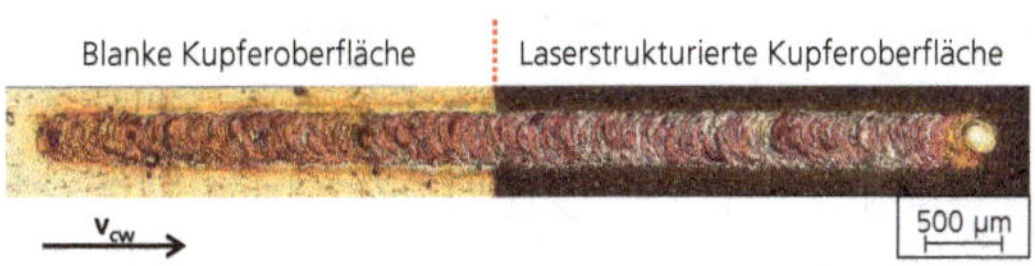

Bild 58: Beispiel einer Schweißnaht (Nahtposition A) auf strukturierter Oberfläche (nsP5 oA)

Die Schweißungen werden für jede Strukturierung und für jede Schweißposition dreimal wiederholt. Somit ergeben sich für jede Schweißposition drei Verläufe der reflektierten Leistung über der Zeit $P_R(t)$, die gemittelt werden. In den folgenden Abbildungen sind in der linken Spalte die Verläufe der reflektierten Leistung für die Strukturen, die ohne Argonzufuhr strukturiert werden, dargestellt. In der rechten Spalte sind die Strukturen, die unter Argonatmosphäre strukturiert werden, aufgetragen. Die Graphen repräsentieren von oben nach unten die Nahtpositionen A, B und C (vgl. Bild 50). Oberhalb der Graphen ist maßstabsgetreu eine Abbildung einer Schweißnaht dieser Versuchsreihe aufgetragen, so dass eine Signaländerung mit dem Erscheinungsbild der Nahtoberraupe beziehungsweise Änderungen in der Oberfläche korreliert werden kann. Innerhalb der Graphen sind für die relevanten Intervalle gemittelte Einkoppelgrade η_A aufgetragen. Dafür werden alle Leistungswerte eines Teilintervalls gemittelt und der Einkoppelgrad gemäß Formel 2.12 errechnet. Eventuell auftretende initiale Rückreflexe zu Beginn der Schweißnaht werden in dieser Mittelung nicht berücksichtigt. Diese Auswertung wird analog für alle in

Kapitel 4.2.1 und 4.2.2 erzeugten Oberflächen durchgeführt. Auf Grund der Menge der Daten werden je eine Oberfläche, die mit der Parallelstrategie und eine Oberfläche, die mit der Rasterstrategie strukturiert werden, exemplarisch dargestellt und relevante Eigenschaften erläutert. Die übrigen Diagramme sind im Anhang 11.6.1 abgebildet.

Bild 59 zeigt die Verläufe der reflektierten Leistung P_R über der Zeit für die drei Nahtpositionen A (oben), B (mittig) und C (unten) für die nsP10-Struktur. An Nahtposition A ist bei beiden korrespondierenden Diagrammen ein initialer Rückreflex erkennbar. Nach dem Aufschmelzen des Kupfers und Ausbilden des Tiefschweißprozesses sinkt das Signal der reflektierten Leistung ab. Im Falle der nsP10 oA Probe ist kurz vor dem Erreichen der strukturierten Oberfläche im Nahtverlauf ein Spitzer erkennbar, der sich als Signalpeak im Diagramm zeigt. Beim Wechsel von der blanken Kupferoberfläche auf den strukturierten Bereich sinkt das Signal der reflektierten Leistung nur geringfügig.

Bild 59: Verlauf der reflektierten Leistung P_R über der Zeit für Nahtposition A (oben), Nahtposition B (mittig) und Nahtposition C (unten) für das Laserstrahlschweißen mit einem Dauerstrich-Faserlaser auf der nsP10-Struktur.

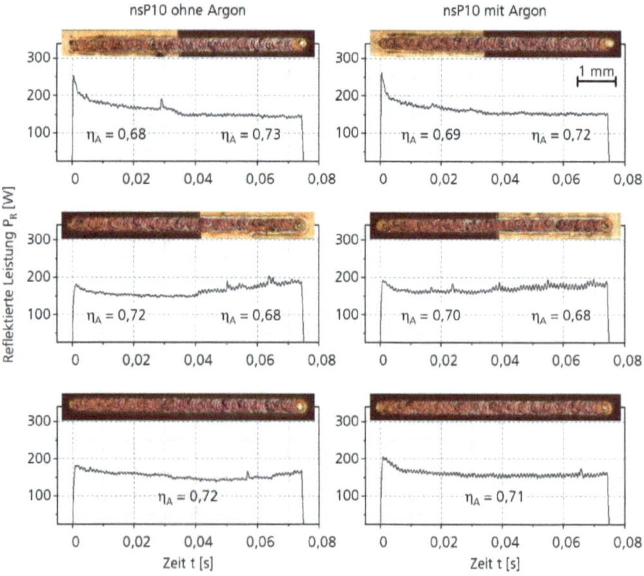

An Nahtposition B beginnt der Laserstrahlschweißprozess auf der strukturierten Oberfläche. Das Signal des initialen Rückreflexes ist nur sehr schwach ausgeprägt. Periodische Schwankungen im Signalverlauf korrespondieren mit der Oszillationsfrequenz der örtlichen Leistungsmodulation. Die

Signalschwankungen sind auf der strukturierten Fläche weniger stark ausgeprägt als auf der blanken Kupferoberfläche. Dies lässt auf eine stabilere Energieabsorption auf der Struktur schließen. Beim Übergang auf den Bereich der blanken Kupferprobe steigt die reflektierte Leistung an. An Nahtposition C, an der die gesamte Schweißnaht auf der strukturierten Fläche liegt, ist das initiale Rückreflex-Signal ebenfalls nur schwach ausgeprägt. Nach dem Erreichen des Tiefschweißprozesses ($t \approx 8$ ms) sind nur wenige Schwankungen im Signalverlauf erkennbar. Insgesamt lässt sich der Einkoppelgrad durch diese Strategie der Oberflächenstrukturierung nur leicht gegenüber einer blanken Kupferprobe erhöhen. Die Auswirkungen der Oberflächenoxidation sind ebenfalls nur geringfügig detektierbar.

In Bild 60 sind die Signalverläufe der reflektierten Leistung für eine Nanosekunden-Strukturierung mit einer Rasterstrategie dargestellt (nsR60). Der Aufbau der Diagramme entspricht dem in Bild 59. An Nahtposition A ist zu Beginn des Signalverlaufs ein initialer Rückreflex erkennbar. Beim Übergang von der blanken Kupferoberfläche auf den strukturierten Bereich ist ein Absinken der reflektierten Leistung kaum erkennbar. Beim Vergleich der Einkoppelgrade ergeben sich allerdings Unterschiede. Mittig auf dem strukturierten Bereich bei der nsR60 mA Probe ist ein Auswurf erkennbar. Dieser lässt sich im Signalverlauf ebenfalls durch einen Peak detektieren. Ebenso wie bei der nsP10 Probe ist auch bei der nsR60 Probe an Nahtposition B ein deutlich geringerer initialer Rückreflex zu sehen als bei einem Start des Prozesses auf der blanken Kupferseite. Die Strukturierung eignet sich demnach zur Minderung eines initialen Rückreflexes. Eine Änderung der Signalhöhe beim Übergang von der strukturierten Probenseite auf das blanke Kupfer ist kaum erkennbar. Der Einkoppelgrad ändert sich nur marginal. Die Signalverläufe an Nahtposition C ähneln sich für beide Proben erkennbar. Das initiale Rückreflex-Signal ist nur schwach ausgeprägt und der weitere Verlauf zeigt nur geringe Oszillationsamplituden. Die Oberflächenstrukturierung von Kupfer mit dieser Rasterstrategie mit einem nanosekunden-gepulsten Faserlaser eignet sich nur bedingt zur Erhöhung des Einkoppelgrades. Der initiale Rückreflex lässt sich deutlich reduzieren, so dass der Tiefschweißprozess früher beginnt, allerdings wird der Einkoppelgrad im weiteren Prozessverlauf nur marginal durch die Strukturierung erhöht.

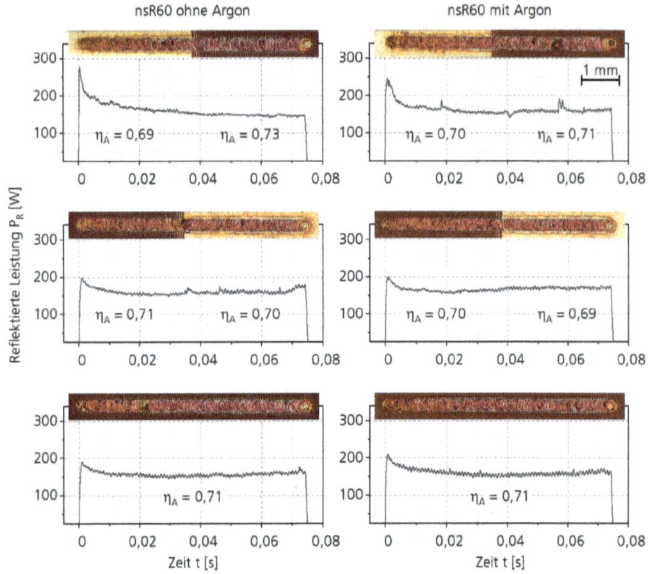

Bild 60:
Verlauf der reflektierten Leistung P_R über der Zeit für Nahtposition A (oben), Nahtposition B (mittig) und Nahtposition C (unten) für das Laserstrahlschweißen mit einem Dauerstrich-Faserlaser auf der nsR60-Struktur.

Bild 61 zeigt die gemittelten Einkoppelgrade der mit einem nanosekundengepulsten Faserlaser strukturierten Oberflächen beim Laserstrahlschweißen mit einem Dauerstrich-Faserlaser im direkten Vergleich. Der Mittelwert des Einkoppelgrades auf der blanken Referenzfläche ist zur besseren Sichtbarkeit zusätzlich als rote, gestrichelte Linie im Diagramm vermerkt. Die Differenz der Säulenhöhe zwischen einer Probe, die mit Argonzufuhr strukturiert wird, und der Komplementärprobe ohne Argonzufuhr, beziffert den Anteil der entstehenden Oxidschicht am resultierenden Einkoppelgrad. Im Falle nsP5 Probe ergibt sich durch die Oxidschicht eine Einkoppelgraderhöhung um etwa 4 %. Bei der nsR60 Probe liegt dieser Wert nur bei 1,7 %. Der Abstand von den Säulen der Proben, die mit Argon strukturiert werden zur Referenzlinie beziffert wiederum den Anteil der Oberflächentopografie an der Erhöhung des Einkoppelgrades. Im Falle der nsP5, der nsP10 und der nsR60 Probe liegt dieser Wert bei etwa 4 %. Die nsR40 Probe dagegen zeigt kaum Unterschiede im Einkoppelgrad im Vergleich zur Referenz. Hier wirken sich weder die Strukturierung noch die resultierende Oxidschicht signifikant auf den Einkoppelgrad aus.

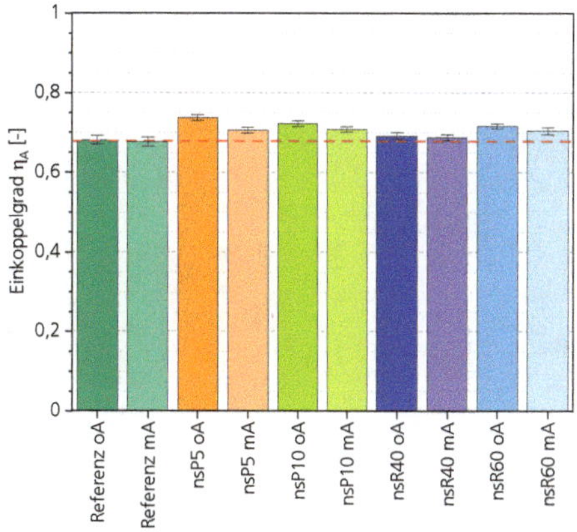

Bild 61: Übersicht der Einkoppelgrade η_A beim Laserstrahlschweißen mit einem Dauerstrich-Faserlaser auf laserstrukturierten Flächen, die mit einem nanosekunden-gepulsten Faserlaser erzeugt werden. Die rote Linie kennzeichnet das Niveau der Referenz.

Die Auswirkungen dieser Einkoppelgraderhöhung lassen sich durch eine Betrachtung der resultierenden Schweißnahtausprägung beurteilen. Dazu wird zunächst die Einschweißtiefenerhöhung ermittelt. Hierzu werden Längsschliffe der Nahtpositionen A angefertigt und für den blanken und den strukturierten Bereich jeweils an mindestens fünf Positionen die Einschweißtiefe gemessen. Da die örtliche Leistungsmodulation zu einem asymmetrischen Schweißnahtquerschnitt führt (vgl. Bild 25) und Schliffbilder lediglich eine diskrete Ebene abbilden können, werden nicht die absoluten Einschweißtiefen verglichen. Stattdessen wird die gemessene mittlere Einschweißtiefe auf der blanken Probenseite mit der gemessenen mittleren Einschweißtiefe auf der strukturierten Probenseite zueinander ins Verhältnis gesetzt und so die oberflächenmodifikationsbedingte Einschweißtiefenerhöhung in Prozent ermittelt. Bei der Messung der Einschweißtiefe wird der Anfangsbereich der Naht nicht berücksichtigt, da der Prozess einige Zeit benötigt, um sich aufzubauen. Dieser Zusammenhang wird auch von den Signalverläufen der rückreflektierten Leistung widergespiegelt. Die Ergebnisse sollen als Richtwert und als zusätzliches Indiz zur Wirksamkeit der Oberflächenstrukturierung für den Laserstrahlschweißprozess verstanden werden. Eine absolute Betrachtung ist bedingt durch Messungenauigkeiten und bekannte Präparationsschwierigkeiten bei Cu-ETP nicht möglich. Die Einschweißtiefenerhöhung der mit einem nanosekunden-gepulsten Faserlaser hergestellten Oberflächen beim Laserstrahlschweißen mit einem Dauerstrich-Faserlaser ist in Bild 62 dargestellt. Für jede untersuchte Oberfläche liegt die Erhöhung in der Einschweißtiefe bei über 10 % gegenüber der blanken Probenseite. Im Mittel sind die Proben, die ohne Argon strukturiert werden, effizienter, da hier auch die thermisch bedingte Oxidierung einen Einfluss auf die Einschweißtiefe hat. Eine Ausnahme hiervon bildet die nsR40 Probe.

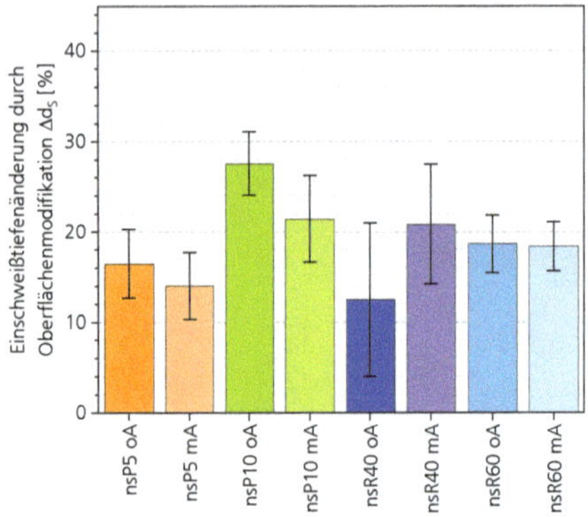

Bild 62: Prozentuale Änderung der Einschweißtiefe in Bezug auf die jeweils blanke Kupferoberfläche für Strukturen, die mit einem nanosekunden-gepulsten Faserlaser hergestellt werden. Die Schweißversuche werden mit einem Dauerstrich-Faserlaser durchgeführt.

Die Säulenhöhe der Proben, die unter Argonatmosphäre hergestellt werden, ist ein Maß für die Effizienz der Oberflächentopografie. Da bei dieser Methode durch den Ausschluss von Sauerstoff keine oder eine deutlich reduzierte thermisch induzierte Oxidschichtbildung stattfindet, ist die Erhöhung der Einschweißtiefe auf die Oberflächenstrukturierung zurückzuführen. Dieser Wert liegt zwischen 14 und 22 %. Die Differenz in der Säulenhöhe zwischen den Proben, die mit und ohne Argon strukturiert werden, ist auf die Entstehung der Oxidschichten zurückzuführen, also ein Maß für den Anteil der Oxidschichtbildung an der Einschweißtiefe. Dieser Wert liegt zwischen 0,5 und 6 Prozentpunkten, ist allerdings für keines der Probenpaare signifikant. Die Werte der nsR40 Probe sind in dieser Betrachtung nicht berücksichtigt, da gemäß der Datenlage die Oxidschicht einen negativen Einfluss auf die Einschweißtiefe hätte. Bei der Betrachtung der zugehörigen Signalverläufe (Bild 106) und der ermittelten Einkoppelgrade (Bild 61) scheint die Oxidschichtbildung einen geringen oder keinen Einfluss auf den Einkoppelgrad zu haben, ein negativer Einfluss kann allerdings nicht festgestellt werden. Eine Erhöhung der Einschweißtiefe allein ist kein Indiz für eine gesteigerte Prozesseffizienz und -stabilität.

Ein erhöhter Einkoppelgrad bewirkt zwar, dass ein größerer Anteil der eingestrahlten Energie vom Werkstück absorbiert wird, allerdings bedeutet dies nicht zwangsläufig auch, dass mehr Schmelze gebildet wird und der Prozesswirkungsgrad gesteigert wird. Gemäß Bild 6 teilt sich die absorbierte Leistung P_A im Wesentlichen auf die Prozessleistung P_P, die zur Schmelzbadbildung genutzt wird, und die Verlustleistung durch Konduktion P_V auf. Auf der Oberseite des Schmelzbades geht Energie durch Konvektion und Wärmestrahlung verloren, allerdings sind diese Anteile vernachlässigbar. Somit steigt die Prozesseffizienz, wenn ein größerer Anteil der absorbierten Leistung in Schmelze umgesetzt werden kann. Bei bekannten Prozessparametern lässt sich die Schmelzeffizienz gemäß Formel 2.10 aus Werkstoffkenngrößen, Prozessparametern und Schmelzbadquerschnittfläche berechnen. Zur Bestimmung der Schmelzeffizienz werden Querschliffe der Schweißnähte hergestellt und die Querschnittfläche A_N vermessen. Für jede Oberfläche werden mindestens drei Nähte vermessen. Die Werkstoffparameter werden Tabelle 2.2 entnommen. Im Nenner wird die effektive Laserleistung $P_{L,eff}$ eingesetzt, somit zeigt die Schmelzeffizienz den Anteil der effektiven Laserleistung, der in Schmelze umgesetzt wird. Die resultierende Schmelzeffizienz der mit einem nanosekunden-gepulsten Faserlaser strukturierten Oberflächen ist in Bild 63 dargestellt. Alle untersuchten Oberflächen zeigen eine signifikant größere Effizienz als die blanke Referenzprobe.

Bild 63: Schmelzeffizienz SE der mit einem nanosekunden-gepulsten Faserlaser erzeugten Oberflächen im Vergleich zu einer Referenzprobe. Die Oberflächenstrukturen bewirken eine Steigerung des Umsatzes der eingestrahlten Leistung in Schmelze.

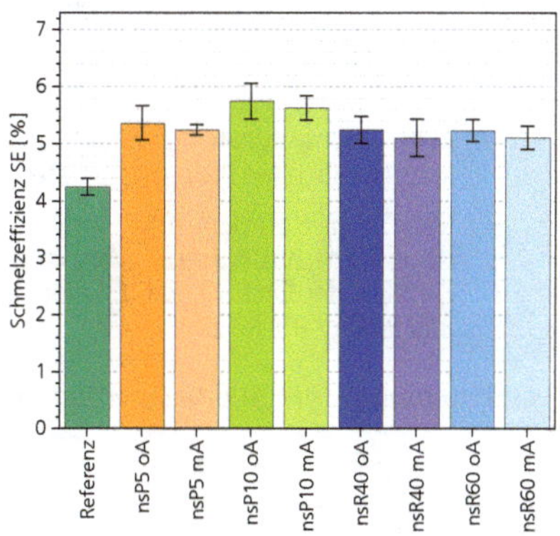

Dabei ist die Höhendifferenz zwischen der Referenzsäule und der Säule einer unter Argon strukturierten Oberfläche ein Maß für den Einfluss der Oberflächenstrukturierung auf die Schmelzeffizienz. Die Höhendifferenz der Säulen zwischen einer mit und einer ohne Argon strukturierten Oberfläche wiederum ist ein Maß für den Einfluss der Oxidation. Für alle untersuchten Oberflächen gilt, dass der Einfluss der Oxidation bezogen auf die Mittelwerte deutlich geringer ist als der Einfluss der Strukturierung. Die Steigerung der Schmelzeffizienz durch die Strukturierung liegt zwischen 20 % (nsR40) und 32,5 % (nsP10). Die nsP10 Probe zeigt insgesamt die größte Schmelzeffizienz im Vergleich zu den übrigen Oberflächen. Dies korreliert mit der gemessenen Einschweißtiefenerhöhung (vgl. Bild 62). Der Einfluss der Oxidschicht auf die Schmelzeffizienz liegt nur zwischen 2,2 % (nsP10) und 2,8 % (nsR40). Zudem besteht bei keiner der untersuchten Oberflächen ein signifikanter Unterschied in der Schmelzeffizienz zwischen unter Argon und ohne Argon strukturierten Oberflächen. Somit ist der Einfluss der Oxidschicht nicht signifikant für die Prozesseffizienz. Diese Erkenntnis ist konform mit dem Ergebnis zur

Untersuchung gezielt oxidierter Oberflächen in Kapitel 5.2.1. Auch hier kann kein signifikanter Einfluss der Oxidschichten auf die Schmelzeffizienz festgestellt werden.

Die Laserstrukturierung von Kupferoberflächen mit einem nanosekunden-gepulsten Faserlaser kann zu einer Steigerung des Einkoppelgrades von NIR Laserstrahlung beitragen und die Prozesseffizienz beim Laserstrahlschweißen erhöhen. Zusammenfassend lassen sich aus den oben beschriebenen Untersuchungen folgende Ergebnisse für das Laserstrahlschweißen auf Kupferoberflächen, die mit einem nanosekunden-gepulsten Faserlaser erzeugt werden, festhalten:

- Der initiale Rückreflex kann deutlich reduziert werden.
- Eine signifikante Erhöhung des Einkoppelgrades um bis zu 4 % kann nachgewiesen werden.
- Die Einschweißtiefe kann durch den Einfluss der Strukturierung bei gleichbleibenden Prozessparametern um bis zu 22 % gesteigert werden.
- Die Schmelzeffizienz und damit die Prozesseffizienz wird durch die Oberflächenstrukturierung signifikant um bis zu 32 % erhöht. Der Einfluss der Oberflächenoxidation hat keinen signifikanten Einfluss auf die Prozesseffizienz.

5.2.3 Mit UKP-Laserstrahlung strukturierte Oberflächen

In Kapitel 4.2.2 wird die Laserstrukturierung von Kupferoberflächen mit einem pikosekunden-gepulsten Laser beschrieben. Dabei wird die Strukturierung unter Umgebungsatmosphäre und in einer Argonwanne durchgeführt. Für die Blindschweißnähte werden die in Tabelle 5.3 aufgeführten Parameter eingesetzt. Die Kalibrierkurven für den Doppel-Ulbrichtkugel-Aufbau sind im Anhang 11.3.1 zu finden.

Bild 64 zeigt beispielhaft das Nahtbild einer Schweißnaht mit einem Dauerstrich-Faserlaser. Der Nahtanfang liegt auf der blanken Kupferoberfläche. Die Naht verläuft dann auf den strukturierten Bereich der Oberfläche (Nahtposition A, vgl. Bild 50). Im Bereich der Naht, welche auf der blanken Probenseite verläuft, sind mehrere Nahtfehler in Form von Spritzern oder kleinen Aufwürfen erkennbar. Auf der strukturierten Probenseite wird die Naht breiter und ebenmäßiger. Spritzer sind nicht erkennbar und die Anzahl von Aufwürfen wird reduziert oder diese werden sogar zur Gänze unterbunden. Auch die Oberflächenstrukturierung mit einer UKP-Strahlquelle hat somit einen Einfluss auf die Ausprägung der resultierenden Schweißnaht.

Bild 64:
Beispiel einer Schweißnaht (Nahtposition A) auf strukturierter Oberfläche (psR60 mA)

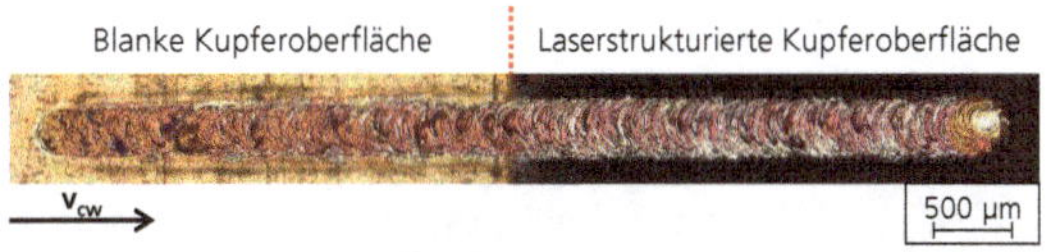

Die Versuche und die Auswertung erfolgen analog zu Kapitel 5.2.2. Die Graphen repräsentieren von oben nach unten die Nahtpositionen A, B und C (vgl. Bild 50). Oberhalb der Graphen ist maßstabsgetreu eine Abbildung einer Schweißnaht dieser Versuchsreihe aufgetragen, so dass eine Signaländerung mit dem Erscheinungsbild der Nahtoberraupe beziehungsweise Änderungen in der Oberfläche korreliert werden kann. Die Beschreibung der Probenherstellung erfolgt in Kapitel 4.2.2. Exemplarisch werden hier je eine Probe, die mit der Parallelstrategie und eine, die mit der Rasterstrategie hergestellt wird, gezeigt. Anhand der Verläufe werden typische Merkmale aufgezeigt und diskutiert. Die übrigen Verläufe sind im Anhang 11.6.1 zu finden. Die Signalverläufe in Bild 65 repräsentieren die gemittelte reflektierte Leistung P_R über der Zeit für die Schweißnähte auf der psP2-Struktur. In den Graphen ist der ermittelte Einkoppelgrad η_A für die strukturierten und blanken Bereiche aufgetragen.

Bild 65:
Verlauf der reflektierten Leistung P_R über der Zeit für Nahtposition A (oben), Nahtposition B (mittig) und Nahtposition C (unten) für das Laserstrahlschweißen mit einem Dauerstrich-Faserlaser auf der psP2-Struktur.

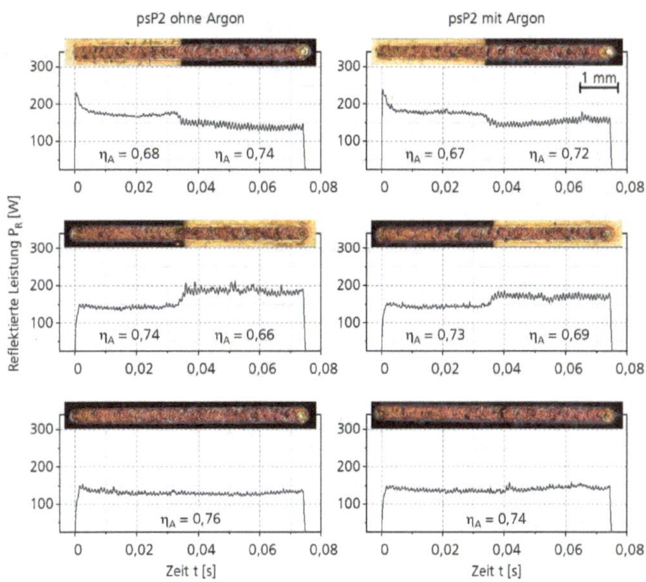

An der Nahtposition A ist für die Probe mit und für die Probe ohne Argonzufuhr ein initialer Rückreflex zu Beginn des Signalverlaufs erkennbar. Sobald sich der Tiefschweißprozess ausgebildet hat, erreicht das Signal ein konstantes Niveau. Beim Übergang von der blanken Seite der Probe auf den laserstrukturierten Bereich sinkt die reflektierte Leistung abrupt ab und verstetigt sich auf einem niedrigeren Niveau. Dieser Effekt ist auf der Probe, für die kein Argon während der Strukturierung eingesetzt wird, deutlicher. An Nahtposition B beginnt der Laserstrahlschweißprozess auf dem strukturierten Bereich der Probe. Der initiale Rückreflex wird durch die Oberflächenmodifizierung gänzlich unterdrückt und der Tiefschweißprozess bildet sich aus. Kurz nach Beginn des Schweißprozesses wird ein konstantes Signal der reflektierten Leistung erreicht. An Nahtposition C liegt die gesamte Naht auf der strukturierten Probenfläche. Das Signal der reflektierten Leistung ist auf der Probe, welche mit Argon strukturiert wird, höher als auf der Probe, die ohne Argon strukturiert wird.

Die Signalverläufe der reflektierten Leistung von Blindschweißungen auf Proben, die mit einer Rasterstrategie strukturiert werden, sind in Bild 66 dargestellt. Zur Veranschaulichung der beobachteten Effekte wird die psR30 Probe gewählt (vgl. Kapitel 4.2.2).

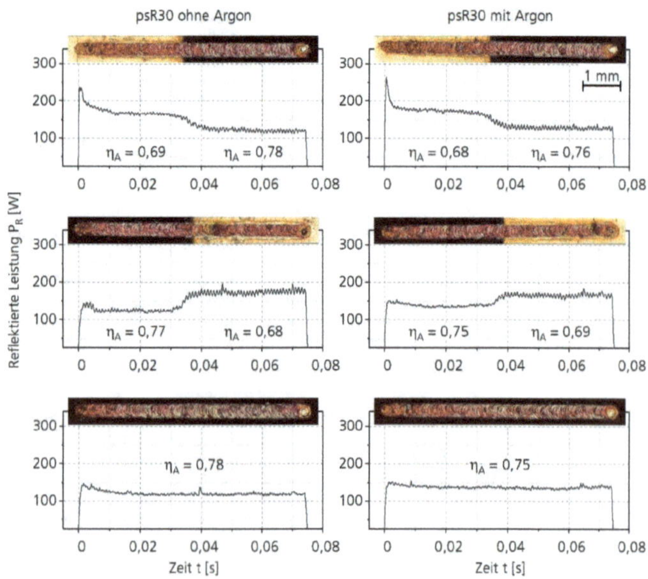

Bild 66: Verlauf der reflektierten Leistung P_R über der Zeit für Nahtposition A (oben), Nahtposition B (mittig) und Nahtposition C (unten) für das Laserstrahlschweißen mit einem Dauerstrich-Faserlaser auf der psR30-Struktur.

An der Nahtposition A wird sowohl bei den Proben, die unter Argon strukturiert werden, als auch bei den Proben, die ohne Argon strukturiert werden, ein initialer Rückreflex detektiert. Nach 5 - 8 ms hat sich ein stabiler Tiefschweißprozess eingestellt. Beim Übergang auf den strukturierten Bereich der Probe sinkt das Signal der reflektierten Leistung deutlich. An Nahtposition B ist dagegen zum Beginn der Wechselwirkung zwischen Licht und Materie nur eine leichte Signalüberhöhung sichtbar, danach stabilisiert sich das Signal während des Tiefschweißprozesses. Beim Übergang auf den blanken Probenbereich steigt das reflektierte Signal merklich. An Nahtposition C, wenn die gesamte Schweißnaht auf dem strukturierten Probenbereich liegt, ist ebenfalls zu Beginn des Prozesses das Signal etwas erhöht und sinkt dann im Verlauf der Schweißung. Auf der ohne Argon strukturierten Probe ist der Einkoppelgrad höher als auf der Probe, die unter Argon strukturiert wird.

Um diesen Zusammenhang vergleichen zu können, sind die Einkoppelgrade aller Proben in Bild 67 dargestellt. Das Niveau der Referenz ist zur Verdeutlichung zusätzlich als rote, gestrichelte Linie in dem Diagramm vermerkt. Bis auf die psP5 Probe zeigen alle untersuchten Oberflächen einen signifikant höheren Einkoppelgrad als die blanke Referenzoberfläche. Analog zur Probenauswertung in Kapitel 5.2.2 ist der Höhenunterschied der Säulen von gleichen Proben, die mit und ohne Argon strukturiert werden, ein Maß für den Einfluss der thermisch bedingten Oxidschichten. Dieser Wert liegt beispielsweise für die psP2 Probe bei 1,8 % und für die psR60 Probe bei 3,2 %.

Bild 67: Übersicht der Einkoppelgrade η_A beim Laserstrahlschweißen mit einem Dauerstrich-Faserlaser auf laserstrukturierten Flächen, die mit einem UKP-Laser erzeugt werden.

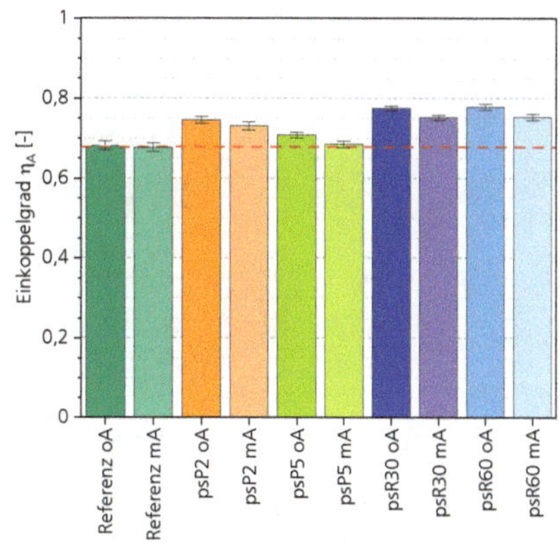

Die Differenz in der Säulenhöhe zwischen der Referenzlinie und der Probenoberflächen, die unter Argon strukturiert werden, ist ein Maß für den Einfluss der Oberflächentopografie auf den resultierenden Einkoppelgrad. Dies ist ein Maß für die Effizienz der Strukturierung in Bezug auf den Schweißprozess. Dieser Wert liegt für die psP2 Probe bei 7,6 %, für die PsR30 Probe bei 10 % und für die psR60 Probe bei 10,2 %. Lediglich die psP5 Oberfläche hat keinen signifikanten Einfluss auf den Einkoppelgrad.

Analog zu Kapitel 5.2.2 wird auch für die Schweißnähte auf den UKP-Strukturen die Einschweißtiefenerhöhung gemessen. Dazu werden Längsschliffe der Nahtposition A angefertigt und die Einschweißtiefe auf der blanken und auf der strukturierten Probenseite an mindestens je fünf Stellen vermessen. Der Nahtanfangsbereich wird hierbei vernachlässigt, da nicht direkt zu Prozessbeginn die maximal erreichbare Einschweißtiefe erreicht wird. Die gemessenen mittleren Einschweißtiefen werden zueinander ins Verhältnis gesetzt. In Bild 68 ist die prozentuale Einschweißtiefenerhöhung der strukturierten Oberflächen bezogen auf die Einschweißtiefe auf der blanken Probeseite dargestellt. Ebenso wie bei den mit einem ns-Laser strukturierten Oberflächen liegt auch hier die Erhöhung der Einschweißtiefe für alle untersuchten Proben bei über 10 %. Die Proben, welche ohne Argonzufuhr strukturiert werden, sind effizienter, da die Oxidschicht zur Energieeinkopplung und damit zur Schmelzbadbildung beiträgt. Eine Ausnahme hierzu bildet die Probe psP2.

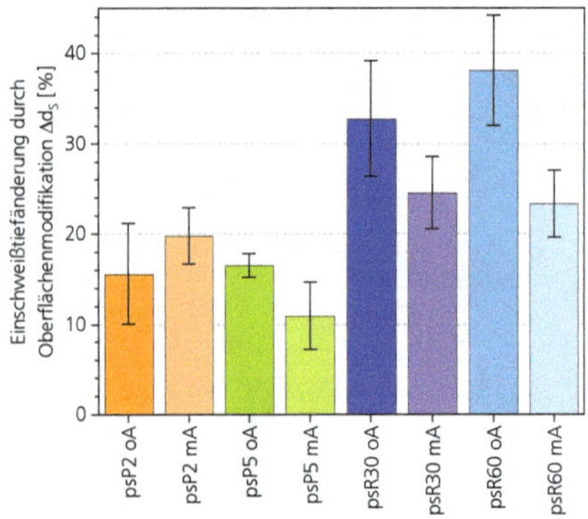

Bild 68: Prozentuale Änderung der Einschweißtiefe in Bezug auf die jeweils blanke Kupferoberfläche für Strukturen, die mit einem UKP-Laser hergestellt werden. Die Schweißversuche werden mit einem Dauerstrich-Faserlaser durchgeführt.

Der Einsatz einer Argonatmosphäre während des Strukturierungsprozesses verhindert den Kontakt zwischen Umgebungsluft und der Wechselwirkungszone. Somit ist die Säulenhöhe dieser Proben ein Maß für die Effizienz der Strukturierung beziehungsweise der Oberflächentopografie. Dieser Wert liegt für die mit einem UKP Laser erzeugten Proben zwischen 11 % (psP5) und 24 % (psR30). Die Differenz in der Säulenhöhe zwischen den Proben die mit und denen, die ohne Argon bearbeitet werden, ist wiederum ein Maß für den Einfluss der thermisch induzierten Oxidschicht. Dieser Wert liegt zwischen 5 Prozentpunkten (psP5) und 15 Prozentpunkten (psR60). Die psP2 Proben werden bei dieser Betrachtung vernachlässigt. Da die Erhöhung des Einkoppelgrades für die Probe, welche ohne Argon strukturiert wird, niedriger ist als für die Probe, welche mit Argon strukturiert wird, wird ein negativer Einfluss der Oxidschichtbildung suggeriert. Das bedeutet, dass die Ausbildung einer Oxidschicht eine geringere Einschweißtiefenerhöhung induziert. Bei der Betrachtung der Signalverläufe der rückreflektierten Leistung (vgl. Bild 65) und auch im Vergleich der ermittelten Einkoppelgrade (vgl. Bild 67) kann dieser Eindruck nicht bestätigt werden. Im direkten Vergleich zeigt sich, dass die mit einer Rasterstrategie erstellten Oberflächen hinsichtlich der Einschweißtiefenerhöhung effizienter sind als die Proben, die mit einer Parallelstrategie erstellt werden. Dies korreliert auch mit den gemessenen Einkoppelgraden, ist hier allerdings nicht so deutlich ausgeprägt.

Zusätzlich zur Betrachtung der Einschweißtiefenänderung Δd_S wird die Schmelzeffizienz SE ermittelt. Hierfür werden die Prozessparameter (Tabelle 5.3) und die Werkstoffparameter (Tabelle 2.2) genutzt und gemeinsam mit der gemessenen Nahtquerschnittsfläche A_N kann die Schmelzeffizienz gemäß Formel 2.10 errechnet werden. Für die Bestimmung der Nahtquerschnittsfläche werden mindestens drei Nähte pro Oberfläche im Querschliff vermessen. Das Ergebnis der resultierenden Schmelzeffizienz der Oberflächen im Vergleich zu einer blanken Referenzprobe ist in Bild 69 dargestellt. Dabei zeigen alle untersuchten Oberflächen eine im Vergleich zur Referenzprobe im Mittel erhöhte Schmelzeffizienz. Allerdings ist der Unterschied der psP5 Probe zur Referenz nicht signifikant. Die mit einer Rasterstrategie erzeugten Oberflächen zeigen eine höhere Schmelzeffizienz als die mit einer Parallelstrategie erzeugten Oberflächen. Diese Beobachtung korreliert mit dem Einkoppelgrad η_A (Bild 67) und der Einschweißtiefenerhöhung Δd_S (Bild 68).

Der Unterschied in der Säulenhöhe zwischen einer unter Argon strukturierten Oberfläche zur Referenzprobe stellt ein Maß für den Anteil der Oberflächentopografie auf die resultierende Schmelzeffizienz dar. Die Erhöhung der Schmelzeffizienz durch die Strukturierung liegt zwischen 3,9 % (psP5, nicht signifikant) und 46,1 % (psR30). Für die psR60 Probe liegt dieser Wert noch bei 41,1 %. Die Differenz in der mittleren Säulenhöhe zwischen den Proben, die mit und die ohne Argon strukturiert werden, ist wiederum ein Maß für den Einfluss der thermisch induzierten Oxidschicht auf die Schmelzeffizienz. Die Erhöhung der Schmelzeffizienz durch die Oxidation liegt zwischen 6,2 % (psR30) und 7,9 % (psP2). Damit ist der Einfluss der Oxidschicht auf die Effizienz des Prozesses im Verhältnis geringer als der Einfluss der Oberflächentopografie. Allerdings zeigt nur die psR30 Probe auch einen signifikanten Unterschied in der Schmelzeffizienz zwischen der unter Argon und der ohne Argon strukturierten Oberfläche. Der Einfluss der Oxidschicht ist somit überwiegend nicht signifikant für die Schmelzeffizienz.

Bild 69: Schmelzeffizienz SE der mit einem UKP Laser erzeugten Oberflächen im Vergleich zu einer Referenzprobe. Die Oberflächenstrukturen bewirken eine Steigerung des Umsatzes der eingestrahlten Leistung in Schmelze.

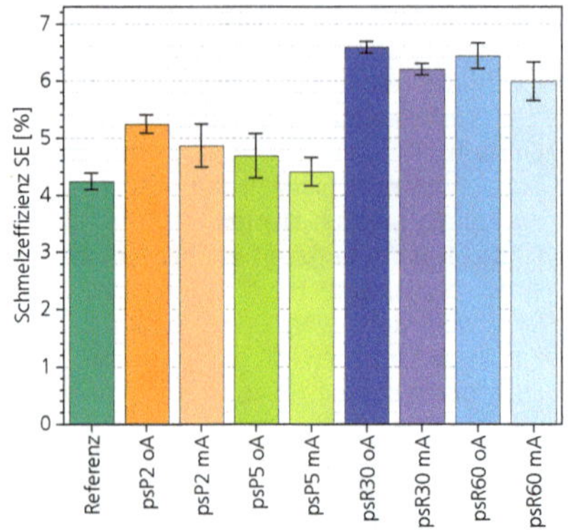

Im Vergleich zur Effizienz der mit einem nanosekunden-gepulsten Faserlaser hergestellten Oberflächen (Kapitel 5.2.2) zeigen die mit einem UKP-Laser hergestellten Oberflächen eine größere Schmelzeffizienz. Darüber hinaus ist der Einfluss der Oxidschicht bei den UKP-Strukturen höher als bei den ns-Strukturen. Dies deutet auch auf eine höhere Schichtdicke bedingt durch die längere Bearbeitungsdauer hin. Allerdings sei auch hier noch einmal auf eine fehlende Signifikanz in Bezug auf die Oxidschicht hingewiesen, die bereits in Kapitel 5.2.1 bei der Untersuchung thermisch oxidierter Kupferproben nachgewiesen wird. Zusammenfassend lassen sich aus den oben beschriebenen Untersuchungen folgende Ergebnisse für das Laserstrahlschweißen auf Kupferoberflächen, die mit einem UKP-Laser erzeugt werden, festhalten:

- Der initiale Rückreflex lässt sich durch die Oberflächenstrukturierung reduzieren oder sogar gänzlich unterbinden.
- Der Einkoppelgrad kann durch die Oberflächentopografie signifikant um bis zu 10,2 % erhöht werden.
- Die Einschweißtiefe lässt sich durch die Strukturierung um bis zu 24 % bei konstanten Prozessparametern steigern.
- Die Schmelzeffizienz kann durch die Strukturierung um bis zu 46 % erhöht werden. Die thermisch induzierten Oxidschichten haben meist keinen signifikanten Einfluss auf die Schmelzeffizienz (Ausnahme: psR30).

5.3 Laserstrahlschweißen mit nanosekunden-gepulstem Faserlaser

Das Laserstrahlschweißen mit nanosekunden-gepulsten Faserlasern ist ein relativ neuer Verfahrensansatz, der hauptsächlich von dem Hersteller dieser Strahlquellen (SPI Lasers UK Ltd., Southampton, UK) publiziert und propagiert wird (vgl. Kapitel 2.3.2). Für die Versuche in diesem Kapitel wird ein SPI G4 EP-Z 130 W eingesetzt. Die Eigenschaften des Versuchsaufbaus sind im Anhang 11.4.1 aufgeführt. Der nanosekunden-gepulste Faserlaser ermöglicht die direkte Anpassung dreier Parameter: der mittleren Laserleistung P_m, der Pulsform (PF) und der Pulsrepetitionsrate f_{Puls}. Bei einer Anpassung dieser Parameter ändern sich die Pulsspitzenleistung P_{Puls} und die Pulsenergie E_{Puls} entsprechend, da diese Werte eng miteinander gekoppelt sind. Ebenso ist die Variationsmöglichkeit der Pulsrepetitionsrate an die Pulsform gekoppelt und nicht in beliebigen Grenzen änderbar. Der Zusammenhang dieser Parameter ist in Gleichung 5.1 verdeutlicht.

5.1
$$P_{Puls} = \frac{E_{Puls}}{E_{Puls,max}} \cdot P_{Puls,max} \quad mit\ E_{Puls} = \frac{P_m}{f_{Puls}}$$

P_{Puls}: Pulsspitzenleistung [W]; $P_{Puls,max}$: Maximal erreichbare Pulsspitzenleistung innerhalb einer Pulsform [W]; E_{Puls}: Pulsenergie [J]; $E_{Puls,max}$: Maximal erreichbare Pulsenergie innerhalb einer Pulsform [J]; P_m: Mittlere Laserleistung [W]; f_{Puls}: Pulsrepetitionsrate [Hz]

Das bedeutet, dass bei einer Erhöhung der Pulsrepetitionsrate die Pulsspitzenleistung sinkt. Dieser Zusammenhang ist beispielhaft für die Pulsform 0 in Bild 70 dargestellt. Die Daten für die unterschiedlichen Pulsformen sind der Anleitung der Strahlquelle zu entnehmen.

Bild 70: Abhängigkeit der Pulsspitzenleistung von der Pulsrepetitionsrate bei der Pulsform 0 eines SPI G4 EP-Z 130 W

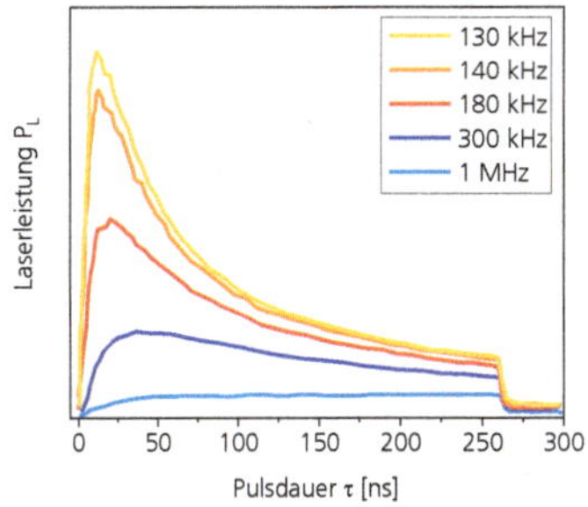

Um den Einfluss der Pulsdauer τ, der mittleren Laserleistung P_m und der Pulsrepetitionsrate f_{Puls} auf das Laserstrahlschweißen mit nanosekunden-gepulsten Strahlquellen abschätzen zu können, werden mehrere Versuchsreihen durchgeführt. Dabei werden Blindschweißungen auf 1 mm dicken CuSn6 Proben durchgeführt. CuSn6 besitzt auf Grund der Zinnanteile in der Legierung eine geringere Wärmeleitfähigkeit als Cu-ETP und reflektiert bei Raumtemperatur einen geringeren Anteil der durch einen NIR Laser eingestrahlten Energie. Dies führt zu einer besseren Schweißeignung. Die zum Zeitpunkt der Versuchsdurchführung maximal verfügbare mittlere Ausgangsleistung von 130 W für diese Strahlquellen ist auf Grund der Materialeigenschaften nicht für das Fügen von Cu-ETP Proben einsetzbar, darum wird hier auf eine Bronze zurückgegriffen, um die Parameterzusammenhänge zu ermitteln.

Einfluss der Pulsdauer auf die Einschweißtiefe

Die Pulsdauer τ ist bei dem G4 an die Pulsform gekoppelt. Um also den Einfluss der Pulsdauer zu untersuchen, wird die Pulsform angepasst, während die Pulsrepetitionsrate, die mittlere Laserleistung und der Vorschub konstant gehalten werden. Zu kürzeren Pulsdauern steigt auch die Pulsspitzenleistung, da diese Parameter miteinander zusammenhängen (vgl. Bild 70). In Bild 71 ist dieser Zusammenhang aufgetragen. Mit steigender Pulslänge τ und sinkender Pulsspitzenleistung P_{Puls} sinkt die Einschweißtiefe d_S.

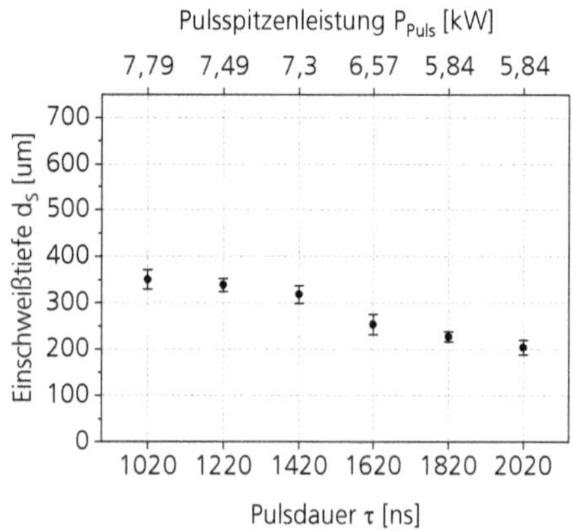

Bild 71: Einfluss der Pulsdauer auf die resultierende Einschweißtiefe. Die Pulsspitzenleistung ist mit der Pulsform und der Pulsdauer verknüpft.

Bild 72 zeigt exemplarisch zwei Querschliffe für die Pulslängen τ von 620 ns und 2020 ns. Deutlich zu erkennen ist die Charakteristik einer Schweißnaht mit einem gepulsten ns-Faserlaser. Innerhalb der Naht sind viele Poren sichtbar, die sich insbesondere im Nahtgrund wiederfinden. Die Oberfläche der Naht ist rau und uneben. Der Grund für diese Charakteristik liegt in der Prozessführung mit gepulsten Strahlquellen.

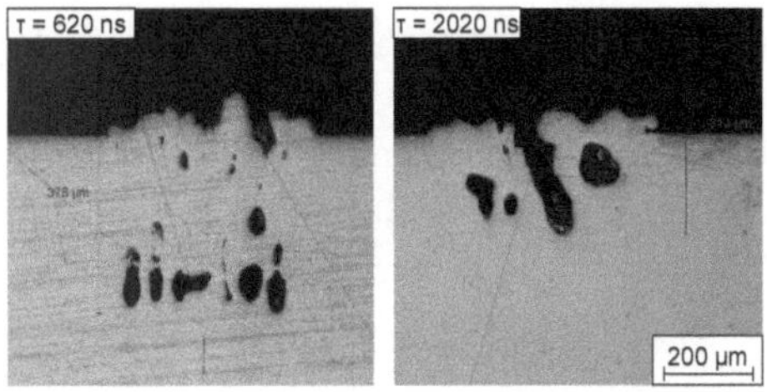

Bild 72: Exemplarische Querschliffe von Blindschweißungen mit unterschiedlicher Pulslänge τ auf CuSn6.

Der gepulste Energieeintrag führt zu einem zyklischen, frequenzabhängigen Aufbau und anschließendem Kollaps der Dampfkapillare. So ist die Entstehung eines stabilen Schmelzbades oder Prozesses kaum möglich. Das resultierende Nahtbild gleicht dem eines überhitzten Laserstrahlschweißprozesses, welcher sich an der Grenze zum Materialabtrag befindet. Zwischen den Pulsen (der Duty Cycle liegt hier zwischen 7 % und 22 %) erstarrt das Kupfermaterial, so dass bei jedem Puls die Schwellintensität erneut überschritten werden muss, um eine Materialdurchmischung zu ermöglichen.

Einfluss der mittleren Laserleistung auf die Einschweißtiefe

In einem nächsten Schritt wird die Pulsform PF und damit auch die Pulsdauer konstant gehalten, um den Einfluss der mittleren Laserleistung P_m auf die Einschweißtiefe d_S zu untersuchen. Mit der mittleren Laserleistung verändert sich auch die Pulsspitzenleistung P_P und die Pulsenergie E_P. In Bild 73 ist der Verlauf der Einschweißtiefe über der mittleren Laserleistung aufgetragen. Die zugehörigen Laser- und Prozessparameter sind im Anhang 11.5 in Tabelle 11.7 aufgeführt.

Bild 73:
Einfluss der mittleren Laserleistung auf die resultierende Einschweißtiefe. Die Pulsspitzenleistung ändert sich mit der mittleren Laserleistung.

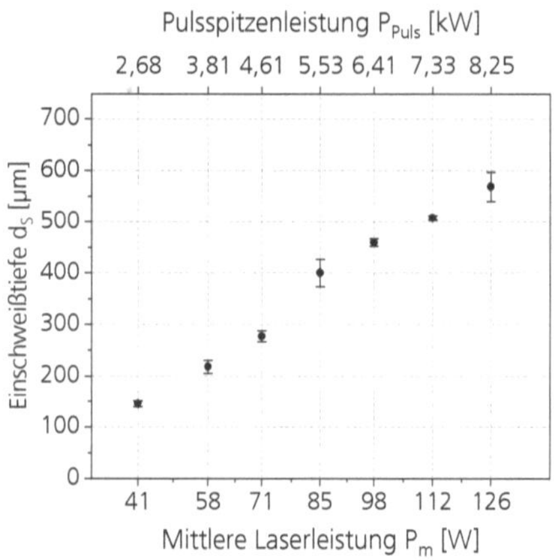

Mit zunehmender mittlerer Laserleistung und damit auch höherer Pulsspitzenleistung sowie Pulsenergie steigt die resultierende Einschweißtiefe. Dieser Zusammenhang ist auch beim Laserstrahlschweißen mit kontinuierlich emittierenden Strahlquellen bekannt. Bild 74 zeigt exemplarisch zwei Querschliffe der Versuchsreihe mit unterschiedlicher mittlerer Laserleistung.

Bild 74:
Exemplarische Querschliffe von Blindschweißungen mit variierender mittlerer Laserleistung P_m auf CuSn6.

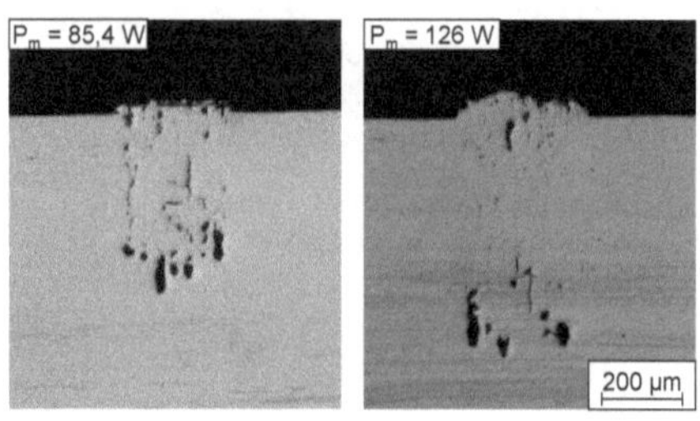

Ähnlich wie bei den Querschliffen in Bild 72 sind eine sehr raue Nahtoberraupe sowie Risse und Poren in der Laserbearbeitungszone zu erkennen. Insbesondere im Nahtgrund bilden sich große Poren, die beim Kollaps der Dampfkapillare verbleiben.

Einfluss der Pulsrepetitionsrate auf die Einschweißtiefe

Um den Einfluss der Pulsrepetitionsrate auf die Einschweißtiefe abschätzen zu können, werden die Pulsspitzenleistung P_{Puls} und die Pulsenergie E_{Puls} konstant gehalten. Diese Bedingung erfordert ebenso eine Anpassung der mittleren Laserleistung P_m. In Bild 75 ist der Zusammenhang zwischen den genannten Parametern aufgetragen. Die zugehörigen Laserparameter sind in Anhang 11.5 in Tabelle 11.8 vermerkt. Mit steigender Pulsrepetitionsrate f_{Puls} steigt auch die Einschweißtiefe in das Material.

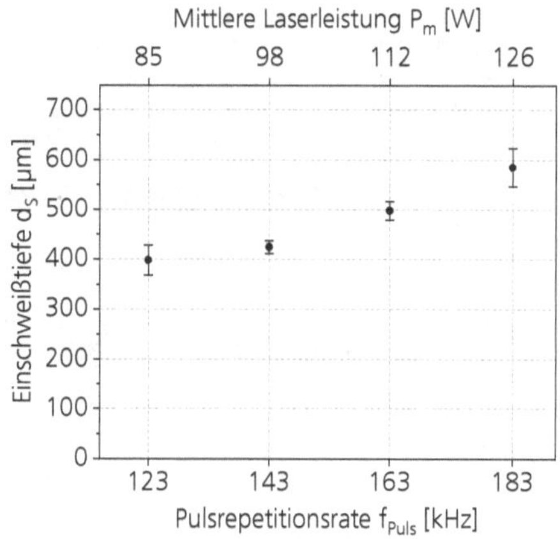

Bild 75: Einfluss der Pulsrepetitionsrate auf die resultierende Einschweißtiefe in CuSn6. Die Pulsspitzenleistung sowie die Pulsenergie sind konstant, die mittlere Leistung ändert sich mit der Pulsrepetitionsrate.

In Bild 76 sind zwei Querschliffe mit unterschiedlicher Pulsrepetitionsrate in CuSn6 dargestellt. Ähnlich wie in Bild 72 und Bild 74 ist die Oberfläche der Naht sehr rau und uneben. Die einzelnen Nähte sind gut erkennbar. Der aufgeschmolzene und wiedererstarrte Bereich zeigt mehrere kleinere Poren. Im Nahtgrund sind größere Poren zu erkennen, die beim Kollaps der Dampfkapillare verbleiben können. Bei einer Pulsrepetitionsrate f_{Puls} von 183 kHz ist ein großer Riss in Wirkrichtung des Laserstrahls erkennbar, der sich von einer Nahtgrundpore ausbreitet.

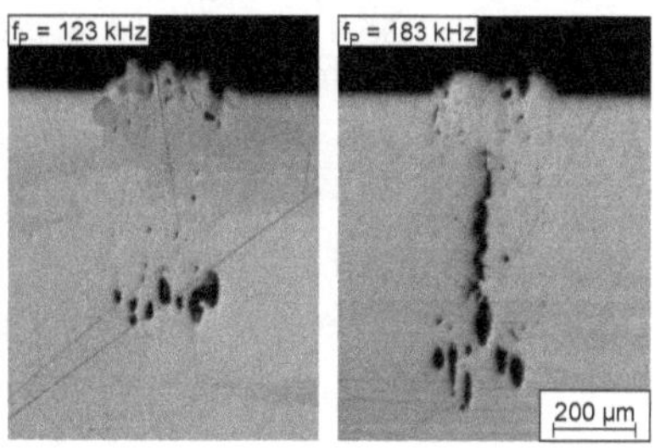

Bild 76: Exemplarische Querschliffe von Blindschweißungen mit variierender Pulsrepetitionsrate f_{Puls} auf CuSn6.

Poren im Nahtgrund können wenig bis keinen Einfluss auf die elektrischen und mechanischen Eigenschaften einer Schweißverbindung haben, wenn sie sich nicht in der Fügezone zweier Bauteile befinden. Nichtsdestotrotz stellt das starke Aufkommen von Poren ein schwer kalkulierbares Risiko für die Funktionalität eines mit einem Laserstrahlschweißprozess hergestellten Bauteils dar. Insbesondere das Vorkommen größerer Risse kann nicht toleriert werden. Ein weiterer Faktor ist die große Rauigkeit der Nahtoberraupe und eine vermehrte Spritzerbildung, die durch die Grenze zum Abtragprozess entstehen. Die Verteilung dieser Nahtdefekte innerhalb der gesamten Schweißnaht wird insbesondere bei der Betrachtung eines Längsschliffs evident. In Bild 77 ist der Längsschliff einer solchen Blindnaht in CuSn6 exemplarisch dargestellt.

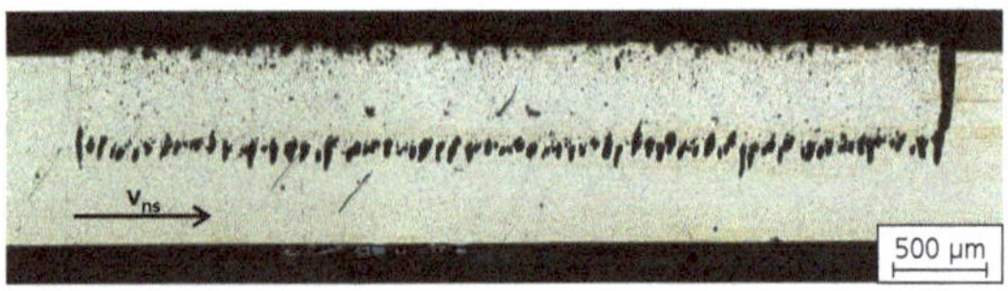

Bild 77: Längsschliff einer Schweißnaht mit einem ns-Faserlaser auf CuSn6. Parameter: PF38, f_{Puls} = 108 kHz; v_{ns} = 100 mm/s; P_m = 126 W

Die Oberfläche der Nahtoberraupe ist sehr rau und uneben mit größeren Aufwürfen über der gesamten Nahtlänge, die auf einen instabilen Prozess schließen lassen. Des Weiteren wird deutlich, dass der aufgeschmolzene Bereich innerhalb des gesamten Volumens kleinere Poren aufweist, die das Material porös erscheinen lassen. Hinzu kommen die großen Poren im Nahtgrund, die auch in den Querschliffen sichtbar sind. Am Ende der Schweißnaht ist ein Nahtendkrater sichtbar, der bis in den Nahtgrund reicht. Ein solcher Krater lässt sich durch den Einsatz einer Endrampe vermeiden. Die beschriebenen Nahtfehler sind nicht ausschließlich beim Laserstrahlschweißen von CuSn6 sichtbar. Sie können ebenfalls beim Fügen von Stahl, Aluminium, anderen Kupferlegierungen oder artungleichen Verbindungen beobachtet werden. Somit liegt die Ursache weniger im Material als in der Prozessführung.

Insbesondere beim Schweißen zweier artungleicher Materialien zeigt sich die Charakteristik dieser Fügetechnik. In Bild 78 sind zwei Querschliffe von Verbindungen zwischen CuSn6 mit DC04 (Stahl) und Al99,9 dargestellt.

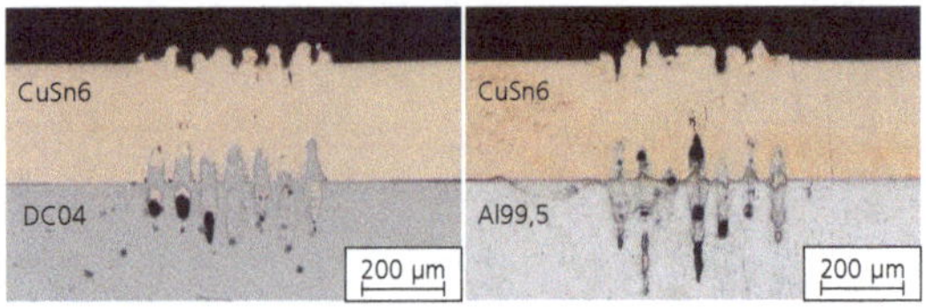

Bild 78: Vergleich artungleicher Verbindungen von CuSn6 mit DC04 (Stahl) und Al99,5. Gut sichtbar ist die nietartige Verbindung beider Werkstoffe.

Zwischen den beiden Fügepartnern findet nur eine geringe Durchmischung statt. Der gepulste Energieeintrag führt zu einem tiefen Eindringen der Laserstrahlung in den unteren Fügepartner. Allerdings ist der Energieeintrag zum einen sehr kurz und zum anderen bildet sich nicht wie bei einem kontinuierlich emittierenden Laser ein stabiles Schmelzbad, in dem die Schmelze um die Dampfkapillare fließt (vgl. Kapitel 2.1). Das Ergebnis ist eine nietähnliche Verbindung oder Verklammerung beider Fügepartner. Diese Eigenschaft macht das Laserstrahlschweißen mit nanosekunden-gepulster Laserstrahlung insbesondere für das Fügen artungleicher Materialien interessant, da durch die geringere Durchmischung beispielsweise beim Fügen von Kupfer und Aluminium weniger intermetallische Phasen entstehen. Diese führen zu einer Reduzierung der mechanischen Festigkeit und der elektrischen Leitfähigkeit der Verbindung. [BAN18, S. 82–98], [HKÜ20]. Die unterschiedliche Durchmischung von Kupfer und Aluminium beim Schweißen mit nanosekunden-gepulster und cw-Strahlquelle kann Bild 79 entnommen werden.

Bild 79: Vergleich der Durchmischung von Cu-ETP und Al99,5 beim Laserstrahlschweißen mit kontinuierlicher Energieeinbringung (rechts) und einer Energieeinbringung mittels Nanosekunden-Pulsen (links).

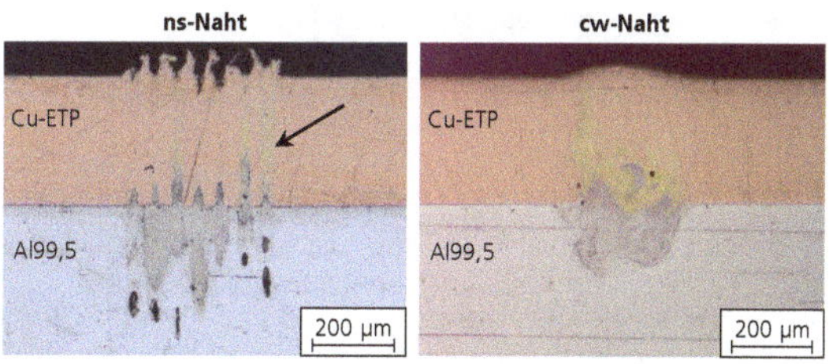

Links ist der Querschliff einer Schweißnaht mit ns-Pulsen dargestellt, rechts ein Querschliff einer Naht mit cw-Faserlaser bei gleicher Werkstoffpaarung. Die ns-Naht hat eine raue Oberfläche mit tiefen Gräben in den Bereichen der Wechselwirkung zwischen Strahlquelle und Kupfer. Die einzelnen Schweißnähte sind auch in der Fügezone erkennbar durch eine Wanderung des Aluminiums in das darüber liegende Kupfer. Intermetallische Phasen erscheinen gelblich im Schliffbild und sind hier in der Mitte des Kupfermaterials sichtbar (schwarzer Pfeil). Im Nahtgrund sind wiederum Poren erkennbar. Die Oberfläche der Nahtoberraupe der cw-Naht ist glatt und ohne Unregelmäßigkeiten. In der Fügezone beider Materialien wird eine Durchmischung deutlich, die durch die hohe Schmelzbaddynamik begünstigt wird. Dadurch ist die Fläche der intermetallischen Phasen (gelbe Bereiche) größer als beim Schweißen mit ns-Pulsen. Im Nahtgrund sind keine Poren zu erkennen.

Durch den inkonstanten Energieeintrag beim Laserstrahlschweißen mit Nanosekunden-Pulsen bildet sich kein stabiles Schmelzbad aus. Durch die Prozessführung, die sich nahe dem Abtragen bewegt, wird das Material partiell verdampft und Schmelze ausgetrieben. Aufbau und Kollaps einer Dampfkapillare finden kontinuierlich statt, so dass eine Porenbildung im Nahtgrund begünstigt wird. Die Prozessdauer beim Laserstrahlschweißen mit Nanosekunden-Pulsen liegt zehn- bis 15-mal höher als bei einem cw-Schweißprozess mit vergleichbarer Anbindungsfläche. Die Energiedeposition ist jedoch bis zu fünfmal geringer. Dennoch ist ein gepulster Laserstrahlschweißprozess instabiler und ineffizienter als ein cw-Prozess mit gleicher Anbindungsfläche. Teile dieses Kapitels sind in [HHO20] bereits veröffentlicht.

Um die Stabilität des Laserstrahlschweißens mit Nanosekunden-Pulsen zu steigern, wird die Oberfläche wie in Kapitel 4.2 beschrieben modifiziert. Die Veränderung der Oberflächeneigenschaften kann die Einkopplung in das Material begünstigen und den Schweißprozess stabilisieren. Können beide Verfahren mit derselben Strahlquelle durchgeführt werden, steigert dies ebenso die Effizienz und die wirtschaftliche Attraktivität dieser Strahlquelle. Dabei werden für den laserbasierten Materialabtrag und für den Laserstrahlschweißprozess unterschiedliche Pulsformen verwendet. In den folgenden Kapiteln sind die Ergebnisse dieser Versuche dargestellt.

5.3.1 Mit Nanosekunden-Pulsen strukturierte Oberflächen

In Kapitel 4.2.1 wird die Herstellung von Oberflächenstrukturierungen mit einem nanosekunden-gepulsten Faserlaser beschrieben. Das Laserstrahlschweißen mit einem Dauerstrich-Faserlaser und der resultierende Einkoppelgrad sowie der Einfluss auf die Schweißnahtausprägung sind in Kapitel 5.2.2 erläutert. In diesem Kapitel wird der Einkoppelgrad beim Laserstrahlschweißen mit einem nanosekunden-gepulsten Faserlaser derselben Proben untersucht. Dabei wird dieselbe Strahlquelle verwendet, die auch für die Strukturierung zum Einsatz kommt. Die Anlagenparameter sind im Anhang 11.4.2 aufgeführt.

Der Strahlteiler, der für die Nutzung des Doppel-Ulbrichtkugel-Aufbaus essenziell ist, führt durch die optischen Eigenschaften zu einer Verschlechterung der Strahlqualität am Werkstück. Daraus resultiert eine Vergrößerung des Fokusdurchmessers um 13 % (vgl. Bild 102). Darüber hinaus werden nur 90 % der einfallenden Strahlung am Strahlteiler transmittiert. Die Verluste sowie die Intensitätsverringerung am Strahlteiler können bei dieser Strahlquelle nicht durch eine höhere Ausgangsleistung ausgeglichen werden, da die maximale mittlere Leistung 200 W beträgt. Darum wird für die hier gezeigten Messungen lediglich die untere Ulbrichtkugel verwendet (vgl. Bild 51), so dass nur der diffuse Anteil der reflektierten Strahlungsanteile vermessen werden kann. Dies wird durch den hochgestellten Index „d" kenntlich gemacht. Die Ergebnisse aus diesem Kapitel sind somit nur bedingt mit denen aus Kapitel 5.2.2 vergleichbar. Die Kalibrierkurve für diese Versuche ist im Anhang 11.3.2 zu finden.

Die Verwendung einer örtlichen Leistungsmodulation ist beim Laserstrahlschweißen mit einem nanosekunden-gepulsten Faserlaser nicht sinnvoll. Durch die zeitliche Leistungsmodulation der Pulse öffnet und schließt sich die Dampfkapillare während des Prozesses. Das resultierende Schmelzbad ist nur sehr schmal, so dass die Schmelzbadvergrößerung durch Wärmeleitung, die ein wesentliches Merkmal der örtlichen Leistungsmodulation ist, nicht zum Tragen kommt. Die verwendeten Parameter für die Blindschweißversuche in der Ulbrichtkugel sind in Tabelle 5.4 aufgelistet.

Tabelle 5.4: Verwendete Laserparameter für das Laserstrahlschweißen mit einem nanosekunden-gepulsten Faserlaser.

Parameter			Wert
Mittlere Laserleistung Soll	$P_{L,soll}$	[W]	190
Effektive Laserleitung	$P_{L,eff}$	[W]	180
Pulsspitzenleistung	$P_{Puls,ns}$	[kW]	73
Vorschubgeschwindigkeit	v_{ns}	[mm/s]	60
Pulsdauer	τ_{ns}	[ns]	261
Pulsrepetitionsrate	$f_{Puls,ns}$	[Hz]	1000
Pulsform	PF	[-]	0
Linienlänge	l_{ns}	[mm]	4

Bild 80 zeigt ein Übersichtsbild einer resultierenden Schweißnaht auf der Probe nsP5 oA. Der Nahtanfang liegt auf der nicht strukturierten Probenoberfläche und die Naht verläuft dann auf den strukturierten Teil. Die Naht ist auf Grund der geringen Schmelzbadbildung sehr schmal. Bedingt durch die gepulste Prozessführung sind im Umfeld der Naht viele kleine Spritzer sichtbar. Diese Spritzer lassen sich bei einer detaillierten Betrachtung auch im Bereich der strukturierten Oberfläche detektieren. Das Erscheinungsbild der Naht ändert sich beim Wechsel der Oberflächentopografie kaum. Somit hat die Vorstrukturierung keinen visuellen Einfluss auf den Prozessablauf und das resultierende Nahtbild.

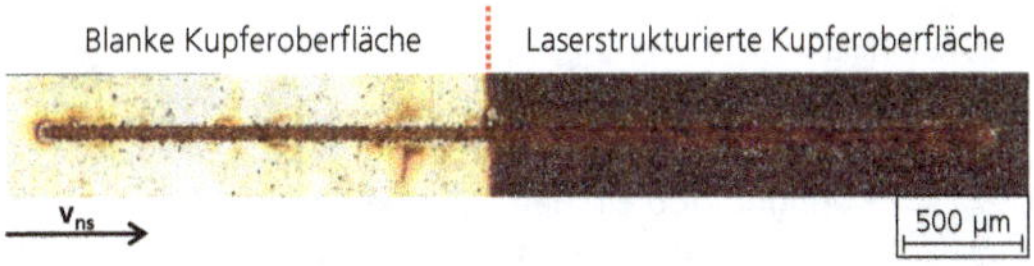

Bild 80: Beispiel einer ns-Schweißnaht (Nahtposition A) auf strukturierter Oberfläche (nsP5 oA)

Die Auswertung und Darstellung der Ulbrichtkugel-Versuche erfolgen analog zu Kapitel 5.2. Die errechneten Einkoppelgrade beziehen sich auf den diffus reflektierten Leistungsanteil und sind ebenfalls mit dem hochgestellten Index „d" gekennzeichnet. Zur Beschreibung der Signalverläufe und Herausarbeitung charakteristischer Merkmale werden die Signalverläufe von je einer Oberfläche, die mit einer Parallelstrategie erzeugt wird, und einer Oberfläche, die mit einer

Rasterstrategie erzeugt wird, dargestellt. Die übrigen Signalverläufe sind im Anhang 11.6.2 aufgeführt. Bild 81 zeigt die diffus reflektierten Leistungsanteile P^d_R über der Zeit für die drei Nahtpositionen A (oben), B (mittig) und C (unten) für die nsP10-Struktur.

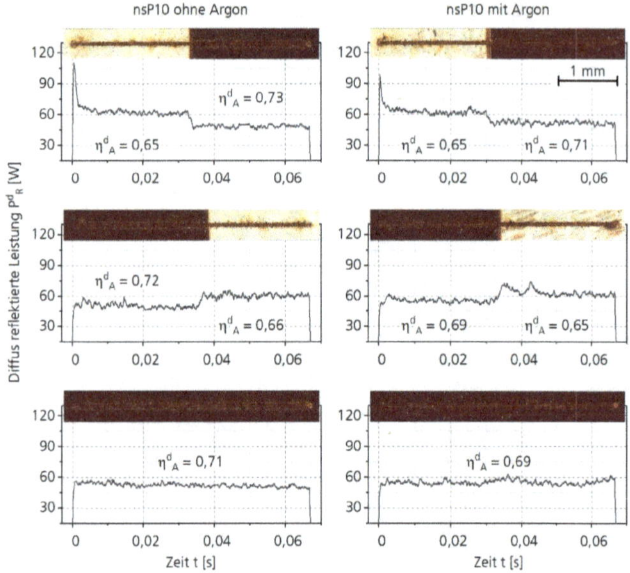

Bild 81: Verlauf der diffus reflektierten Leistung P^d_R über der Zeit für Nahtposition A (oben), Nahtposition B (mittig) und Nahtposition C (unten) für das Laserstrahlschweißen mit einem nanosekunden-gepulsten Faserlaser auf der nsP10-Struktur.

An Nahtposition A ist bei beiden korrespondierenden Diagrammen ein initialer Rückreflex erkennbar. Nach zwei bis drei Millisekunden hat sich das Material erwärmt und die diffus reflektierte Leistung pendelt um einen stationären Wert. Die Abweichungen im Signalverlauf sind prozessbedingt größer als beim Schweißen mit einem Dauerstrich-Faserlaser. Beim Übergang von der blanken Kupferoberfläche auf den strukturierten Probenbereich ist auch bei dieser Konfiguration ein deutlich erkennbares Absinken der Signalstärke erkennbar. Im weiteren Verlauf pendelt das Signal der diffus reflektierten Leistung um dieses niedrigere Niveau. An Nahtposition B beginnt der Schweißprozess auf der strukturierten Oberfläche. Hier ist weder bei der Probe, die unter Argon strukturiert wird, noch bei der Probe, die ohne Argon hergestellt wird, ein initiales Rückreflexsignal erkennbar. Beim Übergang auf den blanken Teil der Kupferprobe steigt das Signal der diffus reflektierten Leistung an. Dieser Effekt ist für die Probe, die ohne Argonzufuhr strukturiert wird, deutlicher ausgeprägt. An Nahtposition C liegt die gesamte Schweißnaht auf der strukturierten

Oberfläche. Der initiale Rückreflex bleibt für beide Proben aus und der Signalverlauf verbleibt auf einem konstanten Niveau. Der diffuse Einkoppelgrad liegt bei den unter Umgebungsatmosphäre hergestellten Proben höher als bei den Proben, die mit Schutzgas strukturiert werden. Auch beim Laserstrahlschweißen mit einem nanosekunden-gepulsten Faserlaser ermöglicht der Einsatz einer Vorstrukturierung der Oberflächen die Unterbindung des initialen Rückreflexes. Dieser Umstand kann die Strahlquelle, die optischen Komponenten und auch umliegende Bauteile schützen.

In Bild 82 sind die Signalverläufe der Proben dargestellt, die mit einer Rasterstrategie strukturiert werden (nsR60). An Nahtposition A ist auch hier bei der Probe mit und bei der ohne Schutzgasatmosphäre ein initialer Rückreflex erkennbar. Im weiteren Verlauf stabilisiert sich das Signal der rückreflektierten Leistung. Beim Übergang auf den strukturierten Probenbereich ist nur ein geringer Signalabfall erkennbar, der sich hauptsächlich in der Darstellung des diffusen Einkoppelgrades η^d_A erkennen lässt.

Bild 82: Verlauf der diffus reflektierten Leistung P^d_R über der Zeit für Nahtposition A (oben), Nahtposition B (mittig) und Nahtposition C (unten) für das Laserstrahlschweißen mit einem nanosekunden-gepulsten Faserlaser auf der nsR60-Struktur.

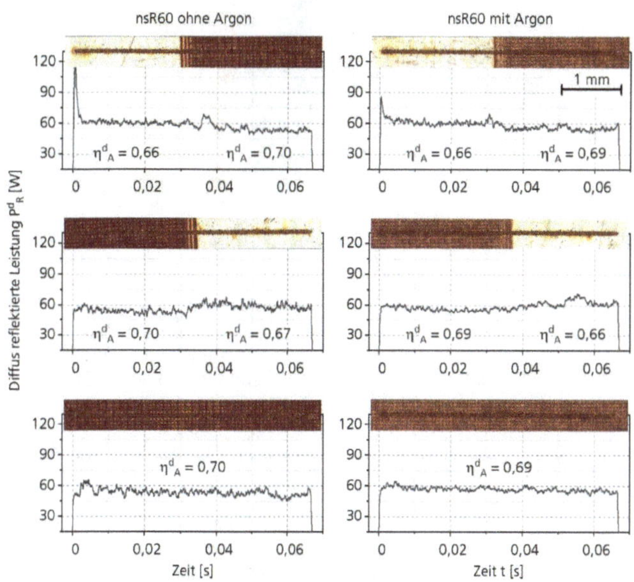

An Nahtposition B zeigen weder die Proben, die ohne Argon noch die, die mit Argon strukturiert werden, einen initialen Rückreflex. Das Signal der diffus reflektierten Leistung startet auf einem niedrigen Niveau und verläuft bis zum

Übergang auf den blanken Probenteil recht konstant. Der dann folgende Anstieg im Signalverlauf ist kaum merklich. Die Signalverläufe der Proben an Nahtposition C zeigen keinen initialen Rückreflex und verlaufen auf konstantem Niveau. Die resultierenden diffusen Einkoppelgrade differieren kaum voneinander.

Zum gezielten Vergleich sind die Einkoppelgrade aller Proben in Bild 83 dargestellt. Das Niveau der Referenz ist zur Verdeutlichung zusätzlich als rote, gestrichelte Linie in dem Diagramm vermerkt. Alle untersuchten Oberflächen zeigen einen signifikant höheren diffusen Einkoppelgrad als die Referenzoberfläche.

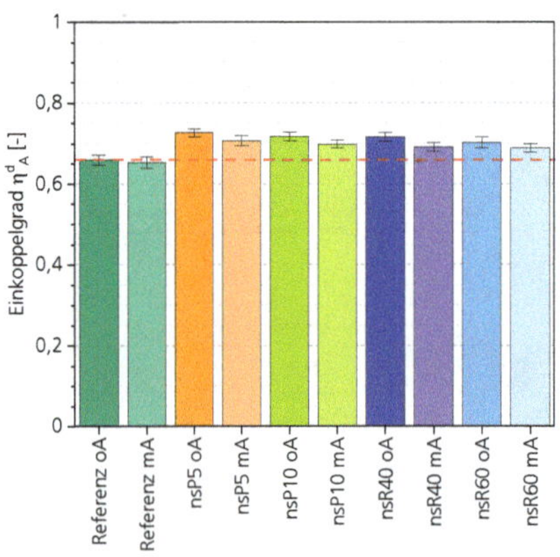

Bild 83: Übersicht der diffusen Einkoppelgrade η^d_A beim Laserstrahlschweißen mit einem nanosekunden-gepulsten Faserlaser auf laserstrukturierten Flächen, die mit derselben Strahlquelle erzeugt werden. Die rote Linie kennzeichnet das Niveau der Referenz.

Analog zur Probenauswertung in Kapitel 5.2.2 ist der Höhenunterschied der Säulen von gleichen Proben, die mit und ohne Argon strukturiert werden, ein Maß für den Einfluss der thermisch bedingten Oxidschichten. Dieser Wert liegt für die nsP5 Probe bei 2,7 %, für die nsP10 Probe bei 2,8 %, für die nsR40 Probe bei 3,4 % und für die nsR60 Probe bei 1,9 %. Damit liegt der Einfluss der Oxidschicht für das Laserstrahlschweißen mit einem ns-Laser auf einer ns-Struktur bei unter 3 %.

Der Unterschied in der Säulenhöhe der Proben, die unter einer Argonatmosphäre strukturiert werden, zu der Referenz beziffert wiederum den Einfluss der Oberflächentopografie auf den resultierenden Einkoppelgrad. Dieser Wert liegt bei der nsP5 Probe bei 7,6 %, für die nsP10 Probe bei 6,5 %, für die nsR40 Probe bei 5,6 % und für die nsR60 Probe bei 5,2 %. Der Einfluss der Oberflächentopografie auf den Einkoppelgrad liegt somit für alle untersuchten Strukturen höher als der Einfluss resultierender Oxidschichten. Eine Erhöhung in der Einschweißtiefe ist durch die starke Lochbildung und die prozessbedingte Einschweißtiefenschwankung kaum zu beziffern (vgl. Bild 77). Zusammenfassend lassen sich aus den oben beschriebenen Untersuchungen folgende Ergebnisse für das Laserstrahlschweißen mit einem nanosekunden-gepulsten Faserlaser auf Kupferoberflächen, die mit derselben Strahlquelle erzeugt werden, festhalten:

- Der initiale Rückreflex kann durch die Oberflächenstrukturierung reduziert oder sogar eliminiert werden.
- Eine Erhöhung des Einkoppelgrades durch die Oberflächentopografie um bis zu 7,6 % ist möglich. Der Einfluss der Oxidschichten kann einen signifikanten Einfluss auf den Einkoppelgrad haben und den Einkoppelgrad um bis zu 3,4 % steigern.

5.3.2 Mit UKP-Laserstrahlung strukturierte Oberflächen

Analog zu den beschriebenen Versuchen des vorangegangenen Kapitels werden auch die Oberflächen, welche mit einem pikosekunden-gepulsten Laser hergestellt werden, bezüglich ihrer Eignung zur Erhöhung des Einkoppelgrades beim Laserstrahlschweißen mit einem nanosekunden-gepulsten Faserlaser untersucht. Die verwendeten Parameter für die Schweißnähte sind in Tabelle 5.4 aufgelistet. Die Anlagenparameter sind im Anhang 11.4.2 vermerkt.

Bild 84 zeigt das Übersichtsbild einer ns-Schweißnaht auf der Probe psR60 oA. Der Nahtanfang liegt auf der unstrukturierten Probenoberfläche und die Naht verläuft dann auf den strukturierten Bereich. Bedingt durch die gepulste Prozessführung sind im Umfeld der Naht viele kleine Spritzer sichtbar. Diese Spritzer lassen sich bei einer detaillierten Betrachtung auch im Bereich der strukturierten Oberfläche detektieren, allerdings ist ihre Anzahl hier deutlich reduziert. Die Nahtbreite steigt beim Übergang auf die strukturierte Fläche an. Somit hat die Vorstrukturierung mit einem pikosekunden-gepulsten Laser einen Einfluss auf den Prozessablauf und das resultierende Nahtbild beim Schweißen mit einem nanosekunden-gepulsten Laser.

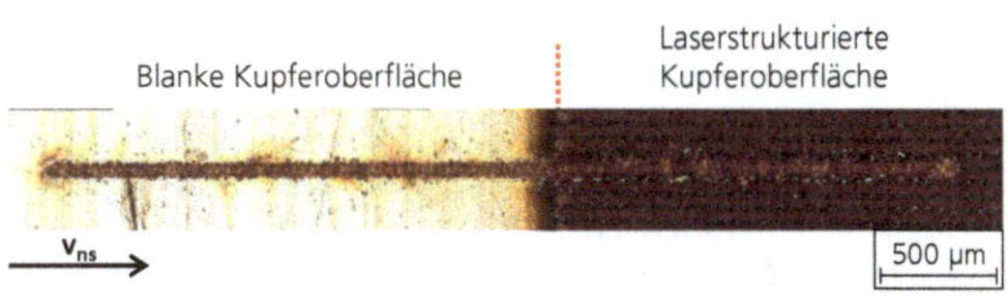

Bild 84: Beispiel einer ns-Schweißnaht (Nahtposition A) auf strukturierter Oberfläche (psR60 mA)

Exemplarisch werden im Folgenden analog zu den vorangegangenen Kapiteln für je zwei Probenpaare die Signalverläufe der diffus reflektierten Laserleistung gemessen mit dem Ulbrichtkugel-Aufbau erklärt. Die übrigen Signalverläufe sind im Anhang 11.6.2 aufgeführt. Der hoch gestellte Index „d“ signalisiert, dass hier ebenfalls lediglich die diffus reflektierte Strahlung detektiert werden kann, da die Leistungsverluste durch den Strahlteiler nicht ausgeglichen werden können. Bild 85 zeigt die Verläufe der diffus reflektierten Leistung P^d_R über der Zeit für die psP2 Probe. An Nahtposition A ist für beide Verläufe ein initialer Rückreflex auf der blanken Kupferprobe erkennbar. Nach zwei bis vier Millisekunden stellt sich ein stabiler Schweißprozess ein. Der diffuse Einkoppelgrad liegt hier bei 0,66 für die Probe, die ohne Argon strukturiert wird, und bei 0,63 für die Probe, für die eine Argonschutzatmosphäre genutzt wird. Beim Übergang auf den strukturierten Bereich der Probe sinkt das Signal der diffus reflektierten Leistung und erreicht einen höheren Einkoppelgrad.

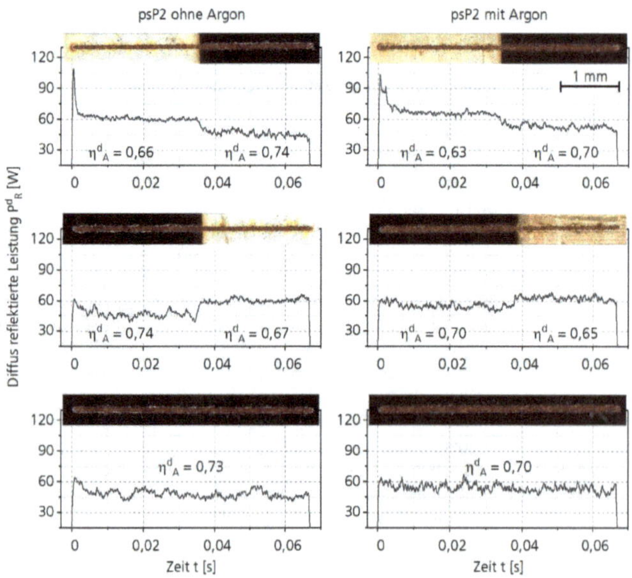

Bild 85: Verlauf der diffus reflektierten Leistung P^d_R über der Zeit für Nahtposition A (oben), Nahtposition B (mittig) und Nahtposition C (unten) für das Laserstrahlschweißen mit einem nanosekunden-gepulsten Faserlaser auf der psP2-Struktur.

An Nahtposition B beginnt die Schweißnaht auf der strukturierten Probenseite und verläuft dann auf den blanken Teil der Probe. Ein initialer Rückreflex ist für beide Probenvarianten nicht erkennbar. Beim Übergang auf den blanken Teil der Probe steigt das Signal der diffus reflektierten Strahlung an. An Nahtposition C liegt die gesamte Schweißnaht auf der strukturierten Oberfläche. Ein initiales Rückreflexsignal wird nicht detektiert. Auf dem strukturierten Bereich der Proben sind die Signalschwankungen deutlich höher als auf der blanken Probenseite. Der diffuse Einkoppelgrad auf der Probe, die ohne Argon strukturiert wird, ist höher als auf der Probe mit Argonatmosphäre.

In Bild 86 sind die Signalverläufe für die diffus reflektierte Strahlung der mit der Rasterstrategie strukturierten psR30 Probe dargestellt. Das initiale Rückreflexsignal an Nahtposition A ist erkennbar, aber etwas schwächer ausgeprägt als bei der psP2-Probe. Dies kann auch auf leichten Materialschwankungen innerhalb einer Charge beruhen. Beim Übergang von der blanken Probenseite auf den strukturierten Bereich ist der Signalabfall deutlich erkennbar. Dieser Effekt ist bei der Probe ohne Argon deutlicher als bei der Probe mit Argon.

Bild 86:
Verlauf der diffus reflektierten Leistung P^d_R über der Zeit für Nahtposition A (oben), Nahtposition B (mittig) und Nahtposition C (unten) für das Laserstrahlschweißen mit einem nanosekunden-gepulsten Faserlaser auf der psR30-Struktur.

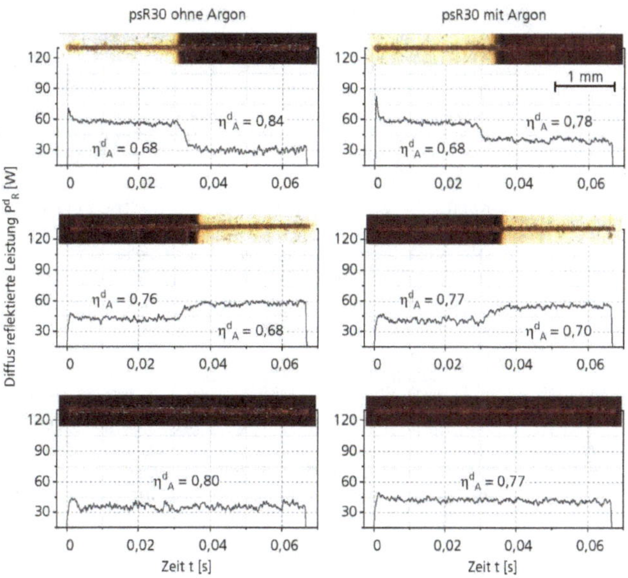

An Nahtposition B ist bei beiden Proben der initiale Rückreflex nur sehr schwach ausgeprägt. Das Signal der diffus reflektierten Leistung bleibt auf einem niedrigen Niveau und steigt beim Übergang auf den strukturierten Probenteil an. Durch die Rasterstrategie ist der Übergangsbereich etwas breiter als bei den Proben, die mit der Parallelstrategie hergestellt werden. An Nahtposition C verläuft die gesamte Naht auf der strukturierten Fläche. Das initiale Rückreflexsignal ist bei den Proben, die ohne Argon strukturiert werden, erkennbar. Auf den Proben mit Argon ist dagegen kein initiales Rückreflexsignal detektierbar. Der diffuse Einkoppelgrad liegt bei 0,77 für die Proben mit Argonatmosphäre und bei 0,80 für die Proben ohne Argon. Damit sind die absolut erreichten Einkoppelgrade der psR30 Probe beim Schweißen mit nanosekunden-gepulster Strahlquelle die höchsten dieser Versuchsreihe.

Für den direkten Vergleich des diffusen Einkoppelgrades η^{d}_{A} der strukturierten Oberflächen wird ein Balkendiagramm angefertigt (Bild 87). Der Mittelwert des Einkoppelgrades auf der blanken Kupferprobe wird zusätzlich als horizontale, rote gestrichelte Linie im Diagramm vermerkt. Durch eine Vorstrukturierung der Oberfläche mit einem UKP-Laser kann der diffuse Einkoppelgrad beim Laserstrahlschweißen mit einer nanosekunden-gepulsten Strahlquelle signifikant erhöht werden. Dabei liegt der Mittelwert des Einkoppelgrades auf Oberflächen, die ohne eine Argonzufuhr strukturiert werden, höher als auf den Oberflächen für die eine Argonatmosphäre genutzt wird. Eine Ausnahme hiervon stellt die psP5 Struktur dar. Der hier zu beobachtende Trend ist auch bei den Spektrometeruntersuchungen (vgl. Bild 45) erkennbar. Auch hier liegt der Reflexionsgrad der unter Argon strukturierten Probe unterhalb des Reflexionsgrades der Probe, die ohne Argon strukturiert wird. Bild 49 zeigt, dass bei der unter Argon strukturierten Probe weniger Kupferoxid entstanden ist. In Kapitel 4.1 wird der Zusammenhang zwischen der Oxidschichtentstehung und dem resultierenden Reflexionsvermögen erklärt. Nicht nur die Zusammensetzung der Schichten sondern auch die Dicke spielen eine Rolle für das Ergebnis, so dass die chemische Oberflächenveränderung in diesem speziellen Fall nicht zuträglich für den diffusen Reflexionsgrad ist. Beim Schweißen auf der psP5 Struktur mit einem Dauerstrich Faserlaser (vgl. Kapitel 5.2.3) ist dieser Trend nicht erkennbar, allerdings zeigt die psP5 Struktur auch hier keine signifikante Erhöhung des Einkoppelgrades gegenüber der blanken Referenzoberfläche. Somit hat auch die Prozessführung bedingt durch die Auswahl der Strahlquelle einen Einfluss auf die Auswirkungen der Oberflächenstrukturierung auf den Einkoppelgrad.

Der Unterschied in der Säulenhöhe zwischen den Proben, die mit und ohne Argon strukturiert werden, ist ein Maß für den Einfluss der thermisch bedingten Oxidschichten auf den diffusen Einkoppelgrad. Dieser Wert liegt für die psP2 Probe bei 5,5 %, für die psP5 Probe aus den oben genannten Gründen bei - 3,3 %, bei der psR30 Probe bei 3,6 % und für die psR60 Probe bei 1,1 %. Damit liegen alle Werte unterhalb von 6 % und damit etwas höher als die Vergleichswerte für die mit einem ns-Laser hergestellten Oberflächenstrukturen (vgl. Kapitel 5.3.1), obwohl durch die längere Bearbeitungszeit bei den Pikosekunden-Strukturen deutlich mehr Oxid in der Probenoberfläche nachgewiesen werden kann.

Bild 87:
Übersicht der diffusen Einkoppelgrade η^d_A beim Laserstrahlschweißen mit einem nanosekunden-gepulsten Faserlaser auf laserstrukturierten Flächen, die mit einem UKP Laser erzeugt werden. Die rote Linie kennzeichnet das Niveau der Referenz.

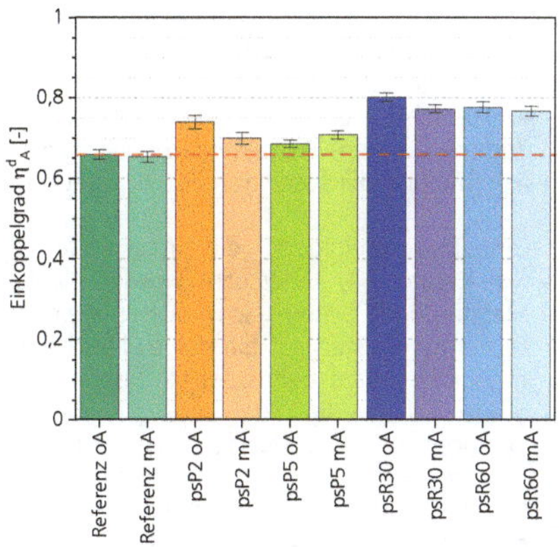

Der Unterschied in der Säulenhöhe zwischen der blanken Kupferoberfläche und den mit Argon strukturierten Oberflächen ist ein Maß für die Wirksamkeit der Struktur in Bezug auf den diffusen Einkoppelgrad. Dieser Wert liegt für die psP2 Probe bei 6,5 %, für die psP5 Probe bei 7,7 %, für die psR30 Probe bei 15,4 % und für die psR60 Probe bei 14,8 %. Der Einfluss der Oberflächenmodifikation durch einen pikosekunden-gepulsten Laser auf den diffusen Einkoppelgrad beim Laserstrahlschweißen mit einem nanosekunden-gepulsten Laser ist somit höher als der Einfluss der thermisch bedingten Oxidation. Dies gilt für alle untersuchten Oberflächen. Im Vergleich mit den durch einen ns-Laser hergestellten Oberflächenstrukturen sind die kleineren, mit einem UKP-Laser hergestellten Strukturen, effektiver. Insbesondere die mit einer Rasterstrategie erzeugten Oberflächen zeigen eine deutliche Erhöhung des diffusen Einkoppelgrades. Zusammenfassend lassen sich aus den oben beschriebenen Untersuchungen folgende Ergebnisse für das Laserstrahlschweißen mit einem nanosekunden-gepulsten Faserlaser auf Kupferoberflächen, die mit einem UKP-Laser erzeugt werden, festhalten:

- Der initiale Rückreflex kann durch die Oberflächenstrukturierung reduziert oder sogar eliminiert werden.
- Der diffuse Einkoppelgrad kann durch die Oberflächentopografie um bis zu 15,4 % gesteigert werden. Der Einfluss der Oxidschichten ist teilweise signifikant und sorgt für eine weitere Erhöhung um bis zu 5,5 %.

5.4 Vergleich und Diskussion der Ergebnisse

In diesem Kapitel wird der Einfluss einer Oberflächenstrukturierung auf das Laserstrahlschweißen mit zwei unterschiedlichen Strahlquellen untersucht. Das Laserstrahlstrukturieren mit Nanosekunden- oder Pikosekunden-Pulsen kann sowohl bei einem gepulsten als auch bei einem kontinuierlichen Laserstrahlschweißprozess dafür genutzt werden, den initialen Rückreflex zu reduzieren oder sogar zu unterbinden. So können optische Elemente, koaxial angebrachte Messmittel und auch die Laserstrahlquelle selbst geschützt werden. Zudem können Prozessunterbrechungen in der Fertigungslinie durch die Abschaltung der Laserstrahlquelle bei Rückreflexdetektion vermieden werden.

Die Einkoppelgrade, die mit Hilfe des Doppel-Ulbrichtkugel-Aufbaus (vgl. Kapitel 5.1) untersucht werden, lassen sich aufgrund der angepassten Messmethode beim ns-Schweißen nur eingeschränkt vergleichen, da hier wegen Leistungsverlusten auf die obere Ulbrichtkugel verzichtet wird. Dieser Umstand führt dazu, dass beim Laserstrahlschweißen mit einem ns-Laser lediglich die diffus reflektierte Strahlung für die Bestimmung des Einkoppelgrades herangezogen wird, wodurch das Ergebnis tendenziell überschätzt wird. Eine relative Untersuchung der Ergebnisse ist dennoch möglich. Auf Grund der Errechnung der prozentualen Erhöhung des Einkoppelgrades im Vergleich zu der blanken Kupferoberfläche kann dennoch ein Vergleich zwischen beiden Laserstrahlschweißprozessen gezogen werden. Dieser ergibt, dass sich durch eine Oberflächenstrukturierung der Einkoppelgrad beim Laserstrahlschweißen mit nanosekunden-gepulster Strahlquelle stärker erhöhen lässt (bis zu 15,4 %) als beim Laserstrahlschweißen mit kontinuierlich emittierender Laserstrahlung (bis zu 10,2 %). Um den Einfluss der Oberflächenmerkmale und des Einkoppelgrades mit dem tatsächlichen Schweißresultat in Verbindung zu setzen, werden im Folgenden die Ergebnisse für den Sauerstoffanteil in der Probenoberfläche mit dem Einkoppelgrad und der Schmelzeffizienz beim Laserstrahlschweißen mit einem Dauerstrich-Faserlaser in Korrelation gebracht. Bild 88 zeigt den Zusammenhang des Sauerstoffanteils, der im Muffelofen thermisch oxidierten Kupferproben mit dem Einkoppelgrad (links) und der Schmelzeffizienz (rechts). Für die Proben, die bei 200 °C oxidiert werden, werden die Werte für den Sauerstoffanteil zugrunde gelegt, die bei einer Beschleunigungsspannung von 5 kV gemessen werden. Für alle übrigen Proben werden die Werte bei 10 kV verwendet. Ein signifikanter Einfluss des Sauerstoffanteils in Bezug auf den Einkoppelgrad bezogen auf die Referenzprobe ergibt sich erst bei 40 At.-% im Messvolumen (400 °C, 5 min). Dieser Sauerstoffanteil deutet auf die Bildung von CuO hin, so dass dieses Kupferoxid den wesentlichen Einfluss auf den Einkoppelgrad darstellt. Ab einem Sauerstoffanteil von etwa 50 At.-% steigt zwar der Einkoppelgrad mit zunehmender Haltedauer weiter an, allerdings liegt hier innerhalb des Messvolumens lediglich CuO vor, so dass keine Aussage in Bezug auf eine Oxidschichtdicke getroffen werden kann. Allerdings ist zu erwarten, dass diese Schichtdicke mit zunehmender Haltedauer steigt.

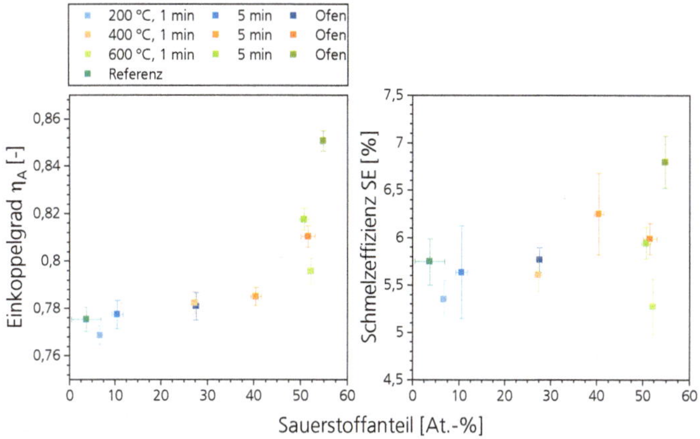

Bild 88: Zusammenhang zwischen dem Sauerstoffanteil und dem Einkoppelgrad sowie der Schmelzeffizienz für die im Muffelofen thermisch oxidierten Kupferproben. Für die Referenz und Proben, die bei 200 °C oxidiert werden, werden die gemessenen Sauerstoffanteile bei einer Beschleunigungsspannung von 5 kV zugrunde gelegt. Für alle übrigen Proben werden die Werte bei 10 kV genutzt.

Das rechte Diagramm in Bild 88 zeigt den Zusammenhang zwischen dem Sauerstoffanteil und der Schmelzeffizienz. Auch hier wird der steigende Sauerstoffanteil mit zunehmender Oxidationstemperatur und Haltedauer deutlich. Allerdings ändert sich die Schmelzeffizienz in Bezug auf die Referenzprobe kaum bzw. nicht signifikant. Lediglich die Probe, welche von einer Temperatur von 600 °C im Ofen abgekühlt ist, zeigt in Bezug zur Referenz einen signifikanten Zusammenhang zwischen dem Sauerstoffgehalt und der Schmelzeffizienz. Somit hat die Oxidation keinen signifikanten Einfluss auf die Prozesseffizienz. Um den tatsächlichen Einfluss zwischen Oberfläche und Prozesseffizienz abschätzen zu können, werden der Einkoppelgrad und die Schmelzeffizienz in Korrelation gesetzt. Dieser Zusammenhang ist in Bild 89 aufgetragen. In diesem Fall sind zweierlei Betrachtungsweisen relevant. Zunächst erfolgt ein relativer Vergleich der Probengruppen innerhalb einer Temperaturstufe. Für die Proben, welche bei 200 °C oxidiert werden, steigt die Schmelzeffizienz linear mit dem Einkoppelgrad über der Haltedauer. Innerhalb der Gruppe der Proben, die bei 400 °C oxidiert werden, fällt die Probe, die über einen Zeitraum von 5 min oxidiert wird, aus dem linearen Zusammenhang. Für die Proben, die bei 600 °C oxidiert werden, ergibt sich ebenfalls ein linearer Zusammenhang zwischen Einkoppelgrad und Schmelzeffizienz, der sogar signifikante Unterschiede zwischen den Proben aufweist. Somit spricht innerhalb der Probengruppen ein größerer Einkoppelgrad auch für eine größere Prozesseffizienz.

Bild 89: Zusammenhang zwischen dem Einkoppelgrad und der Schmelzeffizienz für die in einem Muffelofen thermisch oxidierten Kupferproben.

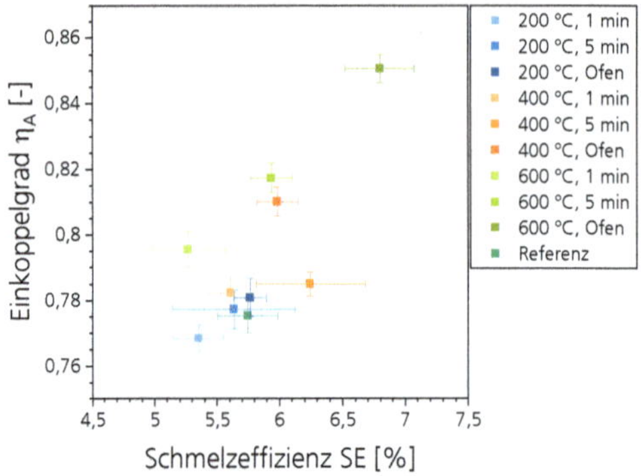

In einem zweiten Schritt wird die Probengesamtheit in Bezug auf die Referenzprobe betrachtet, so dass sich hier ein anderes Bild ergibt. Die einzige Probe, welche zum einen einen signifikant höheren Einkoppelgrad als auch eine höhere Schmelzeffizienz aufweist, ist die Probe, die ab einer Temperatur von 600 °C im Ofen abgekühlt ist. Alle übrigen Proben zeigen keine signifikante Steigerung der Schmelzeffizienz in Bezug auf die nicht thermisch bearbeitete Referenz. Um also die Effizienz eines Laserstrahlschweißprozesses durch die gezielte thermische Oxidation der Kupferelemente zu steigern, sind hohe Temperaturen und/oder lange Haltedauern notwendig, die einen hohen Anteil von CuO in der Oberfläche begünstigen und zu großen Oxidschichtdicken führen.

Dieselben Zusammenhänge werden auch für die cw-Schweißversuche auf den mit einem nanosekunden-gepulsten Faserlaser strukturierten Oberflächen durchgeführt. Bild 90 zeigt den Zusammenhang zwischen dem Sauerstoffanteil in wt% und dem Einkoppelgrad (links) sowie der Schmelzeffizienz (rechts). Die linke Grafik zeigt, dass tendenziell ein höherer Sauerstoffgehalt auch mit einem höheren Einkoppelgrad einhergeht. Allerdings verfälschen die großen Standardabweichungen der nsP5 und nsP10 Proben das Ergebnis. Im Vergleich der Parallel- und Rasterstrategien für die Oberflächenstrukturierung liegen sowohl der Sauerstoffgehalt als auch der Einkoppelgrad bei den parallel strukturierten Oberflächen höher als bei den im Raster strukturierten Oberflächen. Bei der Betrachtung des Einflusses des Sauerstoffanteils auf die Schmelzeffizienz ist keine Tendenz erkennbar. Die resultierende Schmelzeffizienz aller Proben liegt in einem ähnlichen Bereich, so dass sich der Oxidationsgrad nicht auf die Effizienz auswirkt.

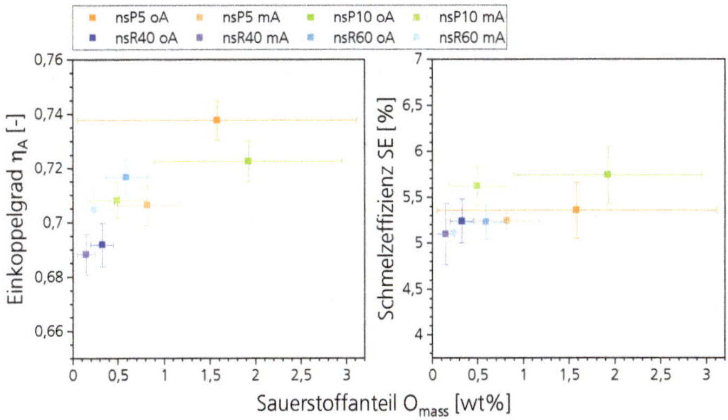

Bild 90: Zusammenhang zwischen dem Sauerstoffanteil und dem Einkoppelgrad sowie der Schmelzeffizienz für die mit einem ns-Laser strukturierten Kupferproben. Die zugehörigen Laserstrahlschweißversuche werden mit einem cw-Faserlaser durchgeführt.

Um eine Aussage zum Einfluss des Einkoppelgrades auf die Effizienz des Prozesses treffen zu können, wird der Einkoppelgrad über der Schmelzeffizienz in Bild 91 aufgetragen. Auch hier bieten sich dreierlei Betrachtungsweisen an. Zunächst wird ein Vergleich zwischen den ohne und mit Argon strukturierten Oberflächen gezogen. Hier ergibt sich für jedes Probenpaar, dass sowohl der Einkoppelgrad als auch die Schmelzeffizienz für die ohne Argon strukturierten Oberflächen größer ist.

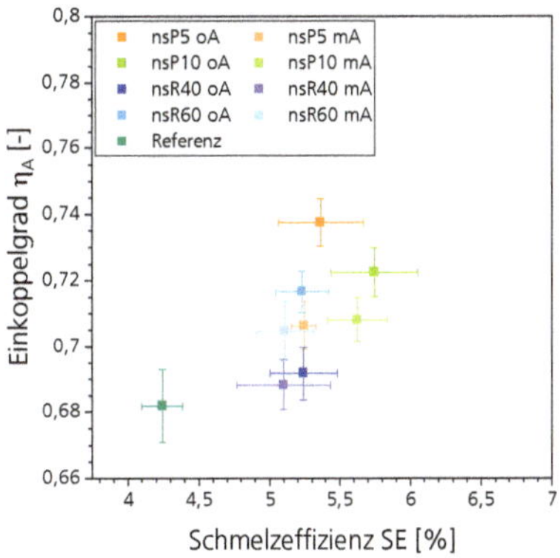

Bild 91: Zusammenhang zwischen dem Einkoppelgrad und der Schmelzeffizienz für die mit einem ns-Laser strukturierten Kupferproben. Die zugehörigen Laserstrahlschweißversuche werden mit einem cw-Faserlaser durchgeführt.

In einem zweiten Schritt erfolgt ein Vergleich innerhalb der Strukturierungsstrategien. Für die parallel strukturierten Oberflächen lässt sich keine eindeutige Aussage treffen. Zwar zeigen die Proben mit einem größeren

Spurabstand (nsP10) eine etwas höhere Effizienz, allerdings ist ihr Einkoppelgrad niedriger als für die nsP5 Proben. Bei den Proben mit der Rasterstrategie führt ein größerer Spurabstand (nsR60) zu einem signifikant höheren Einkoppelgrad im Vergleich zu den nsR40 Proben, allerdings bleibt die Schmelzeffizienz unverändert. Das bedeutet, dass zwar die Oberfläche einen größeren Teil der eingestrahlten Leistung absorbiert, allerdings wird dieser Anteil nicht in Schmelze umgesetzt.

In einem dritten Schritt erfolgt der Vergleich der strukturierten Oberflächen mit der Referenz. Hier kann gezeigt werden, dass alle strukturierten Oberflächen mit Ausnahme der nsR40 Probe signifikant höhere Einkoppelgrade und Effizienzen aufweisen als die Referenz. Im Vergleich führt hier also ein höherer Einkoppelgrad auch zu einer größeren Prozesseffizienz. Um ein möglichst großes Schmelzbad zu erzeugen, sollte allerdings eine Parallelstrategie für die Strukturierung gewählt werden und auf die Nutzung von Argon als Prozessgas verzichtet werden.

Für einen Vergleich zwischen den mit einem nanosekunden-gepulsten Faserlaser und den mit UKP-Laserstrahlung strukturierten Oberflächen werden die oben beschriebenen Zusammenhänge auch für die ps-Proben dargestellt. Bild 92 zeigt den Zusammenhang zwischen dem Sauerstoffanteil der mit einem UKP-Laser strukturierten Oberflächen und dem Einkoppelgrad (links) sowie der Schmelzeffizienz (rechts).

Bild 92: Zusammenhang zwischen dem Sauerstoffanteil und dem Einkoppelgrad sowie der Schmelzeffizienz für die mit einem UKP-Laser strukturierten Kupferproben. Die zugehörigen Laserstrahlschweißversuche werden mit einem cw-Faserlaser durchgeführt.

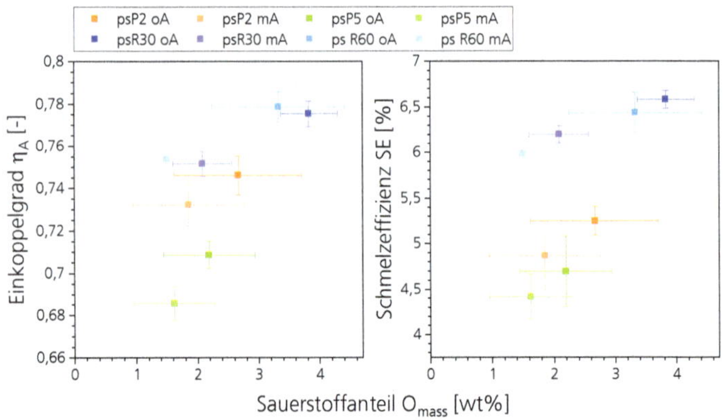

Im linken Diagramm zeigt sich die Tendenz, dass mit zunehmendem Sauerstoffanteil auch der Einkoppelgrad steigt. Diese Beobachtung ist insbesondere beim Vergleich zwischen den Probenpaaren der mit und ohne Argon strukturierten Oberflächen sichtbar. Allerdings ist dieser Zusammenhang lediglich für die psR30 Probe auch signifikant. Die mit einer Rasterstrategie strukturierten Oberflächen zeigen bei gleichem Sauerstoffgehalt einen höheren Einkoppelgrad im Vergleich zu den parallel strukturierten Oberflächen. Diese Beobachtung ist auch mit Blick auf die Schmelzeffizienz (Bild 92, rechts) richtig. Hier zeigen die mit einer Rasterstrategie erzeugten Oberflächen bei gleichem Sauerstoffanteil eine signifikant höhere Schmelzeffizienz. Auch hier zeigt der Vergleich der Probenpaare, dass ein größerer Sauerstoffanteil zu einer größeren Schmelzeffizienz führt. Jedoch ist auch hier dieser Zusammenhang lediglich für die psR30-Probe signifikant.

Um eine Aussage zum Einfluss des Einkoppelgrades auf die Effizienz des Prozesses treffen zu können, wird der Einkoppelgrad über der Schmelzeffizienz in Bild 93 dargestellt. Hier ergibt sich ein annähernd linearer Zusammenhang zwischen dem Einkoppelgrad und der Schmelzeffizienz der strukturierten Kupferproben. Ähnlich wie bei den Oberflächen, die mit einem nanosekunden-gepulsten Faserlaser hergestellt werden, bieten sich auch hier drei Betrachtungsperspektiven an. Zunächst werden die Probenpaare, der mit und ohne Argon strukturierten Oberflächen, verglichen. Hier ist ein Zusammenhang zwischen dem gemessenen Einkoppelgrad und der Schmelzeffizienz erkennbar. Ein höherer Einkoppelgrad führt somit auch zu einer höheren Schmelzeffizienz. Dieser Zusammenhang ist allerdings lediglich für die psR30 Probe signifikant.

Bild 93: Zusammenhang zwischen dem Einkoppelgrad und der Schmelzeffizienz für die mit einem UKP-Laser strukturierten Kupferproben. Die zugehörigen Laserstrahlschweißversuche werden mit einem cw-Faserlaser durchgeführt.

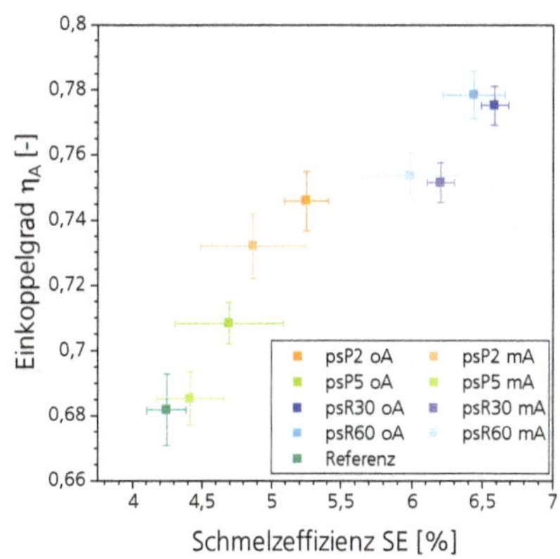

In einem zweiten Schritt erfolgt ein Vergleich innerhalb der Strukturierungsstrategien. Die mit einer Parallelstrategie strukturierten Oberflächen besitzen niedrigere Einkoppelgrade und Schmelzeffizienzen als die mit einer Rasterstrategie hergestellten Oberflächen. Bei den mit einem ns-Laser erzeugten Oberflächen ist dieser Zusammenhang umgekehrt. Würde eine

Ausgleichsgerade durch die Punkte der parallel und gerastert hergestellten Oberflächen gelegt, so wäre diejenige durch die Rasterstrukturen parallel in positive x-Richtung verschoben. Das würde in der Konsequenz bedeuten, dass eine mit der Rasterstrategie hergestellte Oberfläche bei gleichem Einkoppelgrad wie eine mit der Parallelstrategie hergestellte Oberfläche eine höhere Schmelzeffizienz aufweist und damit auch eine höhere Prozesseffizienz. Die gerasterten Oberflächen sind somit für einen effizienten Laserstrahlschweißprozess geeigneter als die parallel strukturierten Proben.

In einem dritten Schritt erfolgt der Bezug auf die Referenzkupferprobe. Diese liegt in der unteren linken Ecke des Diagramms, so dass alle strukturierten Oberflächen tendenziell höhere Einkoppelgrade und auch Schmelzeffizienzen aufweisen. Allerdings ist dieser Zusammenhang für die psP5 im Gegensatz zu allen anderen nicht signifikant. Somit führt bei den mit einem UKP-Laser hergestellten Oberflächen ein höherer Einkoppelgrad auch zu einer größeren Schmelz- und damit Prozesseffizienz. Die mit einer Rasterstrategie hergestellten Oberflächen sind effizienter als die parallel erzeugten Oberflächen. Im Vergleich zu den mit einem nanosekunden-gepulsten Faserlaser hergestellten Oberflächen besteht hier ein wesentlicher Unterschied, da hier kein direkter Zusammenhang zwischen einer Erhöhung des Einkoppelgrades und einer damit einhergehenden Effizienzsteigerung gezeigt werden kann (vgl. Bild 91). Gleiches gilt für die gezielt oxidierten Kupferoberflächen, bei denen lediglich für hohe Temperaturen und lange Haltedauern eine signifikante Zunahme von Einkoppelgrad und Schmelzeffizienz im Vergleich zur Referenzprobe gezeigt werden kann. Somit ist die Steigerung der Schmelzeffizienz bei den mit einem UKP-Laser erzeugten Oberflächen auf die Strukturierung selbst zurück zu führen und nicht nur auf eine damit einhergehende Oberflächenoxidation.

Im Verlauf der Arbeit kann in Experimenten der Einfluss von Oxidation und Oberflächenstrukturierung auf das Laserstrahlschweißen von Kupferoberflächen nachgewiesen werden. In der Literatur wird vielfach die Ansicht vertreten, dass Oberflächeneffekte zwar in der initialen Wechselwirkungszeit zwischen Licht und Materie, also während das Material seinen Aggregatzustand nicht geändert hat, einen Einfluss auf das Absorptionsverhalten besitzen, dieser Effekt aber beim Übergang in die schmelzflüssige Phase verschwindet. [BDV03], [POP05, S. 38f.] In den vorangegangenen Kapiteln wird dargelegt, dass diese Ansicht nicht korrekt ist. Allerdings bleibt die Frage, warum eine Vorstrukturierung für einen größeren Einkoppelgrad und eine größere Schmelzeffizienz auch während des Schweißprozesses verantwortlich sein kann. Die Ansicht in der Literatur ist zunächst nachvollziehbar. Bei der theoretischen Betrachtung des Laserstrahltiefschweißprozesses wird dargestellt, dass der Laserstrahl nur schmelzflüssiges Material „sieht" und die Dampfkapillare bei einem gaußförmigen Strahl im Bereich der höchsten Intensität liegt. Diese Vermutung erscheint logisch, da das stabile Offenhalten der Dampfkapillare hohe Intensitäten benötigt. [KAP94] Nach dieser Betrachtung erfolgt eine

Wechselwirkung während des Laserstrahlschweißprozesses lediglich zwischen Laserstrahlung und Schmelze. Demnach schmilzt das Material im Vorlauf in Vorschubrichtung durch Wärmeleitung auf und wird durch die Schmelzbaddynamik um die Kapillare herum in den Nachlauf transportiert, wo das Material zur Naht erstarrt (vgl. Kapitel 2.1). Diese Überlegungen zum Laserstrahlschweißen stehen allerdings einem messbaren Einfluss von Oxidation und Oberflächenmodifikation auf den Einkoppelgrad entgegen. Wie ist also dieser Einfluss mit der theoretischen Überlegung zum Laserstrahltiefschweißen vereinbar?

Zunächst eine Überlegung zum Einfluss der Oxidschicht. Die beiden Kupferoxide Kupfer(I)oxid (Cu_2O) und Kupfer(II)oxid (CuO), die beispielsweise unter thermischem Einfluss auf der Kupferoberfläche entstehen, besitzen teilweise andere chemische und physikalische Eigenschaften als der Kupfergrundwerkstoff: Sie sind spröde, besitzen eine geringere Dichte (ρ_{Cu2O} = 6000 kg/m³; ρ_{CuO} = 6310 kg/m³) und einen höheren Schmelzpunkt ($T_{S,Cu2O}$ = 1508 K, $T_{S,CuO}$ = 1599 K). Diese Eigenschaften begünstigen ein Aufbrechen und Aufschwimmen von Oxidpartikeln während des Schmelzens des Kupfergrundwerkstoffs. In diesem Fall können diese Oxidpartikel mit der Laserstrahlung auf der Schmelzeoberfläche in Wechselwirkung treten und zu einer erhöhten Absorption und einem gesteigerten Einkoppelgrad beitragen. Dieser Theorie entgegen steht zum einen die sehr geringe Dicke der Oxidschichten von wenigen Nanometern bis zu wenigen Mikrometern. Darüber hinaus beträgt der Unterschied in der Schmelztemperatur zwischen dem Kupfergrundwerkstoff und der Oxidschicht lediglich 150 - 250 K. An der Wand der Dampfkapillare herrscht allerdings mindestens die Verdampfungstemperatur von Kupfer ($T_{D,Cu}$ = 2833 K). Die Zeitspanne zwischen Aufschwimmen und Aufschmelzen der Oxidpartikel wäre also sehr kurz und reicht vermutlich nicht, um einen wesentlichen Beitrag zum Einkoppelgrad zu leisten. Hinzu kommt, dass im Schmelzbad während des Laserstrahltiefschweißprozesses eine sehr hohe Dynamik herrscht, die dafür sorgt, dass die Schmelze permanent in Bewegung ist und durchmischt wird. Eine ausreichend lange Verweilzeit aufschwimmender Oxidpartikel wird so als unwahrscheinlich eingestuft.

In Bezug auf die Oberflächenstrukturierung gelten ähnliche Mechanismen. Diese Überlegungen basieren auf den Grundlagen aus Kapitel 2.2.3, wonach eine Aufrauhung der Oberfläche durch einen Laserstrukturierungsprozess zu einer Oberflächenvergrößerung, potenziellen Hinterschnitten und hohen Aspektverhältnissen, durch die Mehrfachreflexionen ermöglicht werden, führt. Allerdings beziehen sich diese Überlegungen ebenfalls auf eine Wechselwirkung der Laserstrahlung mit einer festen Werkstückoberfläche. Während des Laserstrahlschweißverfahrens ist dieser Zusammenhang allerdings nicht gegeben. Möglich ist, dass im Vorlauf ein Teil der eingestrahlten Leistung auch während des Prozesses mit der festen Materialoberfläche wechselwirkt und so die in Kapitel 2.2.3 beschriebenen Mechanismen gelten. Dies beträfe allerdings nur einen sehr kleinen Teil der eingestrahlten Energie, da die verwendeten Laserstrahlquellen eine gaußförmige Intensitätsverteilung besitzen (vgl. Bild 94), so dass dieser Effekt voraussichtlich keinen messbaren Unterschied bedeuten würde.

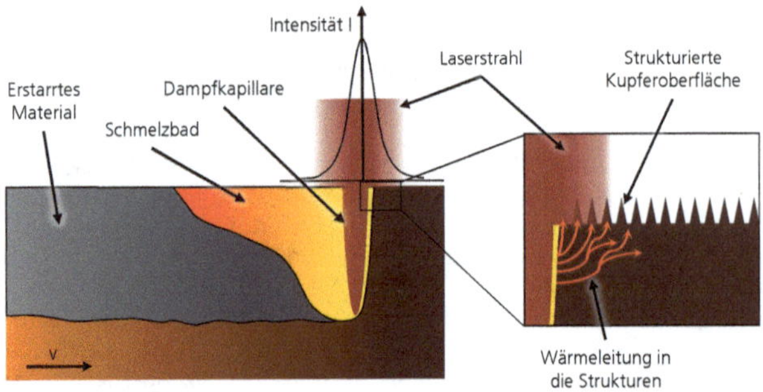

Bild 94: Gaußförmige Intensitätsverteilung eines Laserstrahls während eines Laserstrahltiefschweißprozesses. Ein Teil der eingestrahlten Energie kann im Vorlauf direkt auf die feste Materialoberfläche treffen. In der Vergrößerung ist die Wärmeleitung in die Strukturierung dargestellt, die zu einem Wärmestau führt.

Ein weiteres Argument, dass gegen die direkte Wechselwirkung zwischen Laserstrahlung und laserstrukturierter Oberfläche spricht, ist die Verwendung einer örtlichen Leistungsmodulation für alle beschriebenen Versuchsreihen. Das bedeutet, dass der linearen Vorschubbewegung eine kreisförmige Oszillationsbewegung überlagert wird, die zum einen zu einer Vergrößerung des Schmelzbades führt und zum anderen auch das Bestrahlen bereits erstarrter Nahtbereiche im Nachlauf bedingt (vgl. Kapitel 3.1). Diese Prozessführung reduziert nochmals die mögliche Zeit einer Interaktion der Laserstrahlung mit laserstrukturierter Oberfläche.

Unstrittig geht mit der Strukturierung des Probenmaterials eine Oberflächenvergrößerung einher. Dieser Umstand muss nicht durch eine direkte Wechselwirkung zwischen Licht und Materie Einfluss auf den Prozessverlauf nehmen (vgl. Mechanismen in Kapitel 2.2.3), sondern kann dies indirekt durch eine Beeinflussung des Schmelzbadverhaltens tun. So können die entstehenden Strukturen die Schmelzbadbewegung während des Prozesses beeinflussen und zu einer Reduzierung lokaler Geschwindigkeiten beitragen. Die dreidimensionale Aufnahme eines Endkraters auf strukturierter Oberfläche zeigt, dass die Schmelze auch zwischen die Strukturen fließt, wodurch die Dynamik reduziert werden kann (Bild 95).

Bild 95: Dreidimensionale Darstellung des Endkraters einer Schweißnaht auf einer laserstrukturierten Oberfläche.

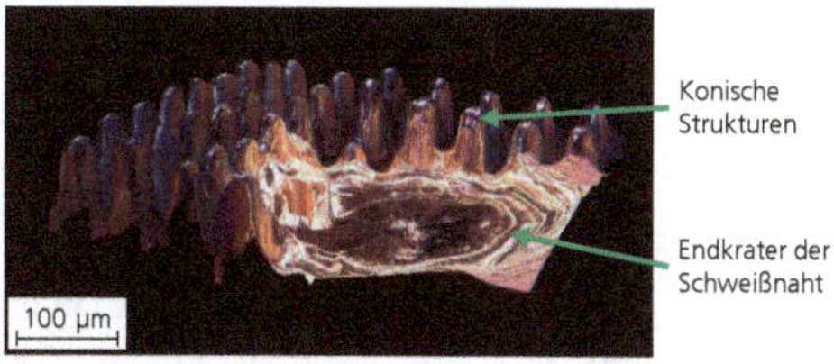

Ein weiterer Effekt hängt mit der Ausbreitung von Wärme im Bauteil zusammen. Einem stabilen Laserstrahlschweißprozess auf Kupfer wirkt die hohe Wärmeleitfähigkeit des Materials entgegen, da die eingebrachte Energie zügig aus der Wechselwirkungszone abfließt. Die Geometrien, die bei der Laserstrukturierung entstehen, begünstigen die Bildung von Wärmestaus und damit ein schnelleres Aufschmelzen des Materials und eine Vergrößerung des Schmelzbades zusätzlich zur örtlichen Leistungsmodulation. Durch die Temperaturabhängigkeit des Absorptionsgrades kann so auch der Einkoppelgrad erhöht werden. Diese Theorie wird durch die Beobachtung breiterer Nahtoberraupen gestützt.

Im Rahmen dieser Arbeit können die Effekte, die zu einer Erhöhung des Einkoppelgrades und der Schmelzeffizienz während des Laserstrahlschweißprozesses auf modifizierten Kupferoberflächen beitragen, nicht abschließend geklärt werden. Für diese Beobachtungen ist nicht nur einer der genannten Zusammenhänge verantwortlich, sondern eine Vielzahl von Wechselwirkungen und Einflussgrößen, die eine Steigerung der Prozessstabilität und Prozesseffizienz begünstigen.

6 Zusammenfassung

Das Laserstrahlmikroschweißen mit kommerziell erhältlichen NIR Faserlasern ist inzwischen industriell etabliert. Die Prozessstabilität und die Prozesseffizienz beim Schweißen von Kupferwerkstoffen sind abhängig von der Wechselwirkung zwischen Licht und Materie. Dabei spielt die Absorption bzw. der Einkoppelgrad eine wesentliche Rolle, da sie direkt den Anteil der eingestrahlten Energie, die für den Schweißprozess genutzt wird, bestimmen. Die Absorption wiederum ist abhängig von der Laserwellenlänge, der Temperatur, der Wärmeleitfähigkeit und dem Zustand beziehungsweise der Beschaffenheit der technischen Oberfläche. Der Einkoppelgrad, der wiederum das Verhältnis aus eingestrahlter zu absorbierter Energie während des Prozesses und damit auch beim Auftreten von Mehrfachreflexionen beschreibt, ist zusätzlich abhängig von der Prozessführung. Aus dieser Auflistung wird ersichtlich, dass eine Beeinflussung der Absorptionseigenschaften eine direkte Auswirkung auf den Prozessverlauf und damit auf die Prozessstabilität und Prozesseffizienz besitzt. Die Erhöhung der Absorption und des Einkoppelgrades führen somit zu einem höheren Anteil absorbierter Energie, die im Werkstück für die Bildung von Schmelze zur Verfügung steht und so die Effizienz steigert.

Eine Methode zur Erhöhung der Absorption liegt in der gezielten Beeinflussung der Beschaffenheit der technischen Oberfläche. Generelle Einflussfaktoren im Zusammenhang mit der Oberfläche sind beispielsweise Verunreinigungen oder Partikel, die als Streupunkte wirken, Rauigkeit oder periodische Strukturen, die auch zu Mehrfachreflexionen führen können, sowie Beschichtungen oder Oxidschichten. Im Rahmen dieser Arbeit wird die Auswirkung der gezielten thermischen Oxidation von Kupferoberflächen sowie die Topografieveränderung durch eine Laserstrahlstrukturierung auf den Laserstrahlschweißprozess mit Faserlasern untersucht. Für die Laserstrahlschweißversuche werden sowohl ein kontinuierlich emittierender (cw) als auch ein nanosekunden-gepulster (ns) Faserlaser verwendet. Für die Untersuchung des Einkoppelgrades während des Laserstrahlschweißprozesses wird ein im Rahmen der Dissertation von André Häusler entwickelter Doppel-Ulbrichtkugel-Aufbau genutzt. [HÄU21] Diese Messkonfiguration ermöglicht die in-situ Detektion der gestreuten sowie der rückreflektierten Strahlung. Eine schematische Darstellung der durchgeführten Versuche sowie eine Bewertungsmatrix für die Erhöhung des Einkoppelgrades in Bezug zur jeweiligen Referenz ist in Tabelle 6.1 dargestellt. Für die Laserstrahlschweißversuche mit einem Dauerstrich-Faserlaser ist zusätzlich die maximal detektierte Erhöhung der Schmelzeffizienz in der Tabelle vermerkt.

Für die gezielte thermische Oxidation der Kupferoberflächen wird ein Muffelofen verwendet. Die Dicke und die Zusammensetzung resultierender Oxidschichten ist abhängig von der Temperatur sowie der Haltedauer. Mit steigender Temperatur und Haltedauer erfolgt eine zunehmende Entstehung von Kupfer(II)oxid (CuO), welches eine dunkelbraune bis schwarze Färbung aufweist. Untersuchungen mit dem Doppel-Ulbricht-Aufbau zeigen, dass insbesondere CuO die Reduktion oder Elimination des initialen Rückreflexes bedingt und sogar zu einer Steigerung des Einkoppelgrades führen kann. Im Rahmen der durchgeführten Versuchsreihe kann so eine Steigerung des Einkoppelgrades um bis zu 9 % gegenüber unbehandeltem Kupfer realisiert werden. Die Untersuchung der Schmelzeffizienz zeigt, dass trotz einer Erhöhung des absorbierten Energieanteils nur bei einem hohen Anteil CuO in der Oberfläche auch eine signifikante Zunahme des Schmelzevolumens von bis zu 18 % detektiert werden kann.

Tabelle 6.1: Bewertungsmatrix für die Erhöhung des Einkoppelgrades η_A (bzw. η^d_A) in Bezug zur jeweiligen Referenz. Für die cw-Schweißungen ist zusätzlich die Erhöhung der Schmelzeffizienz in Bezug zur Referenz angegeben.

Legende:
o: Erhöhung < 5 %,
+: Erhöhung > 5 %,
++: Erhöhung > 10 %

			Laserstrahlschweißen		
			ns	cw	
Oberflächenmodifikation	Thermische Oxidation		**X**	**+**	+ 18 %
	ns-Pulse	*ohne Argon*	**++**	**+**	+ 35 %
		mit Argon	**+**	**o**	+ 32 %
	ps-Pulse	*ohne Argon*	**++**	**++**	+ 55 %
		mit Argon	**++**	**++**	+ 46 %

Für die Laserstrahlstrukturierung werden sowohl ns-Laser als auch pikosekunden-gepulste (UKP) Strahlquellen eingesetzt. Diese beiden Typen gepulster Laser zeigen unterschiedliche Abtragmechanismen. Während bei ns-Pulsen der Abtrag schmelzebasiert erfolgt, wird beim UKP-Abtrag das Material sublimiert, so dass keine Schmelze entsteht. Nachteilig ist, dass die Oberflächenstrukturierung mit einem pikosekunden-gepulsten Laser längere Prozesszeiten bedingt. Durch Variation des Spurabstandes und der Bahnorientierung werden unterschiedliche Oberflächentopografien erzeugt und ihr Einfluss auf den folgenden Laserstrahlschweißprozess untersucht. Da das Werkstück während des Abtragprozesses erwärmt wird, entstehen Kupferoxide auf der Oberfläche, die die Absorption und den Einkoppelgrad beeinflussen können. Zur Differenzierung zwischen den beiden Einflussfaktoren wird ein Teil der Proben unter einer Schutzgasatmosphäre aus Argon strukturiert. Messungen der Spektrografie ergeben für alle Oberflächen geringere Reflexionsgrade als für die Referenzprobe.

Umfangreiche Untersuchungen mit dem Doppel-Ulbrichtkugel-Aufbau zeigen, dass durch eine Oberflächenstrukturierung der initiale Rückreflex vollständig eliminiert werden kann. So bildet sich der Tiefschweißprozess früher aus und der Prozess wird stabilisiert. Experimente mit Schweißnähten, die auf blanker Kupferoberfläche starten und dann in einen strukturierten Probenbereich verlaufen oder auf strukturierter Fläche beginnen, um dann auf den blanken Bereich zu verlaufen, zeigen, dass die Topografie auch während eines stabilen und bereits ausgebildeten Tiefschweißprozesses Einfluss auf den Einkoppelgrad nimmt. Im Signalverlauf der rückreflektierten Strahlung ist dieser Übergangsbereich durch eine Signalniveau-Änderung erkennbar. Durch die Oberflächenstrukturierung mit einem ns-Laser kann der Einkoppelgrad beim anschließenden Laserstrahlschweißen mit derselben Strahlquelle um bis zu 7,6 % erhöht werden. Beim Schweißen mit einer cw-Strahlquelle wird eine Erhöhung um bis zu 4 % erreicht. Allerdings steigt im Vergleich zum Schweißen auf blanker Oberfläche die Schmelzeffizienz und damit die Prozesseffizienz durch den Einsatz einer Oberflächenstrukturierung um bis zu 32 %. Ohne den Einsatz einer Schutzgasatmosphäre während der Strukturierung werden Steigerungen um bis zu 35 % erreicht. Eine Oberflächenstrukturierung mit einem UKP-Laser ist aus Prozesssicht noch effizienter. Beim Laserstrahlschweißen mit einem ns-Laser auf diesen Oberflächen kann der Einkoppelgrad um bis zu 15,4 % gesteigert werden. Der Einsatz eines cw-Lasers ergibt 10,2 % Einkoppelgraderhöhung. Die Schmelzeffizienz und damit auch die Prozesseffizienz steigert sich durch den Einsatz einer Oberflächenstrukturierung allerdings um bis zu 46 %. Wird keine Schutzatmosphäre während des Laserstrukturierungsprozesses eingesetzt, lässt sich die Schmelzeffizienz des anschließenden cw-Fügeprozesses sogar um bis zu 55 % steigern.

7 Ausblick

Die experimentellen Untersuchungen in dieser Arbeit haben ergeben, dass durch den Einsatz einer Laserstrukturierung von Oberflächen der Einkoppelgrad und auch die Prozesseffizienz während eines anschließenden Laserstrahlschweißprozesses signifikant gesteigert werden können. Nachteilig an der Strukturierung mit pikosekunden-gepulsten Strahlquellen sind die langen Prozesszeiten zur Erzeugung geeigneter Oberflächentopografien. Allerdings kann die Abtrageffizienz durch eine Verkürzung der Pulsdauer deutlich gesteigert werden. Dabei sind Femtosekunden (fs) Laser etwa doppelt so effizient wie ps-Laser. [SWR15] [JNR17] Durch den Einsatz von fs-Lasern anstatt der hier genutzten ps-Laser kann also die Bearbeitungszeit für den gleichen Volumenabtrag deutlich reduziert werden. Eine Arbeitsgruppe in Südkorea hat zu dem Einfluss von fs-Strukturen auf den Laserstrahlschweißprozess auf Kupfer bereits Untersuchungen durchgeführt. Hier werden kleine Bereiche einer Kupferprobe mit variierender Fluenz und Vorschubgeschwindigkeit strukturiert und anschließend Linienschweißungen, die auf der strukturierten Oberfläche beginnen, mit einem Singlemode-Faserlaser durchgeführt. Der größte Teil der Schweißnaht liegt dabei auf unbearbeiteter Kupferoberfläche. Für einen Großteil der Schweißungen wird ein Prozessabbruch im Verlauf der Naht auf der blanken Kupferoberfläche beobachtet, obwohl sich auf der strukturierten Fläche ein stabiler Tiefschweißprozess ausgebildet hat. Durch eine regelmäßige Anordnung fs-strukturierter Bereiche im Verlauf der Naht können die Autoren zeigen, dass der Prozess stabilisiert werden kann. So kann die Schweißgeschwindigkeit um bis zu 300 % erhöht werden. [LK21] Dieses Beispiel zeigt, dass der gezielte Einsatz laserstrukturierter Oberflächen zu einer stabilen und effizienten Prozessführung beim Laserstrahlschweißen führen kann. Weiterführend sollte eine gezielte Analyse der Strukturformen in Zusammenhang mit dem Einfluss auf das Laserstrahlschweißen durchgeführt werden, um möglichst effiziente Oberflächen zu erzeugen. Auch eine sich über den Nahtverlauf ändernde Topografie ist denkbar, um durch die Oberflächenbeschaffenheit gezielt auf die Prozessphasen Einfluss zu nehmen.

Weitere Untersuchungen sollten sich auf die Qualität der resultierenden Schweißverbindungen konzentrieren. Die hier vorgestellten Ergebnisse basieren auf Blindschweißungen und lassen somit nur eingeschränkt einen Rückschluss auf eine Verbindung im Überlappstoß zu. Insbesondere bei thermisch oxidierten Kupferproben ist der Einfluss des erhöhten Sauerstoffanteils auf die mechanische Festigkeit und die Stromtragfähigkeit im Überlapp- und Stumpfstoß zu untersuchen und hinsichtlich einer industriellen Umsetzbarkeit zu bewerten. Ein weiterer Aspekt betrifft die Einschweißtiefenkonstanz. Reduzierte Schwankungen des Einkoppelgrades beim Laserstrahlschweißen auf laserstrukturierte Kupferoberflächen führen zu einer gleichmäßigeren Energieeinkopplung und können so wiederum zu verbesserter Einstellung der Einschweißtiefe und einer Erhöhung der Einschweißtiefenkonstanz beitragen. Die Verifizierung dieses Zusammenhangs ist insbesondere für die industrielle Umsetzung dieses Verfahrensansatzes auf thermisch sensitiven Oberflächen oder dünnen Schichten relevant. Weiterführende Arbeiten sollten sich mit der Übertragbarkeit der beschriebenen Ansätze auf andere hochreflektive Werkstoffe und weitere Lasermaterialbearbeitungsverfahren beschäftigen. Im Rahmen einer steigenden Elektrifizierung rückt neben Kupfer und Aluminium auch zunehmend Silber in den Fokus, da dieses Element eine noch höhere elektrische Leitfähigkeit als Kupfer besitzt. Da auch die Wärmeleitfähigkeit oberhalb der von Kupfer liegt, wird ein Laserstrahlschweißprozess deutlich erschwert. Hier können die beschriebenen Ansätze zu einer gesteigerten Prozessstabilität beitragen.

In den letzten Jahren werden vermehrt auch andere Wellenlängen für das Laserstrahlmikroschweißen eingesetzt. Insbesondere „blaue" und „grüne" Strahlquellen werden hier genutzt. Ein unstrittiger Vorteil ist die höhere Absorption bei Raumtemperatur im Vergleich zu den hier genutzten NIR Faserlasern. Allerdings ist die Absorptionssteigerung beim Übergang zum (Tief-) Schweißprozess für die sichtbaren Wellenlängen deutlich geringer, so dass die Differenz der resultierenden Einkoppelgrade auf Kupfer für diese drei Strahlquellen gering ist. Inwieweit sich eine Oberflächenstrukturierung auch für eine Erhöhung von Einkoppelgrad und Prozesseffizienz beim Laserstrahlschweißen mit sichtbaren Wellenlängen eignet, ist Gegenstand weiterer Untersuchungen.

8 Abbildungen

9 Tabellen

10 Literaturverzeichnis

[AAK17] Adilov, S. R.; Afanaciev, V. P.; Kashkul, I. N.; Kumekov, S. E.; Mukhin, N. V.; Terukov, E. I.: Studying the composition and structure of films obtained by thermal oxidation of copper. In Glass Physics and Chemistry, 2017, 43; S. 272–275.

[APA14] Afanas'ev, V. P.; Petrov, A. A.; Alekseeva, L. G.: The influence of thermal processing on the structure and composition of the surface of copper bedding. In Glass Physics and Chemistry, 2014, 40; S. 129–131.

[BAN18] Bantel, C. M.: Laserstrahlschweißen von Aluminium-Kupfer-Verbindungen. Dissertation, Dresden, 2018.

[BBB56] Bridges, D. W.; Baur, J. P.; Baur, G. S.; Fassell, W. M.: Oxidation of Copper to Cu2O and CuO (600°–1000°C and 0.026–20.4 atm Oxygen). In Journal of The Electrochemical Society, 1956, 103; S. 475–478.

[BBF15] Berthold, T.; Benstetter, G.; Frammelsberger, W.; Rodríguez, R.; Nafría, M.: Nanoscale characterization of copper oxide films by Kelvin Probe Force Microscopy. In Thin Solid Films, 2015, 584; S. 310–315.

[BBF56] Baur, J. P.; Bridges, D. W.; Fassell, W. M.: Oxidation of Oxygen-Free High Conductivity Copper to Cu2O. In Journal of The Electrochemical Society, 1956, 103; S. 273.

[BBM55] Baur, J. P.; Bridges, D. W.; Martin Fassell, W.: High Pressure Oxidation of Metals. In Journal of The Electrochemical Society, 1955, 102; S. 490.

[BDV03] Blom, A.; Dunias, P.; van Engen, P.; Hoving, W.; Kramer, J. de: Process spread reduction of laser microspot welding of thin copper parts using real-time control. In (Pique, A. et al. Hrsg.): Photon Processing in Microelectronics and Photonics II. SPIE, 2003; S. 493–507.

[BEC96] Beck, M.: Modellierung des Lasertiefschweißens. Dissertation. Teubner, Stuttgart, 1996.

[BER08] Bergström, D.: The Absorption of Laser Light by Rough Metal Surfaces. Dissertation, Luleå, Schweden, 2008.

[BHB15] Berger, P.; Heider, A.; Boley, M.; Förster, D.: Capillary geometries during welding of metals observed with Xray technique and calculated using a ray-tracing tool and a finite volume program treating heat diffusion and fluid flow: Proceedings of Lasers in Manufacturing Conference LiM, 2015.

[BHM05] Berend, O.; Haferkamp, H.; Meier, O.; Engelbrecht, L.: High-Frequency beam oscillating to increase the process stability during laser welding with high melt pool dynamics: ICALEO International Congress on Applications of Lasers & Electro-Optics. Laser Institute of America, 2005; S. 2206.

[BK13] Belousov, V. V.; Klimashin, A. A.: High-temperature oxidation of copper. In Russian Chemical Reviews, 2013, 82; S. 273–288.

[BPK07] Bergström, D.; Powell, J.; Kaplan, A. F. H.: Absorptance of nonferrous alloys to Nd:YLF and Nd:YAG laser light at room temperature. In Applied optics, 2007, 46; S. 1290–1301.

[BRI17] Britten, S.: Bauteilschonende Verbindungstechnik auf Metallisierungen durch moduliertes Laserstrahlschweißen. Dissertation. Apprimus Verlag, Aachen, 2017.

[BWZ02] Biro, E.; Weckman, D. C.; Zhou, Y.: Pulsed Nd:YAG laser welding of copper using oxygenated assist gases. In Metallurgical and Materials Transactions A, 2002, 33; S. 2019–2030.

[CBS88] Corkum, P. B.; Brunel, F.; Sherman, N. K.; Srinivasan-Rao, T.: Thermal response of metals to ultrashort-pulse laser excitation. In Physical review letters, 1988, 61; S. 2886–2889.

[CDD19] Cornet, A.; Deubener, H.; Dhawan, R.; Möller, T.; Padhi, A.; Schaufuss, P.; Tschiesner, A.: Race 2050. A vision for the European Automotive Industry, 2019.

[CHA00] Chang, C.-L.: Berechnung der Schmelzbadgeometrie beim Laserstrahlschweißen mit Mehrfokustechnik. Dissertation. Utz Wiss, München, 2000.

[CHO18] Chung, W.-S.; Haeusler, A.; Olowinsky, A.; Gillner, A.; Poprawe, R.: Investigation to Increase the Welding Joint Area with Modulated Laser Beam Welding over Gap. In Journal of Laser Micro/Nanoengineering, 2018, 13; S. 117–125.

[CHS18] Conzen, J.; Haeusler, A.; Stollenwerk, J.; Gillner, A.; Poprawe, R.; Loosen, P.: Laserstrahl-Mikroschweißen von mikroelektronischen Baugruppen unter Anwendung von örtlicher und zeitlicher Energiedeposition: Elektronische Baugruppen und Leiterplatten. EBL 2018 multifunktionale Aufbau- und Verbindungstechnik - Beherrschung der Vielfalt Vorträge der 9. DVS/GMM-Tagung in Fellbach am 20. und 21. Februar 2018. DVS Media GmbH, Düsseldorf, 2018; S. 12–19.

[CMN96] Chichkov, B. N.; Momma, C.; Nolte, S.; Alvensleben, F.; Tünnermann, A.: Femtosecond, picosecond and nanosecond laser ablation of solids. In Applied Physics A, 1996, 63; S. 109–115.

[CP98] Cho, S.J.; Paik, K.W.: Oxidation Studies on a Cu-Base Leadframe Alloy Between 150°C and 300°C. In Scripta Materialia, 1998, 38; S. 1149–1154.

[CRG17] Capostagno, D.; Rosowski, A.; Gabzdyl, J.; Duka, M.: Mikroschweißen mit ns gepulsten Faserlasern, Fürth, 2017.

[CSL19] Castrejón-Sánchez, V.-H.; Solís, A. C.; López, R.; Encarnación-Gomez, C.; Morales, F. M.; Vargas, O. S.; Mastache-Mastache, J. E.; Sánchez, G. V.: Thermal oxidation of copper over a broad temperature range: towards the formation of cupric oxide (CuO). In Materials Research Express, 2019, 6.

[DAU95] Dausinger, F.: Strahlwerkzeug Laser: Energiekopplung und Prozesseffektivität. Habilitation. Teubner, Stuttgart, 1995.

[DIL00] Dilthey, U. Hrsg.: Laserstrahlschweißen. Prozesse, Werkstoffe, Fertigung und Prüfung ; Handbuch zum BMBF-Projektverband "Qualifizierung von Laserverfahren" im Rahmen des Förderkonzeptes Laser 2000. Verl. für Schweißen und verwandte Verfahren DVS-Verl., Düsseldorf, 2000.

[DIN03] DIN EN ISO 11551:2003: 2003, Optik und optische Instrumente - Laser und Laseranlagen.

[DIN20] DIN EN ISO 25178-2: Februar 2020, Geometrische Produktspezifikation (GPS) - Oberflächenbeschaffenheit: Flächenhaft.

[DS93] Dausinger, F.; Shen, J.: Energy Coupling Efficiency in Laser Surface Treatment. In ISIJ International, 1993, 33; S. 925–933.

[DÜR08] Dürr, U.: Reproduzierbares Laserschweissen von Kupferwerkstoffen. In Metall, 2008, 62; S. 647–651.

[DW86] Deutscher, R. L.; Woods, R.: Characterization of oxide layers on copper by linear potential sweep voltammetry. In Journal of Applied Electrochemistry, 1986, 16; S. 413–421.

[EE10] Eichler, J.; Eichler, H.-J.: Laser. Bauformen, Strahlführung, Anwendungen. Springer Berlin Heidelberg, Berlin, Heidelberg, 2010.

[ENG15] Engler, S.: Laserstrahlschweißen von Kupferwerkstoffen mit brillanten Strahlquellen im infraroten und grünen Wellenlängenbereich. Dissertation, Aachen, 2015.

[EPK10] Eriksson, I.; Powell, J.; Kaplan, A. F. H.: Ultra high speed camera investigations of laser beam welding. In (Liu, X. Hrsg.): Congress proceedings / ICALEO, 29th International Congress on Applications of Lasers & Electro-Optics. September 26 - 30, 2010, Anaheim, CA, USA, Anaheim Marriot ; [including] Laser Materials Processing Conference, Laser Microprocessing Conference, Nanomanufacturing Conference. Laser Inst. of America, Anaheim, CA, 2010; S. 172–178.

[EUR20] Europäisches Parlament: EU-Klimagesetz: Parlament will Emissionen bis 2030 um 60% reduzieren, Brüssel, 2020.

[FAB10] Fabbro, R.: Melt pool and keyhole behaviour analysis for deep penetration laser welding. In Journal of Physics D: Applied Physics, 2010, 43; S. 445501.

[FGZ07a] Fu, L. J.; Gao, J.; Zhang, T.; Cao, Q.; Yang, L. C.; Wu, Y. P.; Holze, R.: Effect of Cu2O coating on graphite as anode material of lithium ion battery in PC-based electrolyte. In Journal of Power Sources, 2007, 171; S. 904–907.

[FGZ07b] Fu, L. J.; Gao, J.; Zhang, T.; Cao, Q.; Yang, L. C.; Wu, Y. P.; Holze, R.; Wu, H. Q.: Preparation of Cu2O particles with different morphologies and their application in lithium ion batteries. In Journal of Power Sources, 2007, 174; S. 1197–1200.

[FIN17] Finger, J.-T.: Puls-zu-Puls-Wechselwirkungen beim Ultrakurzpuls-Laserabtrag mit hohen Repetitionsraten. Dissertation. Apprimus Verlag, Aachen, 2017.

[FLE02] Fleckenstein, M.: Einfluss von Prozessgasen beim Laserstrahl-Mikroschweißen. In (Geiger, M. Hrsg.): Laser in der Elektronikproduktion & Feinwerktechnik. Tagungsband des 5. Erlanger Seminars LEF 2002, Erlangen, 6. - 7. März 2002. Meisenbach, Bamberg, 2002.

[FOR16] Fornaroli, C.: Sublimationsschneiden von Silizium mit ultrakurz gepulster Laserstrahlung. Dissertation, 2016.

[FSC05] Fabbro, R.; Slimani, S.; Coste, F.; Briand, F.: Study of keyhole behaviour for full penetration Nd–Yag CW laser welding. In Journal of Physics D: Applied Physics, 2005, 38; S. 1881–1887.

[FSC06] Fabbro, R.; Slimani, S.; Coste, F.; Briand, F.; Dlubak, B.; Loisel, G.: Analysis of basic processes inside the keyhole during deep penetration Nd-YAG cw laser welding. In (Ostendorf, A. Hrsg.): Congress proceedings / 2006 ICALEO, 25th International Congress on Applications of Lasers & Electro-Optics. October 30 - November 2, Doubletree Paradise Valley Resort, Scottsdale, AZ, USA ; [including] Laser Materials Processing Conference [and] Laser Microprocessing Conference. Laser Inst. of America, Orlando, Fla., 2006; S. 101.

[FSW18] Fetzer, F.; Sommer, M.; Weber, R.; Weberpals, J.-P.; Graf, T.: Reduction of pores by means of laser beam oscillation during remote welding of AlMgSi. In Optics and Lasers in Engineering, 2018, 108; S. 68–77.

[FZL13] Fan, P.; Zhong, M.; Li, L.; Huang, T.; Zhang, H.: Rapid fabrication of surface micro/nano structures with enhanced broadband absorption on Cu by picosecond laser. In Optics express, 2013, 21; S. 11628–11637.

[FZL14] Fan, P.; Zhong, M.; Li, L.; Schmitz, P.; Lin, C.; Long, J.; Zhang, H.: Angle-independent colorization of copper surfaces by simultaneous generation of picosecond-laser-induced nanostructures and redeposited nanoparticles. In Journal of Applied Physics, 2014, 115; S. 124302.

[GC17] Gabzdyl, J.; Capostagno, D.: Joining Dissimilar Materials with Pulsed Nanosecond Fiber Lasers. In Laser Technik Journal, 2017, 14; S. 38–41.

[GLA98] Glasmacher, M.: Prozeß- und Systemtechnik zum Laserstrahl-Mikroschweißen. Bericht aus dem Lehrstuhl für Fertigungstechnologie. Dissertation. Meisenbach, Bamberg, 1998.

[GLU96] Glumann, C.: Verbesserte Prozeßsicherheit und Qualität durch Strahlkombination beim Laserschweißen. Dissertation. Teubner, Stuttgart, 1996.

[GRA10] Graubner, S.: Synthese und Charakterisierung von Kupferoxiddünnschichten. Dissertation, Gießen, 2010.

[HAR14] Hartmann, C.: Laserabtrag mit zeitlicher Modulation der Energiedeposition. Dissertation. Apprimus-Verl., Aachen, 2014.

[HÄU21] Häusler, A.: Präzisionserhöhung beim Laserstrahl-Mikroschweißen durch angepasstes Energiemanagement. Dissertation. Apprimus Verlag, Aachen, 2021.

[HEI18] Heider, A.: Erweitern der Prozessgrenzen beim Laserstrahlschweißen von Kupfer mit Einschweißstiefen zwischen 1 mm und 10 mm. Dissertation. Herbert Utz Verlag, München, 2018.

[HEß12] Heß, A.: Vorteile und Herausforderungen beim Laserstrahlschweißen mit Strahlquellen höchster Fokussierbarkeit. Dissertation. Utz, München, 2012.

[HG09] Hügel, H.; Graf, T.: Laser in der Fertigung. Strahlquellen, Systeme, Fertigungsverfahren. Vieweg + Teubner, Wiesbaden, 2009.

[HHO18] Haeusler, A.; Hollatz, S.; Olowinsky, A.; Gillner, A.; Poprawe, R.: Quality improvement of the surface of laser micro welds by using a dual beam setup. In Journal of Laser Applications, 2018, 30; S. 32423.

[HHO20] Haddad, E.; Helm, J.; Olowinsky, A.; Gillner, A.: Nanosecond pulsed fiber laser as a tool for laser micro welding. In Procedia CIRP, 2020, 94; S. 571–576.

[HHS10] Hess, A.; Heider, A.; Schuster, R.; Weber, R.; Graf, T.: Benefits from combining laser beams with different wavelengths (green and IR) for copper welding: International Congress on Applications of Lasers & Electro-Optics. Laser Institute of America, 2010; S. 540–546.

[HHS16] Helm, J.; Haeusler, A.; Schwetlick, M.; Olowinsky, A.; Gillner, A.; Poprawe, R.: Connecting battery cells by aluminium ribbon bonding using laser micro welding: International Congress on Applications of Lasers & Electro-Optics, 2016; M802.

[HKÜ20] Hollatz, S.; Kremer, S.; Ünlübayir, C.; Sauer, D. U.; Olowinsky, A.; Gillner, A.: Electrical Modelling and Investigation of Laser Beam Welded Joints for Lithium-Ion Batteries. In Batteries, 2020, 6; S. 24.

[HMO17] Haeusler, A.; Mehlmann, B.; Olowinsky, A.; Gillner, A.; Poprawe, R.: Efficient Copper Microwelding with Fibre Lasers using Spatial Power Modulation. In Lasers in Eng., 2017; S. 133–146.

[HÖR18] Hördemann, C.: Partikelfreier Abtrag von Schichtsystemen für Feststoffbatterien mittels Ultrakurzpuls-Laserbearbeitung. Dissertation. Apprimus Verlag, Aachen, 2018.

[HSH11] Heider, A.; Stritt, P.; Hess, A.; Weber, R.; Graf, T.: Process Stabilization at welding Copper by Laser Power Modulation. In Physics Procedia, 2011, 12; S. 81–87.

[HSO20] Helm, J.; Schulz, A.; Olowinsky, A.; Dohrn, A.; Poprawe, R.: Laser welding of laser-structured copper connectors for battery applications and power electronics. In Welding in the World, 2020, 64; S. 611–622.

[HVL08] Honkanen, M.; Vippola, M.; Lepistö, T.: Oxidation of copper alloys studied by analytical transmission electron microscopy cross-sectional specimens. In Journal of Materials Research, 2008, 23; S. 1350–1357.

[HWH10] Hess, A.; Weber, R.; Heider, A.; Graf, T.: Forced deep-penetration welding with low-power second-harmonic assistance of cw copper welding with 1 µm wavelength. In Physics Procedia, 2010, 5; S. 29–36.

[IEA21] IEA - International Energy Agency: The Role of Critical Minerals in Clean Energy Transitions, France, 2021.

[IVS18] Indhu, R.; Vivek, V.; Sarathkumar, L.; Bharatish, A.; Soundarapandian, S.: Overview of Laser Absorptivity Measurement Techniques for Material Processing. In Lasers in Manufacturing and Materials Processing, 2018, 5; S. 458–481.

[JFW18] Jarwitz, M.; Fetzer, F.; Weber, R.; Graf, T.: Weld Seam Geometry and Electrical Resistance of Laser-Welded, Aluminum-Copper Dissimilar Joints Produced with Spatial Beam Oscillation. In Metals, 2018, 8; S. 510.

[JGJ09] Jayatissa, A. H.; Guo, K.; Jayasuriya, A. C.: Fabrication of cuprous and cupric oxide thin films by heat treatment. In Applied Surface Science, 2009, 255; S. 9474–9479.

[JIN08] Jin, X.: A three-dimensional model of multiple reflections for high-speed deep penetration laser welding based on an actual keyhole. In Optics and Lasers in Engineering, 2008, 46; S. 83–93.

[JNR17] Jaeggi, B.; Neuenschwander, B.; Remund, S.; Kramer, T.: Influence of the pulse duration and the experimental approach onto the specific removal rate for ultra-short pulses: Proc. SPIE 10091, Laser Applications in Microelectronic and Optoelectronic Manufacturing (LAMOM) XXII, 2017; 100910J.

[JT05] Jiang, L.; Tsai, H.-L.: Improved Two-Temperature Model and Its Application in Ultrashort Laser Heating of Metal Films. In Journal of Heat Transfer, 2005, 127; S. 1167–1173.

[KAL21] Kalman-Schueler, K.: Copper Substitution Survey 2021, 2021.

[KAP12a] Kaplan, A. F.H.: Fresnel absorption of 1µm- and 10µm-laser beams at the keyhole wall during laser beam welding: Comparison between smooth and wavy surfaces. In Applied Surface Science, 2012, 258; S. 3354–3363.

[KAP12b] Kaplan, A. F.H.: Local absorptivity modulation of a 1µm-laser beam through surface waviness. In Applied Surface Science, 2012, 258; S. 9732–9736.

[KAP94] Kaplan, A.: A model of deep penetration laser welding based on calculation of the keyhole profile. In Journal of Heat Transfer, 1994, 27; S. 1805–1814.

[KET10] Kettler, T.: Halbleiterlaser hoher Brillanz. Dissertation. Technische Universität Berlin, 2010.

[KGB19] Kumar, A.; Gupta, M. P.; Banerjee, J.; Neogy, S.; Keskar, N.; Bhatt, R. B.; Behere, P. G.; Biswas, D. J.: Micro-Welding of Stainless Steel and Copper Foils Using a Nano - Second Pulsed Fiber Laser. In Lasers in Manufacturing and Materials Processing, 2019, 6; S. 158–172.

[KHK18] Kang, M.; Han, H. N.; Kim, C.: Microstructure and Solidification Crack Susceptibility of Al 6014 Molten Alloy Subjected to a Spatially Oscillated Laser Beam. In Materials (Basel, Switzerland), 2018, 11.

[KLE20] Kleine, K.: Powering e-mobility - Welding copper with the Adjustable Ring Mode (ARM) fiber laser. White Paper, 2020.

[KM15] Kaplan, A. F. H.; Matti, R. S.: Absorption peaks depending on topology of the keyhole front and wavelength. In Journal of Laser Applications, 2015, 27; S29012.

[KMA11] Kawahito, Y.; Matsumoto, N.; Abe, Y.; Katayama, S.: Relationship of laser absorption to keyhole behavior in high power fiber laser welding of stainless steel and aluminum alloy. In Journal of Materials Processing Technology, 2011, 211; S. 1563–1568.

[KMK02] Kaplan, A. F. H.; Mizutani, M.; Katayama, S.; Matsunawa, A.: Analysis of different methods for the prevention of pore formation in keyhole laser spot welding. In Welding in the World, 2002, 46; S. 39–50.

[LAS20] Laserline GmbH: LDMblue. Blaue Hochleistungsdiodenlaser, 2020.

[LHT16] Lee, S.-K.; Hsu, H.-C.; Tuan, W.-H.: Oxidation Behavior of Copper at a Temperature below 300 °C and the Methodology for Passivation. In Materials Research, 2016, 19; S. 51–56.

[LK21] Lee, K.; Ki, H.: Enhancing coupling efficiency in laser keyhole welding of copper using femtosecond laser surface modification. In Optics & Laser Technology, 2021, 139; S. 106943.

[MB07] Mahrle, A.; Beyer, E.: Control of the energy deposition during laser beam welding by oscillation techniques. In (Vollertsen, F. Hrsg.): Lasers in manufacturing 2007. Proceedings of the Fourth International WLT-Conference Lasers in Manufacturing, LIM 2007, Munich, Germany, June 18th - 22nd, 2007. AT-Fachverl., Stuttgart, 2007; S. 97–103.

[MG03] Mys, I.; Geiger, M.: Use of pre-pulse in laser spot welding of materials with high optical reflection. In (Miyamoto, I. Hrsg.): Fourth International Symposium on Laser Precision Microfabrication. 21 - 24 June 2003, Munich, Germany. SPIE, Bellingham, Wash., 2003; S. 314–318.

[MIL37] Miley, H. A.: Copper Oxide Films. In Journal of the American Chemical Society, 1937, 59; S. 2626–2629.

[MK14] Matti, R. S.; Kaplan, A.F.H.: Analysis of moving surface structures at a laser-induced boiling front. In Applied Surface Science, 2014, 317; S. 560–567.

[MKO11] Moalem, A.; Kling, R.; Overmeyer, L.: Prozesssicherheit beim Kupferschweißen mit Laserstrahlung durch niederenergetisches Vorpulsen. In Metall, 2011, 65; S. 511–514.

[MMK03] Moon, J. H.; Mizutani, M.; Katayama, S.; Matsunawa, A.: Melting characteristics of metals by combined laser beams with different wavelengths. In Journal of Laser Applications, 2003, 15; S. 37–42.

[MOT14] Mehlmann, B.; Olowinsky, A.; Thuilot, M.; Gillner, A.: Spatially Modulated Laser Beam Micro Welding of CuSn6 and Nickel-plated DC04 Steel for Battery Applications. In Journal of Laser Micro/Nanoengineering, 2014, 9; S. 276–281.

[MPO04] Miyamoto, I.; Park, S.; Ooie, T.: High-speed microwelding by single-mode fiber laser. In (Geiger, M. Hrsg.). Proceedings of the 4th LANE 2004. Meisenbach, Bamberg, 2004.

[MÜL02] Müller, M. G.: Prozessüberwachung beim Laserstrahlschweißen durch Auswertung der reflektierten Leistung. Dissertation. Utz Wiss, München, 2002.

[MWF10] Moalem, A.; Witzendorff, P. von; Frede, M.; Kling, R.: Enhancing process stability in infrared laser micro welding of copper using frequency converted short prepulses. In (Liu, X. Hrsg.): Congress proceedings / ICALEO, 29th International Congress on Applications of Lasers & Electro-Optics. September 26 - 30, 2010, Anaheim, CA, USA, Anaheim Marriot ; [including] Laser Materials Processing Conference, Laser Microprocessing Conference, Nanomanufacturing Conference. Laser Inst. of America, Anaheim, CA, 2010; S. 839–843.

[MWS12] Moalem, A.; Witzendorff, P. von; Stute, U.; Overmeyer, L.: Reliable Copper Spot Welding with IR Laser Radiation through Short Prepulsing. In Procedia CIRP, 2012, 3; S. 459–464.

[NG10a] Nayak, B. K.; Gupta, M. C.: Self-organized micro/nano structures in metal surfaces by ultrafast laser irradiation. In Optics and Lasers in Engineering, 2010, 48; S. 940–949.

[NG10b] Nayak, B. K.; Gupta, M. C.: Ultrafast laser-induced self-organized conical micro/nano surface structures and their origin. In Optics and Lasers in Engineering, 2010, 48; S. 966–973.

[NIA04] Nedialkov, N. N.; Imamova, S. E.; Atanasov, P. A.: Ablation of metals by ultrashort laser pulses. In Journal of Physics D: Applied Physics, 2004, 37; S. 638–643.

[OKA77] Okada, A.: Application of Melting Efficiency in Welding and its Problems. In Journal of the Japan Welding Society, 1977, 46; S. 53–61.

[OPH09] Otte, F.; Pamin, S.; Hermsdorf, J.; Kracht, D.; Kling, R.: Enhancement of process stability for laser spot micro welding by using 532 nm radiation: Proc. of 5th International Congress on Laser Advanced Materials Processing (LAMP), 2009.

[PGK18] Pantsar, H.; Gabzdyl, J.; Kaiser, E.; Hesse, T.; Kirchhoff, M.; Faisst, B.; Dold, E.-M.: New welding techniques and laser sources for battery welding: Proc. SPIE 10525.

High-Power Laser Materials Processing: Applications, Diagnostics, and Systems VII, 2018; S. 13.

[PKU90] Prokhorov, A. M.; Konov, V. I.; Ursu, I.; Mihailescu, I. N.: Laser Heating of Metals. Hilger, Bristol, 1990.

[PL02] Perez, D.; Lewis, L. J.: Ablation of solids under femtosecond laser pulses. In Physical Review Letters, 2002, 89; S. 255504.

[PN10] Petring, D.; Nazery Goneghany, V.: Learning more about laser beam welding by applying it to copper and copper alloys: International Congress on Applications of Lasers & Electro-Optics. Laser Institute of America, 2010; S. 547–553.

[POP05] Poprawe, R.: Lasertechnik für die Fertigung. Grundlagen, Perspektiven und Beispiele für den innovativen Ingenieur ; mit 26 Tabellen. Springer, Berlin, 2005.

[POP11] Poprawe, R.: Tailored Light 2. Springer Berlin Heidelberg, Berlin, Heidelberg, 2011.

[PVD20] Prieto, C.; Vaamonde, E.; Diego-Vallejo, D.; Jimenez, J.; Urbach, B.; Vidne, Y.; Shekel, E.: Dynamic laser beam shaping for laser aluminium welding in e-mobility applications. In Procedia CIRP, 2020, 94; S. 596–600.

[RAM05] Ramsayer, R. M.: Prozessstabilisierung beim gepulsten Laserstrahl-Mikroschweißen von Kupferwerkstoffen. Dissertation, Aachen, 2005.

[RCV09] Reif, J.; Costache, F.; Varlamova, O.; Jia, G.; Ratzke, M.: Self-organized regular surface patterning by pulsed laser ablation. In physica status solidi (c), 2009, 6; S. 681–686.

[RFM10] Reiter, M. J.; Farson, D. F.; Mehl, M.: Control of penetration depth fluctuations in single-mode fiber laser welds. In Journal of Laser Applications, 2010, 22; S. 37–42.

[SBB03] Schott, P.; Beaucoudrey, N. de; Bourlier, C.: Reflectivity of one-dimensional rough surfaces using the ray tracing technique with multiple reflections: IGARSS 2003. 2003 IEEE International Geoscience and Remote Sensing Symposium. Proceedings (IEEE Cat. No.03CH37477). IEEE, 2003; S. 4214–4216.

[SCH10] Schulze, G.: Die Metallurgie des Schweissens. Eisenwerkstoffe - nichteisenmetallische Werkstoffe. Springer, Heidelberg, New York, 2010.

[SCH12] Schmitt, F.: Laserstrahl-Mikroschweißen mit Strahlquellen hoher Brillanz und örtlicher Leistungsmodulation. Dissertation. Shaker, Aachen, 2012.

[SCH15] Schmidt, P. A.: Laserstralschweißen elektrischer Kontakte von Lithium-Ionen-Batterien in Elektro- und Hybridfahrzeugen. Dissertation, München, 2015.

[SCH94] Schneider, R.: Untersuchung der Einflussgrößen beim Schweißen von Kupferwerkstoffen mit dem Nd:YAG-Laser. Dissertation, 1994.

[SEI06] Seibold, G.: Absorption technischer Oberflächen in der Lasermaterialbearbeitung. Zugl.: Stuttgart, Univ., Diss., 2006. Utz Wiss, München, 2006.

[SHH13] Schweier, M.; Heins, J. F.; Haubold, M. W.; Zaeh, M. F.: Spatter Formation in Laser Welding with Beam Oscillation. In Physics Procedia, 2013, 41; S. 20–30.

[SM10] Steen, W. M.; Mazumder, J.: Laser Material Processing. Springer London, London, 2010.

[SMG10] Schmitt, F.; Mehlmann, B.; Gedicke, J.; Olowinsky, A.; Gillner, A.; Poprawe, R.: Laser Beam Micro Welding With High Brilliant Fiber Lasers. In Journal of Laser Micro/Nanoengineering, 2010, 5; S. 197–203.

[SN91] Sánchez-Gil, J. A.; Nieto-Vesperinas, M.: Light scattering from random rough dielectric surfaces. In Journal of the Optical Society of America A, 1991, 8; S. 1270.

[SOM10] Sommer, S. S.: Effizienzsteigerung beim präzisen Oberflächenabtragen mit ultrakurzen Laserpulsen. Dissertation. Shaker, Aachen, 2010.

[SS16] Spittel, M.; Spittel, T.: Flow stress, mechanical and physical properties of electrolytic-tough-pitch copper (Cu-ETP): Landolt-Börnstein. New Series VIII/2C3. Springer-Verlag Berlin Heidelberg, 2016; S. 127–131.

[SSL01] Semerok, A. F.; Salle, B.; Lacour, J.-L.; Wagner, J.-F.; Petite, G.; Gobert, O.; Meynadier, P.; Perdrix, M.: Femtosecond, picosecond, and nanosecond laser microablation: laser plasma and crater investigation. In (Kalal, M.; Rohlena, K.; Sinor, M. Hrsg.): ECLIM 2000: 26th European Conference on Laser Interaction with Matter. SPIE, 2001; S. 574–579.

[SWR15] Sotrop, J.; Winter, J.; Rapp, S.; Huber, H. P.: Understanding laser ablation efficiency. In SPIE Newsroom, 2015.

[THA12] Tang, G.; Hourd, A. C.; Abdolvand, A.: Nanosecond pulsed laser blackening of copper. In Applied Physics Letters, 2012, 101; S. 231902.

[WEB10] Weberpals, J.-P.: Nutzen und Grenzen guter Fokussierbarkeit beim Laserschweißen. Dissertation. Utz, München, 2010.

[WEG19] Wegener, M.: Energy Storage, Lasered! In PhotonicsViews, 2019, 16; S. 40–43.

[WGR96a] Willamowski, U.; Gross, T.; Ristau, D.; Welling, H.: Calorimetric measurement of optical absorption and transmissivity with sub-ppm sensitivity. In (Gee, A. E.; Houee, J.-F. Hrsg.): Specification, Production, and Testing of Optical Components and Systems. SPIE, 1996; S. 148–158.

[WGR96b] Willamowski, U.; Gross, T.; Ristau, D.; Welling, H.: Calorimetric measurement of optical absorption at 532 nm and 1064 nm according to ISO/FDIS 11551. In (Morin, M.; Giesen, A. Hrsg.): Third International Workshop on Laser Beam and Optics Characterization. SPIE, 1996; S. 483–494.

[WIL98] Willamowski, U.: Standardisierbare Verfahren zur präzisen Charakterisierung des Absorptions-, Reflexions- und Transmissionsgrads optischer Komponenten. Dissertation, Universität Hannover, 1998.

[WJN08a] Wilden, J.; Jahn, S.; Neumann, T.; Bergmann, J. P.; Holtz, R.; Richter, K.: Laserstrahlschweißen mit modulierbaren Nd-YAG Laserstrahlquellen - Wechselwirkungsmechanismen zwischen Leistungsmodulation und

Schmelzbadströmung sowie Erstarrung: Die Verbindungs Spezialisten 2008. Große Schweißtechnische Tagung, BMBF-Forschungsförderung "Fügen im Produktlebenszyklus", Studentenkongress ; Vorträge und Posterbeiträge der Veranstaltung in Dresden vom 17. bis 19. September 2008. DVS-Media, Düsseldorf, 2008; S. 425–429.

[WJN08b] Wilden, J.; Jahn, S.; Neumann, T.; Denke, M.: Laserstrahlprozessführung und Metallurgie als Schlüssel für neue Anwendungen: Neue Entwicklungen in der Lasermaterialbearbeitung. Vorträge und Posterbeiträge der 6. Jenaer Lasertagung in Jena am 27. und 28. November 2008 ; Gemeinschaftsveranstaltung von der Fachhochschule Jena und dem Günter-Köhler-Institut für Fügetechnik und Werkstoffprüfung GmbH (ifw), Jena. DVS Media, Düsseldorf, 2008; S. 157–165.

[WKY18] Wang, H.; Kawahito, Y.; Yoshida, R.; Nakashima, Y.; Shiokawa, K.: A model to calculate the laser absorption property of actual surface. In International Journal of Heat and Mass Transfer, 2018, 118; S. 562–569.

[WWC00] Wang, J.-T.; Weng, C.-I.; Chang, J.-G.; Hwang, C.-C.: The influence of temperature and surface conditions on surface absorptivity in laser surface treatment. In Journal of Applied Physics, 2000, 87; S. 3245–3253.

[XK99] Xie, J.; Kar, A.: Laser Welding of Thin Sheet Steel with Surface Oxidation. In Welding Journal, 1999, 78; 343s-348s.

[YYL08] Yang, Y.; Yang, J.; Liang, C.; Wang, H.: Ultra-broadband enhanced absorption of metal surfaces structured by femtosecond laser pulses. In Optics Express, 2008, 16; S. 11259–11265.

[ZHI03] Zhigilei, L. V.: Dynamics of the plume formation and parameters of the ejected clusters in short-pulse laser ablation. In Applied Physics A, 2003, 76; S. 339–350.

[ZLI09] Zhigilei, L. V.; Lin, Z.; Ivanov, D. S.: Atomistic Modeling of Short Pulse Laser Ablation of Metals: Connections between Melting, Spallation, and Phase Explosion. In The Journal of Physical Chemistry C, 2009, 113; S. 11892–11906.

[ZMI04] Zhu, Y.; Mimura, K.; Isshiki, M.: Oxidation Mechanism of Cu2O to CuO at 600-1050°C. In Oxidation of Metals, 2004, 62; S. 207–222.

11 Anhang

11.1 Berechnung der Intensität im Zentrum der Strahltaille für blaue Diodenlaser und NIR Faserlaser

Die Parameter aus Tabelle 11.1 werden der Berechnung zu Grunde gelegt:

Tabelle 11.1: Übersicht über die Eigenschaften eines NIR Faserlasers und eines Diodenlasers mit einer Emissionswellenlänge im blauen Bereich.

Parameter	Diodenlaser	Faserlaser
Wellenlänge λ	450 nm	1070 nm
Maximale Ausgangsleistung P_L	1000 W	1000 W
Erreichter Fokusdurchmesser d_F	300 µm	25 µm
Absorption A für Cu-ETP bei Raumtemperatur	64 %	6 %

Berechnung der maximalen Intensität im Zentrum der Strahltaille nach Formel 2.1:

11.1

$$I_{0,blau} = \frac{2 \cdot P_L}{\pi \cdot {w_0}^2} = \frac{2 \cdot 1000\,W}{\pi \cdot (150 \cdot 10^{-4}\,cm)^2} = 2829421 \frac{W}{cm^2} \cong 2{,}8\,\frac{MW}{cm^2}$$

$$I_{0,NIR} = \frac{2 \cdot 1000\,W}{\pi \cdot (12{,}5 \cdot 10^{-4}\,cm)^2} = 407436654 \frac{W}{cm^2} \cong 407\,\frac{MW}{cm^2}$$

Die absorbierte Intensität $I_{0,abs}$ für Cu-ETP ergibt sich durch Multiplikation mit dem Absorptionsgrad, abgelesen aus dem Diagramm in Bild 8:

11.2

$$I_{0,abs,blau} = A_{blau} \cdot I_{0,blau} = 0{,}64 \cdot 2829421\,\frac{W}{cm^2} = 1810830\,\frac{W}{cm^2}$$

$$I_{0,abs,NIR} = A_{NIR} \cdot I_{0,NIR} = 0{,}06 \cdot 407436654\,\frac{W}{cm^2} = 24446199\,\frac{W}{cm^2}$$

Die absorbierte Intensität bei Raumtemperatur liegt bei der NIR-Strahlquelle 13,5x höher als bei dem blauen Diodenlaser.

11.2 Übersicht der Arbeiten zur Analyse des Oxidwachstums

In Tabelle 11.2 ist eine Übersicht durchgeführter Arbeiten zur Analyse des Oxidschichtwachstums und der Zusammensetzung der Oxidschicht aufgeführt. Insbesondere die Analyse des entstehenden Kupferoxids in Abhängigkeit von Temperatur und Haltedauer ist nicht immer konsistent. Diese Fehlinterpretation steht auch im Zusammenhang mit einer inzwischen revidierten amerikanischen Norm. Seit dem Beginn der Untersuchung von Kupferoxiden durch Miley 1937 [MIL37] gab es häufiger Missinterpretationen wissenschaftlicher Ergebnisse, die durch diesen falschen amerikanischen Standard (ASTM Standard 49-50) begründet sind. Inzwischen ist sich die Wissenschaft über die vornehmliche Entstehung von Cu_2O bei niedrigen Temperaturen und Drücken und die primäre Entstehung von CuO bei hohen Temperaturen (> 400 °C) einig. [CSL19], [HVL08], [DW86], [CP98] Dennoch kommt es weiterhin gelegentlich zu Missverständnissen. Diese tabellarische Übersicht zeigt das große wissenschaftliche Interesse an den Entstehungsmechanismen und der industriellen Nutzung von (Kupfer-) Oxiden.

Tabelle 11.2: Übersicht von Arbeiten zur Analyse des Oxidschichtwachstums und der Oxidschichtzusammensetzung von Kupferwerkstoffen.

Material	Umgebung	Temperatur	Haltedauer	Ergebnis	Quelle
100 nm Kupfer auf Quartz/Glas	Luft, Atmosphäre	220-250 °C	30 min	Cu_2O; 1,4 µm bei bis zu 50 % Transmission im sichtbaren Spektrum	[AAK17]
		Ab 350 °C		Cu_2O und CuO; 1,75 µm bei hohem Anteil Absorption im sichtbaren Spektrum und Transparenz für IR	
		Ab 500 °C		CuO; 2,1 µm bei hohem Anteil Absorption im sichtbaren Spektrum und Transparenz für IR	
Kupferplättchen	Luft, Atmosphäre	100-200 °C	10-40 min	Eine dicke CuO Oxidschicht entsteht ab 160 °C, die Mikrostruktur verändert sich und die Oberfläche wird rauer	[APA14]

5 µm gesputtertes Kupfer auf Silizium	-	120 °C	24 Stunden	Schicht aus Cu_2O bildet sich auf der Außenseite; kleine Oxidkörner bedecken die Oberfläche	[BBF15]
		300 °C	2 Stunden	Schicht aus CuO bildet sich auf der Außenseite; Oxidkörner auf der Oberfläche, ursprüngliche Kupferoberfläche nicht mehr erkennbar	
Sauerstofffreies hochleitendes Kupfer (OFHC)	Sauerstoff bei 0,026 – 20,4 atm	600-1000 °C	120-150 min	96 % Cu_2O bei niedrigem und hohem Druck oberhalb von 800 °C; Unterhalb von 750 °C 90 % Cu_2O bei hohem Druck und steigender Anteil CuO	[BBB56]
Sauerstofffreies hochleitendes Kupfer (OFHC)	Sauerstoff	450-790 °C	T wird gesteigert: 5 °C/min	Gewichtszunahme der Proben wird gemessen; Oxidation von Kupfer folgt einem parabolischen Gesetz; Oxidationsrate ist im Bereich von 1-20,4 atm unabhängig vom Sauerstoffdruck	[BBM55]
Sauerstofffreies hochleitendes Kupfer (OFHC)	Sauerstoff	900, 950 und 1000 °C	Bis 45 min	Druck ist so gewählt, dass nur Cu_2O entsteht; CuO entsteht beim Absenken der Probe aus dem heißen Ofen	[BBF56]
Kupferplättchen mit einer Reinheit von 99,99 %, 1 cm^2 groß und 500 µm dick	Umgebungs-atmosphäre	100 °C und 150 °C	60 min	Einzelne Oxidschicht, die hauptsächlich aus Cu_2O besteht, Eigenschaften im Vergleich zu reinem Cu quasi unverändert, leicht rötliche Färbung	[CSL19]
	Umgebungs-atmosphäre und Luftstrom	300 °C	60 min und 1440 min	Entstehung von Cu_2O und einer dünnen, passivierenden Schicht von CuO auf der Außenseite	

	Umgebungs-atmosphäre oder Luftstrom	400 °C – 700 °C	Diverse	Entstehende Oxidschichten sind fragil und haben wenig Anhaftung an das Grundmaterial, unabhängig von Umgebung und Oxidationsdauer	
	Luftstrom	800 °C und 900 °C	60 min	Kupferoxid ist polykristallin, Oxidschicht besteht aus einer Mischung aus Cu_2O und CuO mit einem größeren Anteil Cu_2O, Oberfläche besteht allerdings aus einer reinen Schicht CuO	
	Luftstrom	1000 °C	60 min	Anteil von CuO steigt, allerdings besteht die Oxidschicht noch immer aus einem Gemisch	
			180 min	Mit steigender Haltedauer nimmt auch der Anteil an CuO zu.	
			1440 min	Umwandlung von Cu_2O in CuO ist vollständig	
	Sauerstoff	1000 °C	480 min	Ausschließlich CuO nachweisbar; glatte und gleichmäßige Oberfläche	
Kupfer mit einer Dicke von 0,254 mm	Luft, Atmosphäre	150 °C – 300 °C	5 min, 2 Std., 20 Std., 150 Std.	Parabolisches Wachstum der Oxidschicht, auf Cu bildet sich eine Schicht aus Cu_2O (vornehmlich), die von einer dünneren Schicht aus CuO überzogen ist. Verhältnis CuO/Cu_2O ist recht konstant bei 0,28 (150 °C) bzw. 0,34 (200 °C)	[CP98]

Cu-OF (Sauerstofffrei), CuAg (0,5 - 2 wt% Silber) und Cu-DHP (desoxidiert, hoher Phosphorgehalt)	Luft, Atmosphäre	200 °C	25 min	Alle Schichten sind etwa gleich dick (40-50 nm); Oxide wachsen in Inseln, Cu_2O entsteht; Cu-OF nicht gleichmäßig ausgeprägt, CuAg und Cu-DHP gleichmäßig;	[HVL08]
			100 min	Nanokristallines Cu_2O bei allen Proben; Dicke bei Cu-OF beträgt 100 nm, bei CuAg und Cu-DHP 120 – 150 nm	
		350 °C	5 min	Nanokristallines Cu_2O bei allen Proben; 80 nm dicke Oxidschicht	
			25 min	Innere Oxidschicht von 300 – 400 nm Cu_2O auf allen Proben, darauf 30 nm CuO auf Cu-OF, auf CuAg und Cu-DHP entstanden säulenartige Oxidkörner aus CuO und Cu_2O mit einer Dicke von 600 – 800 nm	
			100 min	Ähnliche wie nach 25 min, aber Cu-OF: 400 nm Cu_2O und 560 nm CuO; CuAg: 350 nm Cu_2O und 1350 nm Cu_2O+CuO; Cu-DHP: 600 nm Cu_2O und 1700 nm Cu_2O+CuO	
Kaltgewalzter Stahl (AIAI 1010); 0,6 mm dick	*Luft*	*1000 °C*	*20 s und 40 s*	*Schweißen mit CO_2-Laser bei 360 W und 0,2 mm/s Vorschub: Reflexion der Proben konnte durch Oxidation von 65-80 % auf 30 % reduziert werden*	[XK99]

11.3 Kalibrierung des Doppel-Ulbrichtkugel-Aufbaus zur Messung der reflektierten Strahlung

Zur Kalibrierung des Doppel-Ulbrichtkugel-Aufbaus werden drei Messreihen durchgeführt.

1. Photodiodenspannung in der unteren Ulbrichtkugel für diffuse Reflexion,
2. Photodiodenspannung in der oberen Ulbrichtkugel für koaxial zurückgeworfene Reflexion und
3. Photodiodenspannung in der oberen Ulbrichtkugel für diffuse Reflexion

Der Zusammenhang für die Leistungsanteile von koaxialer und diffuser Reflexion in der unteren und der oberen Ulbrichtkugel sind über folgenden Zusammenhang verknüpft.

11.3
$$P_L(U_{PD,u}) = C_u \cdot U_{PD,u}$$
$$P_L(U_{PD,o}) = C_o \cdot U_{PD,o}$$

$P_L(U_{PD,u})$: Laserleistung bei Diodenspannung $U_{PD,u}$ in der unteren Ulbrichtkugel [W]; $P_L(U_{PD,o})$: Laserleistung bei Diodenspannung $U_{PD,o}$ in der oberen Ulbrichtkugel [W]; C_u: Proportionalitätskonstante zwischen der Laserleistung und der Spannung in der unteren Photodiode [W/V]; C_o: Proportionalitätskonstante zwischen der Laserleistung und der Spannung in der oberen Photodiode [W/V]; $U_{PD,u}$: Spannung an der Photodiode der unteren Ulbrichtkugel [V]; $U_{PD,o}$: Spannung an der Photodiode der oberen Ulbrichtkugel [V]

Mit der Verknüpfung zwischen der Spannung von oberer und unterer Photodiode wird die reflektierte Laserleistung über folgenden Zusammenhang berechnet.

11.4
$$P_R(U_{PD,u}, U_{PD,o}) = C_u \cdot U_{PD,u} + C_o \cdot (U_{PD,o} - U_{PD,u} \cdot C_{o,u})$$

P_R: Reflektierte Laserleistung [W]; $U_{PD,u}$: Diodenspannung an der unteren Ulbrichtkugel [V]; $U_{PD,o}$: Diodenspannung an der oberen Ulbrichtkugel [V]; C_u: Proportionalitätskonstante zwischen der Laserleistung und der Spannung in der unteren Photodiode [W/V]; C_o: Proportionalitätskonstante zwischen der Laserleistung und der Spannung in der oberen Photodiode [W/V]; $C_{o,u}$: Proportionalitätskonstante bei diffuser Reflexion der oberen Ulbrichtkugel [-]

Für den Fall, dass die lineare Anpassung zwischen der Laserleistung und der Photodiodenspannung durch den Nullpunkt verläuft gilt:

11.5
$$C_u = m_u$$
$$C_o = m_o$$
$$C_{o,u} = m_{o,u}$$

C_u: Proportionalitätskonstante zwischen der Laserleistung und der Spannung in der unteren Photodiode [W/V]; m_u: Steigung der linearen Anpassung zwischen der Laserleistung und der Spannung der Photodiode der unteren Ulbrichtkugel [W/V]; C_o: Proportionalitätskonstante zwischen der Laserleistung und der Spannung in der oberen Photodiode [W/V]; m_o: Steigung der linearen Anpassung zwischen der Laserleistung und der Spannung der Photodiode der oberen Ulbrichtkugel [W/V]; $C_{o,u}$: Proportionalitätskonstante bei diffuser Reflexion der oberen Ulbrichtkugel [-]; $m_{o,u}$: Steigung der linearen Anpassung bei diffuser Reflexion [-]

Führt die lineare Anpassung dagegen zu einem Achsenabschnitt b gilt:

11.6

$$C_u = m_u + \frac{b_u}{U_{PD,u}}$$

$$C_o = m_o + \frac{b_o}{U_{PD,o}}$$

$$C_{o,u} = m_{o,u} + \frac{b_{o,u}}{U_{PD,u}}$$

b_u: Achsenabschnitt der linearen Anpassung zwischen der Laserleistung und der Spannung der unteren Photodiode [W]; b_o: Achsenabschnitt der linearen Anpassung zwischen der Laserleistung und der Spannung der oberen Photodiode [W]; $b_{o,u}$: Achsenabschnitt der linearen Anpassung bei diffuser Reflexion der oberen Ulbrichtkugel [V]

Auf Grund der großen Anzahl von Einflussfaktoren auf die Messergebnisse muss für jede Messreihe eine neue Kalibrierung des Aufbaus vorgenommen werden. Die Ergebnisse aus zwei Messreihen sind somit nur bedingt vergleichbar. Da der Einfluss des Korrekturfaktors auf das Messergebnis sehr gering ist, ist die Vernachlässigung dessen zulässig.

11.3.1 Kalibrierkurven für das Laserstrahlschweißen mit einem Dauerstrich-Faserlaser

In Bild 96 sind die Kalibrierkurven des Doppel-Ulbrichtkugel-Aufbaus für das Laserstrahlschweißen mit einem cw Faserlaser auf laserstrukturierten Kupferproben dargestellt. In den Diagrammen sind die linearen Anpassungen, die sich aus den Kalibrierungs-Messungen ergeben, aufgeführt. In Kapitel 11.4.1 wird die verwendete Anlagentechnik für diese Versuchsreihe aufgelistet.

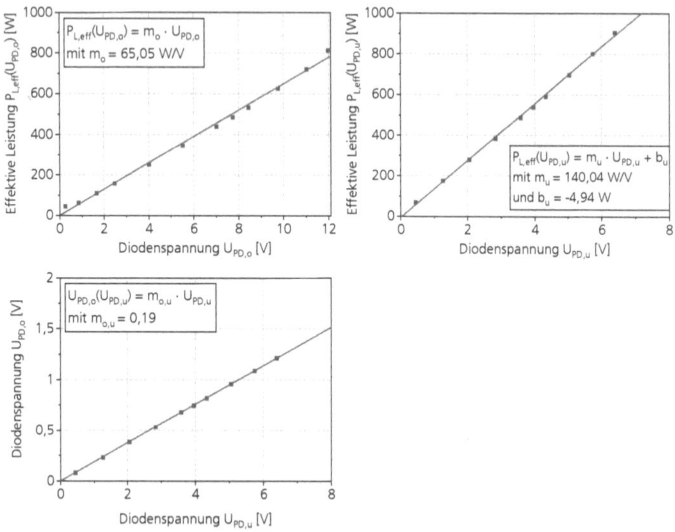

Bild 96: Kalibrierkurven des Doppel-Ulbrichtkugel-Aufbaus für das Laserstrahlschweißen mit einem Dauerstrich-Faserlaser auf laserstrukturierten Kupferproben. Die Diagramme beinhalten auch die linearen Anpassungen

11.3.2 Kalibrierkurve für das Laserstrahlschweißen mit Nanosekunden-gepulster Strahlquelle

In Bild 97 ist die Kalibrierkurve des Ulbrichtkugel-Aufbaus für das Laserstrahlschweißen mit einem nanosekunden-gepulsten Faserlaser auf laserstrukturierten Kupferproben dargestellt.

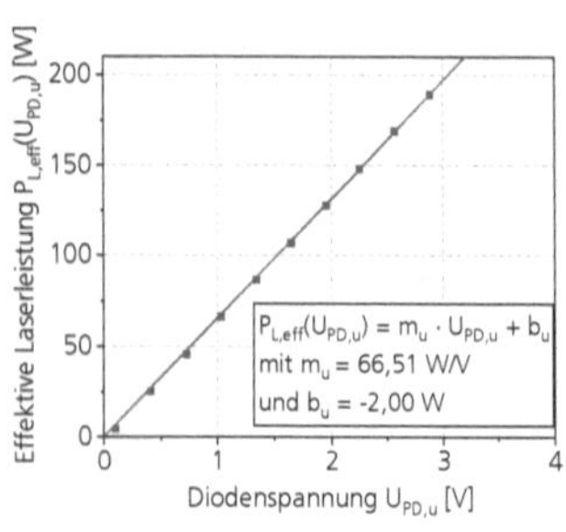

Bild 97: Kalibrierkurve des Doppel-Ulbrichtkugel-Aufbaus für das Laserstrahlschweißen mit einem ns-Faserlaser auf laserstrukturierten Kupferproben. Die linearen Anpassungen sind in der Grafik enthalten.

Für diese Versuchsreihe wird nur eine Ulbrichtkugel eingesetzt, da der Strahlteiler zu deutlichen Verlusten in der Strahlqualität führt. Der resultierende vergrößerte

Spotdurchmesser führt zu einer geringeren Intensität am Werkstück, die nicht durch eine höhere Ausgangsleistung ausgeglichen werden kann. In dem Diagramm ist die lineare Anpassung, die sich aus der Kalibrierungs-Messung ergibt, aufgeführt. In Kapitel 11.4.2 wird die verwendete Anlagentechnik für diese Versuchsreihe aufgelistet.

11.3.3 Kalibrierkurve für das Laserstrahlschweißen auf oxidierten Kupferverbindern

In Bild 98 sind die Kalibrierkurven des Doppel-Ulbrichtkugel-Aufbaus für das Laserstrahlschweißen auf oxidierten Kupferverbindern dargestellt. In den Diagrammen sind die linearen Anpassungen, die sich aus den Kalibrierungs-Messungen ergeben, aufgeführt. In Kapitel 11.4.1 wird die verwendete Anlagentechnik für diese Versuchsreihe aufgeführt.

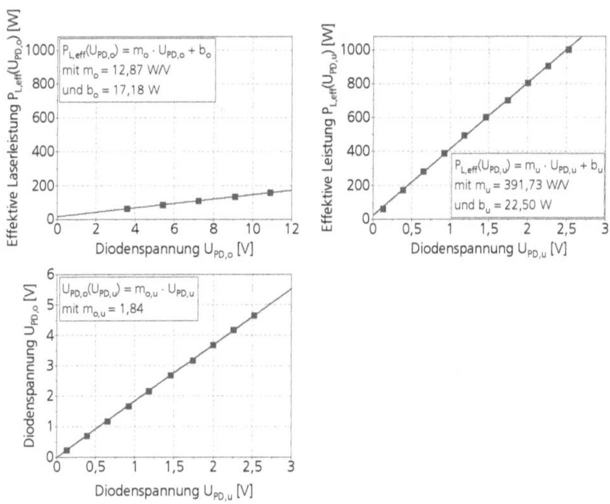

Bild 98: Kalibrierkurven des Doppel-Ulbrichtkugel-Aufbaus für das Laserstrahlschweißen mit einem Dauerstrich-Faserlaser auf gezielt oxidierten Kupferproben. Die Diagramme beinhalten auch die linearen Anpassungen.

11.4 Verwendete Anlagentechnik

In den folgenden Kapiteln wird die verwendete Anlagentechnik aufgelistet und jeweils prozessrelevante Parameter genannt.

11.4.1 Aufbau für das Laserstrahlschweißen mit Dauerstrich-Faserlaser

Für die Laserschweißversuche mit einem Dauerstrich-Faserlaser wird ein Singlemode Faserlaser (YLS-1000-SM) der Firma IPG Laser GmbH, Burbach verwendet. Die Anlage ist mit einem galvanometrischen Scanner der Firma ScanLab GmbH, Puchheim ausgestattet, der für die örtliche Leistungsmodulation verwendet wird. Die Fokuslinse hat eine Brennweite von 330 mm, so dass der resultierende Fokusdurchmesser $d_{F,cw}$ 36 µm beträgt. Die Anlagenparameter sind in Tabelle 11.3 aufgelistet.

Tabelle 11.3: Anlagenparameter der Laserschweißzelle mit Dauerstrich-Faserlaser.

Parameter	**Wert**
Wellenlänge λ	1070 nm
Maximale Ausgangsleistung $P_{L,max}$	1000 W
Strahlqualität M^2	< 1,1
Brennweite der Optik f_B	330 mm
Fokusdurchmesser $d_{F,cw}$	36 µm

Die Leistung des Aufbaus wird mit einem Cube M der Firma Primes GmbH, Pfungstadt vermessen. Die Messreihe wird ohne und mit Strahlteiler durchgeführt, um die effektive Laserleistung am Werkstück während der Messungen in der Ulbrichtkugel beziffern zu können. Das Ergebnis der Leistungsmessung ist in Bild 99 dargestellt. Da der Leistungsverlauf der Strahlquelle im niedrigen Bereich nicht linear verläuft, schneidet die lineare Anpassung nicht den Nullpunkt. Die Fehlerquadrate können allerdings durch diese Anpassung minimiert werden.

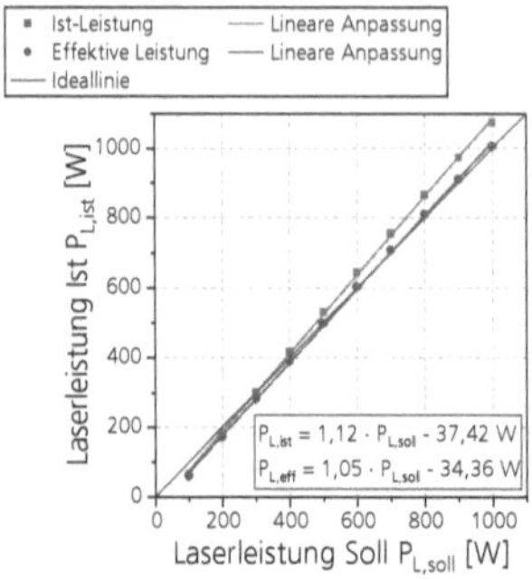

Bild 99: Leistungsmessung am Laserstrahlaufbau für die Versuchsreihen mit Dauerstrich-Faserlaser. Die effektive Laserleistung bezeichnet die Leistung nach dem Strahlteiler.

Um den Qualitätsverlust durch den Einsatz des Strahlteilers beziffern zu können, wird die Strahlkaustik mit und ohne Strahlteiler vermessen. Das Ergebnis dieser Messung ist in Bild 100 abgebildet.

Bild 100: Strahlkaustik des IPG YLS-1000-SM ohne den im Doppel-Ulbrichtkugel-Aufbau verwendeten Strahlteiler (oben) und mit dem Strahlteiler (unten). Der resultierende Spotdurchmesser unterscheidet sich um 10 µm.

Kaustik ohne Strahlteiler

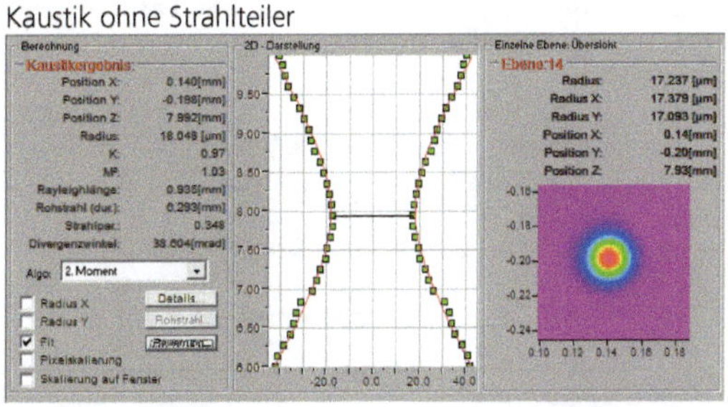

Kaustik mit Strahlteiler

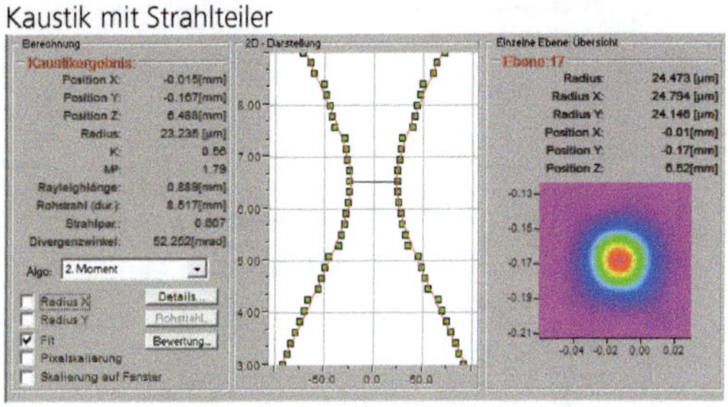

Durch den Einsatz des Strahlteilers steigt der resultierende Spotdurchmesser um 10 µm von 36 µm auf 46 µm. Gleichzeitig verschlechtert sich die Strahlqualität. Während der M^2 im Aufbau ohne Strahlteiler bei 1,04 liegt, vergrößert er sich durch den Strahlteiler auf 1,79. Die Intensitätsverluste können durch eine höhere Ausgangsleistung ausgeglichen werden.

11.4.2 Aufbau für das Laserstrahlschweißen und Laserstrukturieren mit nanosekunden-gepulster Strahlquelle

Für die Versuche zum Laserstrahlschweißen mit einem nanosekunden-gepulsten Faserlaser werden zwei baugleiche Strahlquellen mit unterschiedlicher maximaler Ausgangsleistung verwendet: ein SPI G4 EP-Z 130 W und ein SPI G4 EP-Z 200 W. Zur Strahlablenkung wird ein galvanometrischen Scankopf hurrySCAN 25 der Firma SCANLAB GmbH, Puchheim eingesetzt. Die Fokuslinse hat eine Brennweite von 163 mm. Die Eckdaten des verwendeten Versuchsaufbaus sind in Tabelle 11.4 aufgelistet.

Tabelle 11.4: Tabellarische Auflistung der Anlagenparameter für das Laserstrahlschweißen mit nanosekunden-gepulster Strahlquelle mit einem SPI G4 EP-Z 130 W und einem SPI G4 EP-Z 200 W

Parameter	EP-Z 130 W	EP-Z 200 W
Wellenlänge λ_{ns}	1059 – 1065 nm	
Maximale mittlere Ausgangsleistung $P_{m,max}$	130 W	200 W
Maximale Pulsspitzenleistung $P_{Puls,max}$	> 10 kW	
Maximale Pulsenergie $E_{Puls,max}$	> 1,5 mJ	
Bandbreite Pulsdauer τ_{ns}	8 – 2020 ns	10 2000 ns
Pulsfrequenz $f_{Puls,ns}$	1 bis 4000 kHz	
Strahlqualität M^2	< 1,6	
Brennweite der Optik $f_{B,ns}$	163 mm (Glas)	163 mm (Quartz)
Fokusdurchmesser $d_{F,ns}$	80 µm	30 µm

Die Leistungsmessung des Aufbaus mit dem EP-Z 200 W ist in Bild 101 dargestellt. Gerade im Bereich der niedrigen Ausgangsleistungen (< 40 W Soll-Leistung) emittiert diese Strahlquelle nicht stabil und linear. Die lineare Anpassung wird darum für Soll-Leistungen > 40 W vorgenommen.

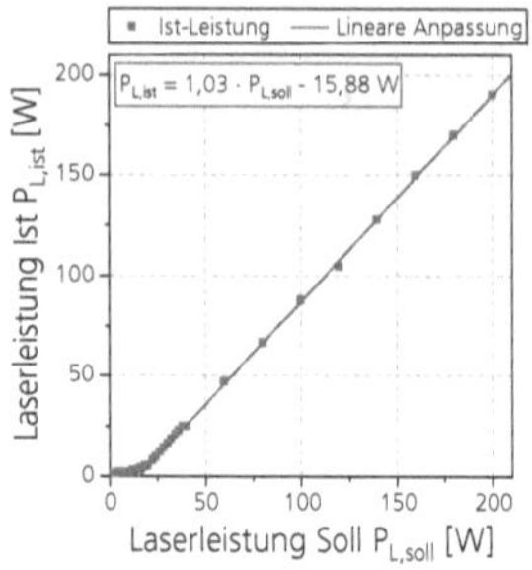

Bild 101: Leistungsmessung am Versuchsaufbau für das Laserstrukturieren und Laserstrahlschweißen mit ns-Laser.

Um den Qualitätsverlust durch den Einsatz des Strahlteilers beziffern zu können, wird die Strahlkaustik mit und ohne Strahlteiler vermessen. Das Ergebnis dieser Messung ist in Bild 102 abgebildet.

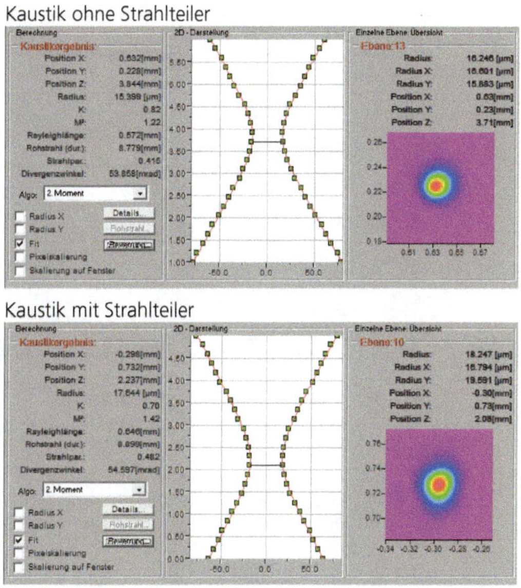

Bild 102: Strahlkaustik des SPI G4 EP-Z 200W ohne den im Doppel-Ulbrichtkugel-Aufbau verwendeten Strahlteiler (oben) und mit dem Strahlteiler (unten). Der resultierende Spotdurchmesser unterscheidet sich um 4 µm.

Durch den Einsatz des Strahlteilers steigt der resultierende Spotdurchmesser um 4 µm von 31 µm auf 35 µm. Gleichzeitig verschlechtert sich die Strahlqualität. Während der M^2 im Aufbau ohne Strahlteiler bei 1,22 liegt, vergrößert er sich durch den Strahlteiler auf 1,42. Da die Schweißversuche auf Cu-ETP (Kapitel 5.3.1 und 5.3.2) bei maximaler Ausgangsleistung durchgeführt werden, können die Verluste bezüglich der Intensität am Werkstück nicht durch eine Erhöhung der Leistung ausgeglichen werden. Zudem führt der Einsatz eines Strahlteilers auch zu einem Leistungsverlust durch Absorption und Reflexion an den Grenzflächen. Dies führt zu nicht reproduzierbaren Ergebnissen. Aus diesen Gründen wird für die angesprochenen Versuche lediglich die untere Ulbrichtkugel zur Vermessung der diffus gestreuten Leistungsanteile eingesetzt.

11.4.3 Aufbau für das Laserstrukturieren mit Pikosekunden-Pulsen

Für die Laserstrukturierung mit Pikosekunden Pulsen wird eine Strahlquelle (PX100-1) der Firma EdgeWave GmbH, Würselen eingesetzt. Die Eckdaten des verwendeten Versuchsaufbaus sind in Tabelle 11.5 aufgelistet.

Tabelle 11.5: Tabellarische Auflistung der Anlagenparameter des Aufbaus zum Laserstrukturieren mit Pikosekunden-Pulsen mit einem PX100-1 der Firma EdgeWave GmbH.

Parameter	Wert
Wellenlänge λ	1064 nm
Maximale Pulsspitzenleistung $P_{Puls,max}$	100 MW
Maximale Pulsenergie $E_{Puls,max}$	1000 µJ
Bandbreite Pulsdauer τ_{ps}	10 ps
Maximale Pulsfrequenz $f_{Puls,ps}$	50 MHz
Strahlqualität M^2	< 1,5
Brennweite der Optik $f_{B,ps}$	100 mm
Fokusdurchmesser $d_{F,ps}$	16 µm

Die Leistungsmessung des PX100-1 ist in Bild 103 dargestellt. Die Leistungseinstellung erfolgt bei dieser Strahlquelle durch die Angabe des Diodenstroms I_{Diode}. Dadurch wird die Pumpleistung definiert, mit dem der Verstärker gepumpt wird. Aus diesem Grund erfolgt die Darstellung der Ist-Laserleistung über dem Pumpstrom und nicht über der Soll-Laserleistung wie bei den übrigen verwendeten Strahlquellen. Typischerweise folgt die emittierte Laserleistung der Pumpleistung oder dem Pumpstrom nichtlinear. Somit sind die eingestellten Stromwerte softwareintern kalibriert und geben nicht den realen Stromwert an, der an die Strahlquelle abgegeben wird. Für die Versuchsreihen ist diese Angabe dennoch relevant, um die eingestellten Stromwerte I_{Diode} in eine Ist-Leistung am Werkstück umzurechnen.

Bild 103: Leistungsmessung am Versuchsaufbau für das Laserstrukturieren ps Laser.

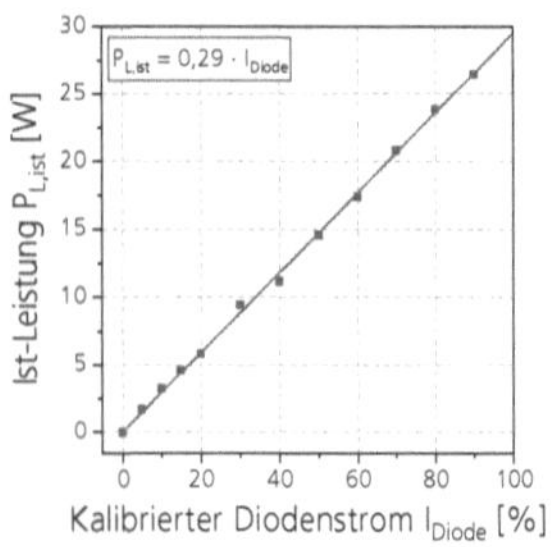

Die Kaustikmessung des Versuchsaufbaus ist in Bild 104 dargestellt. Der resultierende Spotdurchmesser $d_{F,ps}$ beträgt 16 µm.

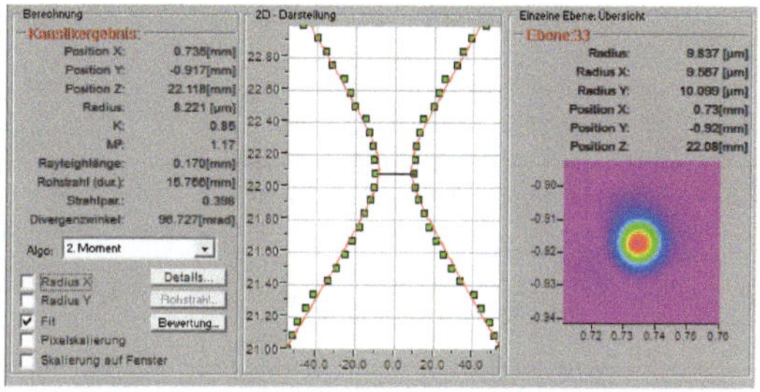

Bild 104: Strahlkaustik des Edgewave PX100-1 zum Laserstrukturieren der Kupferproben. Der resultierende Spotdurchmesser beträgt 16 µm.

11.5 Tabellarischer Zusammenhang zwischen den Laserparametern und der Einschweißtiefe beim Laserstrahlschweißen mit ns-Pulsen

Im Folgenden sind die verwendeten Parameter für die in Kapitel 5.3 dargestellten Zusammenhänge zwischen den Laserparametern und der Einschweißtiefe beim Laserstrahlschweißen mit ns-Pulsen aufgelistet. In der Tabelle 11.6 sind die verwendeten Laserparameter für den Zusammenhang zwischen Einschweißtiefe und Pulsdauer vermerkt.

Tabelle 11.6: Parameter für die Ermittlung des Zusammenhangs zwischen der Pulsdauer und der Einschweißtiefe beim Laserstrahlschweißen mit ns-Pulsen.

Pulsfom	**Pulsdauer**	**Pulsrepetitionsrate**	**Pulsenergie**	**Vorschubgeschwindigkeit**	**Mittlere Laserleistung**	**Pulsspitzenleistung**
PF	**τ**	f_{Puls}	E_{Puls}	**v**	P_m	P_{Puls}
[-]	**[ns]**	**[kHz]**	**[mJ]**	**[mm/s]**	**[W]**	**[kW]**
56	620	110	1,15	100	126	9,16
57	820					8,30
58	1020					7,79
59	1220					7,49
60	1420					7,30
61	1620					6,57
62	1820					5,84
63	2020					5,84

In der Tabelle 11.7 sind die verwendeten Laserparameter für den Zusammenhang zwischen der mittleren Laserleistung und der Einschweißtiefe vermerkt. Bei Variation der mittleren Laserleistung innerhalb einer Pulsform PF verändert sich auch die Pulsspitzenleistung.

Tabelle 11.7: Parameter für die Ermittlung des Zusammenhangs zwischen der mittleren Laserleistung und der Einschweißtiefe beim Laserstrahlschweißen mit ns-Pulsen.

Pulsfom	Pulsdauer	Pulsrepetitionsrate	Pulsenergie	Vorschubgeschwindigkeit	Mittlere Laserleistung	Pulsspitzenleistung
PF	τ	f_{Puls}	E_{Puls}	v	P_m	P_{Puls}
[-]	[ns]	[kHz]	[mJ]	[mm/s]	[W]	[kW]
38	508	110	0,37	100	41	2,68
			0,53		58	3,81
			0,64		70,5	4,61
			0,77		85,4	5,53
			0,89		98	6,41
			1,02		112	7,33
			1,15		126	8,25

In der Tabelle 11.8 sind die verwendeten Laserparameter für den Zusammenhang zwischen der Pulsrepetitionsrate und der Einschweißtiefe vermerkt. Bei Variation der Pulsrepetitionsrate innerhalb einer Pulsform PF verändert sich die mittlere Laserleistung bei (nahezu) konstanter Pulsspitzenleistung.

Tabelle 11.8: Parameter für die Ermittlung des Zusammenhangs zwischen der Pulsrepetitionsrate und der Einschweißtiefe beim Laserstrahlschweißen mit ns-Pulsen.

Pulsfom	Pulsdauer	Pulsrepetitionsrate	Pulsenergie	Vorschubgeschwindigkeit	Mittlere Laserleistung	Pulsspitzenleistung
PF	τ	f_{Puls}	E_{Puls}	v	P_m	P_{Puls}
[-]	[ns]	[kHz]	[mJ]	[mm/s]	[W]	[kW]
38	508	123	0,69	100	85	4,93
		143			98	4,93
		163			112	4,95
		183			126	4,96

11.6 Ergebnisse der Reflexionsmessung

In diesem Ergebnis werden die Signalverläufe einiger strukturierter Kupferproben dargestellt und kurz erklärt.

11.6.1 Laserstrahlschweißen mit einem Dauerstrich-Faserlaser

Im Folgenden sind die Signalverläufe für die rückreflektierte Leistung beim Laserstrahlschweißen mit einem Dauerstrich-Faserlaser dargestellt. Die Darstellung umfasst die vorstrukturierten Oberflächen mit einem nanosekunden-gepulsten Faserlaser und einem UKP-Laser. Eine ausführliche Erklärung zu exemplarischen Signalverläufen kann in den zugehörigen Kapiteln (Abschnitt 5.2) nachgeschlagen werden. Eine einkoppelgradbezogene Auswertung erfolgt hier ebenfalls. Der Vollständigkeit halber sind die Signalverläufe hier aufgeführt.

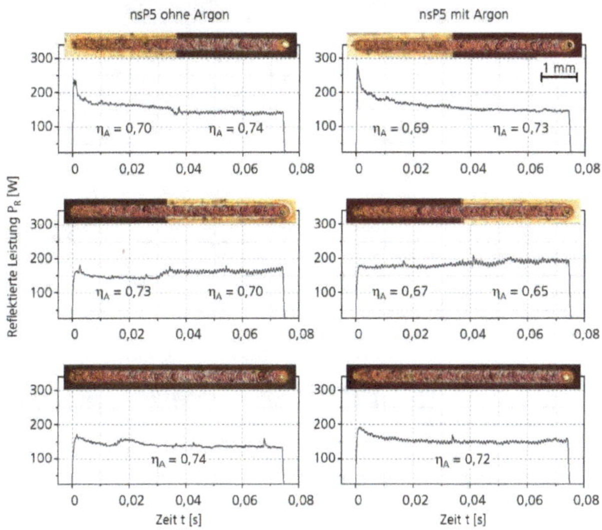

Bild 105: Verlauf der reflektierten Leistung P_R über der Zeit für Nahtposition A (oben), Nahtposition B (mittig) und Nahtposition C (unten) für das Laserstrahlschweißen mit einem Dauerstrich-Faserlaser auf der nsP5-Struktur.

Bild 106:
Verlauf der reflektierten Leistung P_R über der Zeit für Nahtposition A (oben), Nahtposition B (mittig) und Nahtposition C (unten) für das Laserstrahlschweißen mit einem Dauerstrich-Faserlaser auf der nsR40-Struktur.

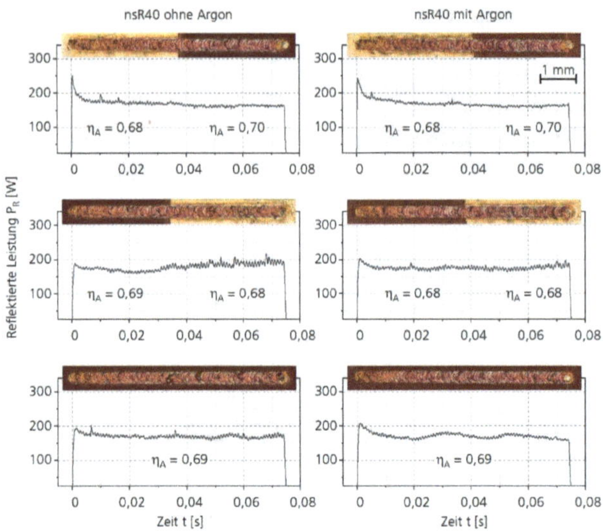

Bild 107:
Verlauf der reflektierten Leistung P_R über der Zeit für Nahtposition A (oben), Nahtposition B (mittig) und Nahtposition C (unten) für das Laserstrahlschweißen mit einem Dauerstrich-Faserlaser auf der psP5-Struktur.

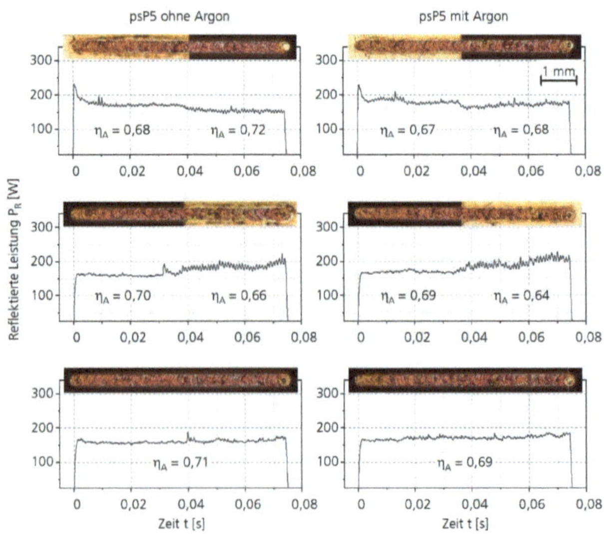

Bild 108:
Verlauf der reflektierten Leistung P_R über der Zeit für Nahtposition A (oben), Nahtposition B (mittig) und Nahtposition C (unten) für das Laserstrahlschweißen mit einem Dauerstrich-Faserlaser auf der psR60-Struktur.

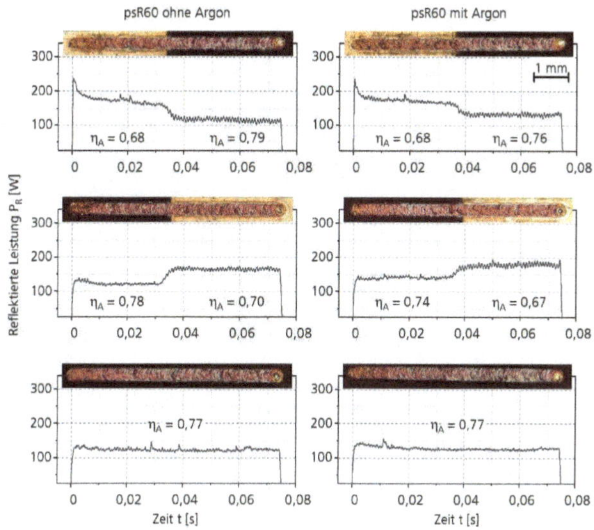

11.6.2 Laserstrahlschweißen mit einem nanosekunden-gepulsten Faserlaser

Im Folgenden sind die Signalverläufe für die rückreflektierte Leistung beim Laserstrahlschweißen mit einem nanosekunden-gepulsten Faserlaser dargestellt. Die Darstellung umfasst die vorstrukturierten Oberflächen mit einem nanosekunden-gepulsten Faserlaser und einem UKP-Laser. Eine ausführliche Erklärung zu exemplarischen Signalverläufen kann in den zugehörigen Kapiteln (Abschnitt 5.3) nachgeschlagen werden. Eine einkoppelgradbezogene Auswertung erfolgt hier ebenfalls. Der Vollständigkeit halber sind die Signalverläufe hier aufgeführt.

Bild 109:
Verlauf der diffus reflektierten Leistung P^d_R über der Zeit für Nahtposition A (oben), Nahtposition B (mittig) und Nahtposition C (unten) für das Laserstrahlschweißen mit einem nanosekunden-gepulsten Faserlaser auf der nsP5-Struktur.

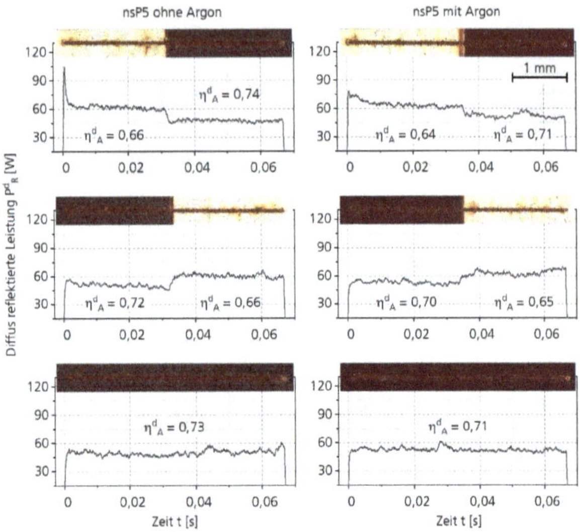

Bild 110:
Verlauf der diffus reflektierten Leistung P^d_R über der Zeit für Nahtposition A (oben), Nahtposition B (mittig) und Nahtposition C (unten) für das Laserstrahlschweißen mit einem nanosekunden-gepulsten Faserlaser auf der nsR40-Struktur.

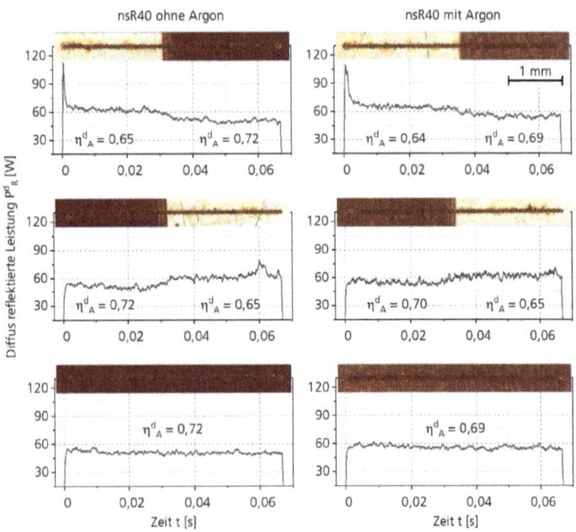

Bild 111:
Verlauf der diffus reflektierten Leistung P^d_R über der Zeit für Nahtposition A (oben), Nahtposition B (mittig) und Nahtposition C (unten) für das Laserstrahlschweißen mit einem nanosekunden-gepulsten Faserlaser auf der psP5-Struktur.

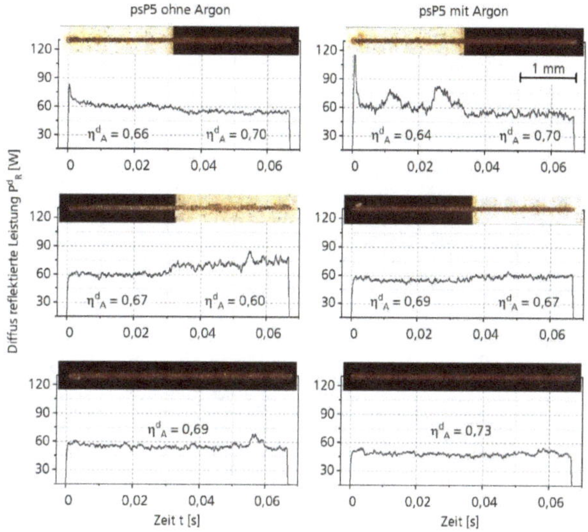

Bild 112:
Verlauf der diffus reflektierten Leistung P^d_R über der Zeit für Nahtposition A (oben), Nahtposition B (mittig) und Nahtposition C (unten) für das Laserstrahlschweißen mit einem nanosekunden-gepulsten Faserlaser auf der psR60-Struktur.

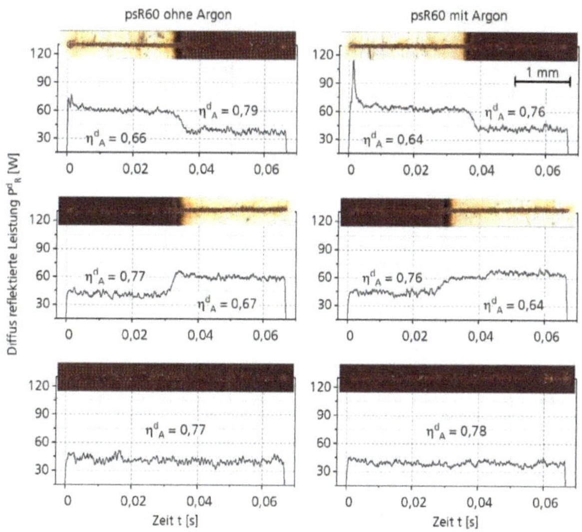

In der Reihe **Ergebnisse aus der Lasertechnik** zuletzt erschienen:

Ünal-Saewe, Talu:

Ortsaufgelöste Prozessüberwachung für die Additive Fertigung mittels laserbasierter Directed Energy Deposition

ISBN: 978-3-98555-113-2

Helm, Johanna:

Prozessstabilität und Prozesseffizienz beim Laserstrahlfügen von hoch reflektiven Kupferwerkstoffen

ISBN: 978-3-98555-112-5

Erscheinungsdatum: 10.10.2022

Meineke, Georg:

Opto-kalorisches Schalten zur Sortierung fluoreszenzmarkierter Partikel in Mikrofluidiken

ISBN: 978-3-98555-109-5

Erscheinungsdatum: 10.10.2022

Pichler, Tobias:

Adaptives Laser Powder Bed Fusion der Titanlegierung TiAl6V4

ISBN: 978-3-98555-096-8

Erscheinungsdatum: 17.08.2022

Edition Wissenschaft Apprimus

Tenbrock, Christian:
Large-Format Machine for Multi-Scanner Laser Powder Bed Fusion
ISBN: 978-3-98555-091-3
Erscheinungsdatum: 27.07.2022

Saewe, Jasmin:
Untersuchungen der Verarbeitbarkeit des Schnellarbeitsstahls HS6-5-3-8 mittels Laser Powder Bed Fusion
ISBN: 978-3-98555-097-5
Erscheinungsdatum: 27.07.2022

Adams, Martin:
Modellierung der katastrophalen optischen Degradation von Hochleistungslaserdioden unter externer optischer Rückkopplung
ISBN: 978-3-98555-068-5
Erscheinungsdatum: 22.04.2022

Gayer, Christoph:
Selektives Lasersintern von Polylactid-basierten Kompositwerkstoffen
ISBN: 978-3-98555-037-1
Erscheinungsdatum: 26.01.2022

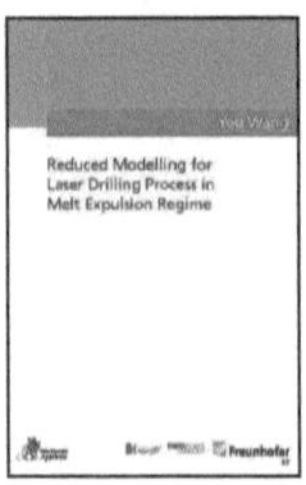

Wang, You:
Reduced Modelling for Laser Drilling Process in Melt Expulsion Regime
ISBN: 978-3-98555-013-5
Erscheinungsdatum: 15.11.2021

Edition Wissenschaft
Apprimus

FSC
www.fsc.org
MIX
Papier | Fördert gute Waldnutzung
FSC® C083411

Zeitfracht Medien GmbH
Ferdinand-Jühlke-Straße 7
99095 Erfurt, Deutschland
produktsicherheit@kolibri360.de